跨境电子商务系列规划教材

亚马逊平台项目实战

优逸客科技有限公司　编著

西安电子科技大学出版社

内 容 简 介

本书详细介绍了通过亚马逊(Amazon)平台开展出口业务所需要的基本知识和技能，涵盖了平台介绍、账号注册、选品、产品上架、跨境物流、站内营销推广、数据报告解读以及账号表现和店铺诊断等内容。

书中各章均给出了大量的实操案例及实操步骤指导，可帮助读者理解知识点；在每章章末给出了本章小结和课后思考，帮助读者进行知识点的巩固。通过对本书的学习并配合实践操作，读者可以很快地上手 Amazon 平台的运营工作。

本书可作为高职高专院校跨境电子商务专业、国际贸易专业、英语专业、经管专业等相关专业的教材或参考书，也可作为跨境电子商务行业从业人员，尤其是个人创业卖家、新手卖家的参考书籍，还可作为传统外贸企业或制造业工厂等想转型做跨境电子商务的企业的内部培训教材。

图书在版编目(CIP)数据

亚马逊平台项目实战 / 优逸客科技有限公司编著. —西安：西安电子科技大学出版社，2020.6
ISBN 978-7-5606-5671-7

Ⅰ. ①亚…　Ⅱ. ①优…　Ⅲ. ①电子商务—商业企业管理—美国—高等职业教育—教材
Ⅳ. ①F737.124.6

中国版本图书馆 CIP 数据核字(2020)第 076766 号

策划编辑　戚文艳
责任编辑　聂玉霞　雷鸿俊
出版发行　西安电子科技大学出版社(西安市太白南路 2 号)
电　　话　(029)88242885　88201467　　　　邮　　编　710071
网　　址　www.xduph.com　　　　电子邮箱　xdupfxb001@163.com
经　　销　新华书店
印刷单位　咸阳华盛印务有限责任公司
版　　次　2020 年 6 月第 1 版　　2020 年 6 月第 1 次印刷
开　　本　787 毫米×1092 毫米　1/16　印 张　13.5
字　　数　312 千字
印　　数　1～3000 册
定　　价　31.00 元
ISBN 978 - 7 - 5606 - 5671 - 7 / F
XDUP 5973001-1
如有印装问题可调换

序

自 2013 年习主席提出共建"一带一路"倡议以来，我国的进出口贸易额增长迅速，2018 年我国进出口商品总额达 1347 亿元，同比增长 50%。随着"一带一路"建设的走深做实，丝路电商快速发展，成为我国外贸的新亮点。同时，丝绸之路经济带沿线的西安和兰州进入我国 2018 年新增 22 个跨境电子商务(跨境电商)综合试验区名单。我国重要节点城市跨境电商持续创新发展，将进一步带动"一带一路"沿线国家跨境电子商务的发展。

2015 年国家提出"互联网+"作为国家发展战略。2019 年是中国全功能接入互联网的 25 周年。25 年来，中国互联网发展从 PC 互联为主导的初级阶段发展到移动互联为主导的人人互联阶段，如今已进入以人工智能等新兴技术和实体经济深度融合的万物互联新阶段。十九大报告指出，要"推动互联网、大数据、人工智能和实体经济深度融合"。互联网正在从上半场的消费互联网向下半场的产业互联网方向发展。

互联网的发展是从第三产业开始的，进而促进第一、第二产业全面进入产业互联网，农业经济重构为智慧农业，工业经济重构为智慧工业，数据成为重要的生产资料。预计到 2030 年，社会将全面进入数字经济时代。届时，电商交易额将超过全球交易额的 40%，移动支付将超过 7900 亿美元，全球 33% 的独角兽公司将在中国。

由于跨境电商新业态的快速发展，市场上现有的跨境电商从业者主要还是由原来传统外贸人才在摸索中转变而来的，我国高校并没有与之匹配的人才培养专业，以至于跨境电商行业此前并没有充足的人才储备。除此之外，市场的快速发展使得人才需求增加。无论是从官方发布的数据还是企业的调研数据来看，目前跨境电商人才供需的矛盾凸显。2019 年 6 月，商务部研究院电子商务研究所发布的《我国跨境电子商务发展报告 2019》中指出，目前我国跨境电商人才的需求主要为复合型跨境电商人才，即熟悉国际贸易规则、掌握电子商务技术、具有网络营销经验与跟单核算技术等能力的跨境电商人才，尤其是能够为企业解决跨境商务中实际问题的实用型人才成为用人单位追逐的对象。

　　本系列丛书以项目实战为驱动，旨在培养能够为企业解决跨境商务中实际问题的实用型人才，共分为跨境电商基础、跨境电商实战和跨境电商互联网营销三大部分，层层递进，逐步深入。每一部分的侧重点不同：跨境电商基础部分包含《跨境电子商务实务》《电商摄影技术实战》《电商视觉设计实战》三本书，旨在打开跨境电商之门，为后续的运营工作做好准备；跨境电商实战部分通过成立跨境电商部门，对市场进行调研，选择 Amazon、eBay、速卖通、阿里巴巴国际站以及新兴的跨境电子商务平台开展经典项目实战，包含《亚马逊平台项目实战》《速卖通平台项目实战》《eBay 平台项目实战》《阿里巴巴平台项目实战》《新兴市场跨境多平台项目实战》五本书；跨境电商互联网营销部分旨在拓展产品以及店铺的推广渠道，同时依托新媒体资源完成用户的维系工作，最终实现品牌化，包含《新媒体运营项目实战》一书。本系列丛书既可以作为各大高校相关专业教材，又可作为企业运营指导书籍。

　　最后，希望各位读者通过对系列丛书的研读，结合教材配套资源中心(扫描封底二维码)的内容进行学习，并加上实践操作，能够从一个没有任何经验的跨境电商爱好者，成长为一名专业的跨境电商从业人员，让更多的中国品牌走向国际市场，让"中国制造"变成"中国智造"。

编者委员会

2019 年 11 月

本书编写委员会

主　　编　谢建国　太原金融职业技术学院，副院长

　　　　　支侃买　西安翻译学院，教学院长

副 主 编　栗继祖　太原理工大学经济管理学院，院长

　　　　　岳云康　山西大学商务学院，电子商务与现代物流研究所所长

　　　　　朱壮华　山西省财政税务专科学校，副院长

编　　委　冯晓兰　西安翻译学院，教研室主任

　　　　　明巧英　西安翻译学院，教研室主任

　　　　　温芝龙　太原理工大学，创新、创意、创业实践基地主任

　　　　　尚成国　山西财经大学，副院长

前　言

　　跨境电子商务(Cross Border E-commerce)简称跨境电商，是由分属不同关境的交易主体通过电子商务平台达成交易，进行支付结算，并通过跨境物流送达商品、完成交易的一种国际商业活动。在以数据为中心的数字时代，企业将变为以数字信用为基石的数字企业，跨境电子商务将通过数字重构为数字外贸，在数字化重构的人、货、场的新场景下进行交易履约，从而实现全链路的数字化贸易大闭环。

　　在我国"一带一路"倡议的推动下，通过"互联网＋中国制造＋跨境贸易"的商业模式，有越来越多的企业将中国制造的产品通过跨境电商平台销售到世界各地。时至今日，跨境电子商务行业呈现出火热的趋势，因此也带来了极大的人才缺口。我们注意到国内各高等院校对于跨境电子商务人才愈加重视，希望以就业和创业为教学目的来制订教学规划，从而培养适合企业需求的跨境电子商务复合型人才。本书就是在这样的背景下应运而生的。

　　本书介绍了 Amazon 平台这一主流跨境电子商务平台的运营规则、推广营销、国际物流、收款支付等内容，以实际工作应用为出发点，理论与实践结合，内容翔实，以项目案例贯穿理论知识，旨在为读者提供更新、更及时的跨境电子商务行业实战指引，帮助大家少走弯路，快速提升实操技能。本书既可作为各高等院校电子商务专业、跨境电子商务专业、国际贸易、商务英语等相关专业的专业必修课或选修课的教学用书或参考书，也可作为电商行业从业人员的自学用书或企业内部培训用书。

　　感谢优逸客的张敬奎、张慧、张俊伟对本书的供稿和支持。

　　由于作者的学识和实践知识有限，书中内容难免有不当之处，恳请广大读者批评指正。

优逸客科技有限公司

2020 年 2 月

目　　录

第 1 章 项目综述

项目介绍

  优斯特贸易有限公司是一家以出口业务为主的外贸公司，主要市场包含美国、加拿大、澳大利亚、日本、俄罗斯及其他欧洲国家和地区。在传统外贸中，公司一直奉行的准则是"薄利多销"和"以量取胜"，微薄的利润是从工厂的原材料和劳动力里一分一厘地抠出来的。在后金融危机时期，欧美市场消费心态谨慎，当地大宗进口商受金融危机影响，订单剧减，大订单越来越难接。与此同时，公司意外地发现来自当地中小批发商和零售商的需求增长了不少。痛则思变，公司开始筹划转型工作。公司经过前期市场调研以及对跨境电子商务环境的研究分析之后，决定为公司拓展跨境出口业务。

  经过综合考虑之后，公司决定优先开展 Amazon、eBay、速卖通以及跨境新兴市场平台上的业务。其中 Amazon 平台由 Nadia 负责，Nadia 首先需要对 Amazon 平台进行全面的调研和了解。

本章所涉及任务：
※工作任务一：了解 Amazon 平台。
※工作任务二：了解 Amazon 的站点以及差异。
※工作任务三：了解 Amazon 开店相关费用。

1.1 平台介绍

1. 亚马逊公司介绍

  亚马逊公司(Amazon.com，Inc.)是一家总部位于美国西雅图的跨国电子商务企业，业务起始于线上书店，不久之后走向多元化，目前是全球最大的互联网线上零售商之一，也是美国《财富》杂志 2016 年评选的全球最大 500 家公司排行榜中的第 44 名。迅猛的发展势头，使其在 2019 年的财富 500 强企业里列第 13 位。

  1994 年，Jeff Bezos 十分渴望参与到当时爆发的互联网商务行业中，因而在其所称的"遗憾最小化框架"(以自己的努力实践击退日后可能萌发的后悔之情)的驱动下，他在华盛顿州贝尔维尤的车库中一手创立了这家公司。Jeff Bezos 希望能将公司以 A 开头进行命名，这样在按字母排序的列表中就能更快地映入人们的眼帘。在翻阅字典后，Jeff Bezos 决定使用"亚马逊"这个名字，因为他觉得这是个"富有异国情调且与众不同"的地方，同时，按流域面积和水流量计算，亚马孙河(旧称"亚马逊河")是世界上最大的河流，这与 Jeff Bezos 希望公司成为世界之最的期望不谋而合。自从 2000 年起，亚马逊公司的品牌标志中出现了一条从字母"A"指向字母"Z"的微笑箭头，象征着其旗下的商品包罗万象。

亚马逊公司最早的业务是在网络上销售书籍。1995 年 7 月，Amazon.com 上线，出售的第一本书是侯世达(Douglas Richard Hofstadter)的《流体的概念和创意类比：计算机模型的基本机制的思路》。同年 10 月份，亚马逊网站开始全面向用户开放。在最初的两个月中，其商品销往了美国所有 50 个州以及其他 45 个国家，每周的销售额达到 2 万美元。

1996 年，亚马逊公司在特拉华州进行了重组，并在 1997 年 5 月 15 日，以每股 18 美元的价格于纳斯达克证券市场展开首次公开募股，证券交易代码为 AMZN。亚马逊公司的第一份商业计划非常与众不同，它并不急切地期望在 4~5 年内实现大的盈利。这种"缓慢"的增长引起了许多股东的抱怨，他们认为这家企业的业绩增长不够迅速，无法为他们的投资提供合理的回报，甚至无法令公司在竞争中存活。然而当互联网泡沫于 21 世纪初爆发后，亚马逊公司并没有像大量的电子商务公司那样倒下，而一直生存了下来，并最终成为互联网零售业的巨头。2001 年的第四季度，亚马逊首次实现了盈利，财报显示当季营收超过 10 亿美元，净利约 500 万美元。这或许证明了 Jeff Bezos 创建的非传统的商业模式获得了成功。1999 年，《时代》因亚马逊公司使网络购物风靡而将 Jeff Bezos 评为当年的时代年度风云人物。

【知识拓展】

王峻涛于 1999 年创办 8848 网站，先后担任总裁、董事长，被誉为"中国电子商务之父"。该网站自 1999 年 1 月从 4 个人、约 16 万元人民币起步，迅速发展成为中国电子商务的标志性企业。1999 年 11 月，Intel 公司总裁贝瑞特访华，称 8848 网站是"中国电子商务领头羊"。2000 年 1 月，8848 网站被中国互联网大赛评为中国优秀网站工业与商业类第一名。2000 年 2 月，美国《时代周刊》称 8848 网站是"中国最热门的电子商务站点"。2000 年 7 月，8848 网站被《福布斯》杂志列入中国前十大网站。2001 年，CNNIC 的调查显示，8848 网站是中国工业和商业类网站中被用户访问最多的网站。至 2001 年，8848 公司先后融资约 6000 万美元。

---

2. 亚马逊的产品与服务

1) 零售业务

2014 年 8 月 25 日，亚马逊公司以 9.7 亿美元收购 Twitch.tv。2017 年 6 月 16 日，亚马逊公司以每股 42 美元现金，斥资 137 亿美元收购 Whole Foods 超市。为此，亚马逊公司于 2017 年 8 月 15 日宣布将发行 160 亿美元债券来筹集资金,而抢标的资金金额甚至达到 490 亿美元。

目前，亚马逊公司的零售商品线涵盖了图书、音像制品、软件、消费电子产品、家用电器、厨具、食品、玩具、母婴用品、化妆品、日化用品、运动用具、服装鞋帽、首饰等类目。1999 年 3 月，亚马逊公司在 Amazon.com 发布线上拍卖功能，然而这项功能在与 eBay 的竞争中失败。同年 9 月，亚马逊公司发布了以固定价格出售商品的 zShop。2000 年 11 月，亚马逊拍卖与 zShop 整合为亚马逊集市，为人们出售二手商品提供了平台。

2007 年 8 月，亚马逊公司上线了售卖生鲜食品的亚马逊生鲜。消费者下单购买的商品可以在指定时间被送到家中。该服务最初仅供居住在华盛顿州默瑟岛的用户体验，随后向西雅图、贝尔维尤、柯克兰等区域扩展。

2012 年，出售绿色商品的 Vine.com 发布，商品类目包括家居用品、服饰和百货。Vine.com 由亚马逊公司于 2010 年收购的 Quidsi 公司所拥有，这家以细分领域电子商务为战略的公司，旗下还有出售婴幼儿用品的 Diapers.com、出售宠物用品的 Wag.com 和出售玩具的 YoYo.com 等网站。此外，亚马逊公司旗下还有 Zappos.com、Shopbop.com、Woot 等电子商务公司。

2014 年 5 月 5 日，亚马逊公司与推特联手，可使用户从推文中直接跳转进行购物。

2016 年 12 月，亚马逊公司宣布推出新技术无人商店"Amazon GO"概念，主打买东西免排队结账，拿了就走，系统会侦测顾客购买行为，自动从亚马逊账户中扣款。

2017 年，亚马逊公司宣布计划在年底前以 134 亿美元收购 Whole Foods 超市。2017 年 8 月 23 日，美国联邦贸易委员会批准亚马逊与 Whole Foods 超市的合并。

2) 消费电子产品

2007 年 11 月，亚马逊公司发布了电子书阅读器 Kindle，用户可通过无线网络购买和下载电子书内容。Kindle 的屏幕应用了电子墨水技术，因此耗电量很低，同时也提供了更适合人眼阅读的展示方式。2011 年，亚马逊公司又宣布进军平板电脑市场，推出运行在深度定制的 Android 系统上的 Kindle Fire 平板电脑。

3) 数媒内容

2010 年 7 月，亚马逊公司宣布其 2010 年第二季度的电子书销量首次超越精装书的销量。当时，每售出 100 本精装实体书时就已卖出 143 本电子书。而这个比例到 6 月底至 7 月初时进一步扩大，达 100∶180。

4) 出版业务

2007 年，亚马逊公司收购了独立出版机构 Createspace。该部门现由亚马逊公司管理，Libby Johnson McKee 独立运营。亚马逊国际文库(CreateSpace)帮助自助出版单位打印出自己在亚马逊平台上出版发行的图书。亚马逊似乎在培养它与代理商和作家之间的关系。2007 年 11 月 19 日，金读(Kindle Direct Publishing)电子出版平台上线，扩充了亚马逊内容供给的多样化渠道。2014 年，亚马逊注册建立了 Amazon Publishing(apub.com)，希望进一步优化内容供给渠道的质量。Amazon Publishing 旗下的发行出版机构(Imprints)包括：47 North(北面 47 号)、Amazon Crossing(亚马逊穿越)、Amazon Encore(亚马逊昂克拉)、Grand Harbor Press(大坝出版社)、ICP Intercultural Press(文际学者出版社)、Jet City Comics(火箭城漫画社)、Lake Union(联合湖出版社)、Little A(小 A 出版社)、Montlake(蒙特湖出版社)、Skyscape(空域出版社)、StoryFront(故事符出版社)、Thomas & Mercer(托马斯和蒙瑟尔出版社)、Two Lions(双狮出版社)、Waterfall Press(瀑布出版社)等。

亚马逊公司自营的网上音乐商店——亚马逊 MP3 于 2007 年 9 月 25 日启动，出售可下载的 MP3 格式的音乐。亚马逊 MP3 销售的音乐来自于 EMI、环球唱片、华纳兄弟唱片和索尼音乐娱乐世界四大唱片公司，同时也包含了一些独立制作的音乐。从 2008 年开始，亚马逊公司逐步地开始在世界其他地区推出其 MP3 音乐购买服务。

5) 计算服务

2002 年，亚马逊公司推出亚马逊网络服务系统，为开发者的网站和客户端提供诸多云计算远端 Web 服务。2006 年 3 月，亚马逊简易存储服务上线，这是一项支持经由 HTTP

和 BitTorrent 协议将数据存储到服务器上的服务。

6) 连锁超市

亚马逊公司花 140 亿美元收购了一家绿色食品连锁超市——美国健康食品超市 Whole Foods。分析师指出，Whole Foods 在全国的 431 家店就可以作为"亚马逊鲜货自取(Amazon Fresh Pickup)"的取货店，也可以作为电器展销点。

【知识拓展】

阿里巴巴集团经营多项业务，阿里巴巴将其称作数字经济体。阿里巴巴数字经济体的主要业务包括：淘宝、天猫、速卖通、阿里巴巴国际站、1688、阿里妈妈、阿里云、菜鸟以及蚂蚁金服。

1.2 站点介绍

亚马逊公司的网站主域名 Amazon.com 在 2008 年全年的访客数量至少达到 6.15 亿，是当年沃尔玛超市门店顾客数量的两倍。为应对极高的访问流量，尤其是在圣诞节等购物节假日的极端情况下，亚马逊公司在其网站服务器的投资建设上不遗余力。

除了主域名之外，亚马逊公司还在世界上多个国家建立了本地化的网站，在商品、定价等方面存在差异化，如图 1-1 所示(图中深色处为亚马逊网站分布)。

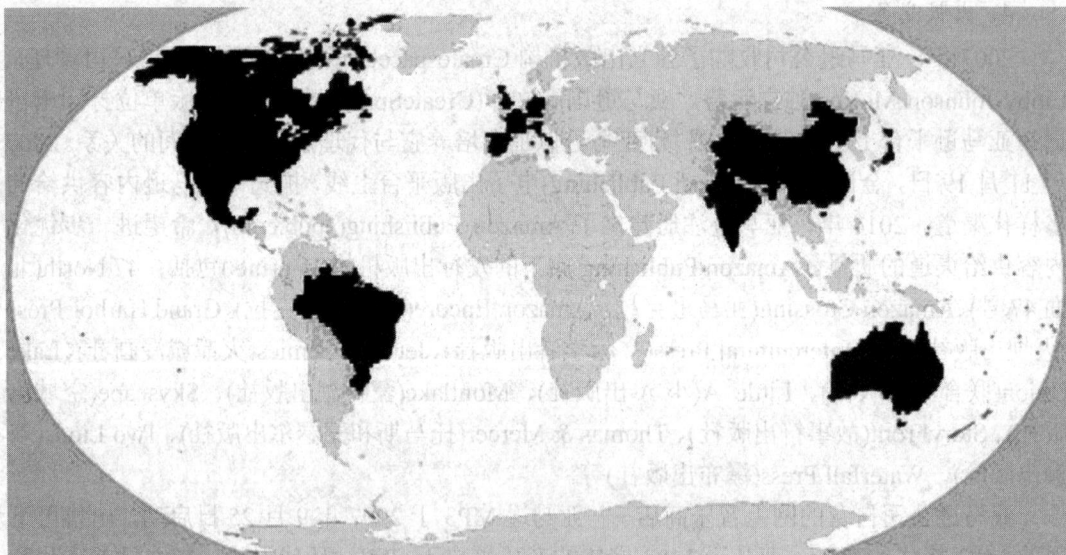

图 1-1 亚马逊网站全球分布

互联网数据中心——美国消费者情报研究合作伙伴(CIRP)的数据显示，截至 2017 年 6 月，Amazon 的 Prime 会员注册人数已经超过 1 亿人，而美国站用户中有 50% 以上都是 Prime 会员。截至 2018 年 12 月 31 日，Amazon 的美国用户中有 62% 都是 Prime 会员，且有越来越多的用户加入进来。这些 Prime 会员享受着快速送货、境内免运费、Lightening Deal 活动提前 30 分钟抢购、音视频免费观看等服务，与 Amazon 的临时会员和非会员一起，他们给平台带来了极大的流量与销量,而 Amazon 平台也成为美国最受欢迎的 Top 10 网站之一。亚马逊各站点概况如表 1-1 所示。

表 1-1 亚马逊各站点概况

地 域	司法管辖区	域 名	始于年月	全球排名	地域排名
亚洲	中国大陆	amazon.cn	2004 年 9 月	330	62
	印度	amazon.in	2013 年 6 月	65	4
	日本	amazon.co.jp	2000 年 11 月	45	4
	新加坡	amazon.com.sg	2017 年 7 月	127932	719
	阿联酋	amazon.ae	2017 年 3 月	2080	8
欧洲	法国	amazon.fr	2000 年 8 月	188	4
	德国	amazon.de	1998 年 10 月	79	4
	意大利	amazon.it	2010 年 11 月	196	4
	荷兰	amazon.nl	2014 年 11 月	108881	4168
	西班牙	amazon.es	2011 年 9 月	219	4
	英国	amazon.co.uk	1998 年 10 月	86	4
北美洲	加拿大	amazon.ca	2002 年 6 月	225	6
	墨西哥	amazon.com.mx	2013 年 8 月	781	11
	美国	amazon.com	1995 年 7 月	10	3
大洋洲	澳大利亚	amazon.com.au	2013 年 11 月	1584	24
南美洲	巴西	amazon.com.br	2012 年 12 月	1164	28

注意：以上排名数据来源于 alexa.chinaz.com，2019 年 8 月。

Amazon 平台在售的产品有一部分是自营产品，另外一部分由第三方卖家提供。其中有大量第三方中国卖家是被全球开店计划吸引而来的。全球开店计划在 2012 年进入中国，已经帮助越来越多的中国卖家入驻平台，让他们能够将产品直销海外，服务全球客户。目前，全球开店计划支持卖家在北美、欧洲、日本、澳大利亚开店。如果已经在北美站开店，还可以选择拓展到 Amazon 其他站点。以下是 Amazon 各站点的介绍。

(1) 北美站：美国站(amazon.com)、加拿大站(amazon.ca)、墨西哥站(amazon.com.mx)。

(2) 欧洲站：英国站(amazon.co.uk)、法国站(amazon.fr)、德国站(amazon.de)、西班牙站(amazon.es)、意大利站(amazon.it)。

(3) 日本站：目前只含日本站(amazon.co.jp)。

(4) 新兴的站点：印度站(amazon.in)、澳大利亚站(amazon.com.au)、中东站(amazon.ae)。

上述站点中，美国站的市场总量是最大的，也是最容易上手和出单的，同时其竞争程度也是最为激烈的。日本站作为后起之秀，其整体销量增长迅猛，成为中国卖家的新宠。

下面重点介绍新兴的 3 个站点。

Amazon 于 2013 年进入印度市场，短短数年时间，已经是当地市场 PC 端和移动端访问量最大的购物网站。有数据显示，Amazon 印度站一度成为当地市场下载量最大的购物 App。这不但取决于印度作为世界第二大人口大国人口基数下迅猛增长的网民数量，也因为 Amazon 在印度大力布局，拥有 50 多个仓库，超过 56 万立方米的库存容量，其中有 15 个超规重、大货仓支持诸如大家电等超规商品，FBA(亚马逊物流配送)覆盖印度邮政服务全境。印度站产品类目众多，尤其是女装和电子类产品颇受欢迎，整个市场增速明显，也吸引着很多卖家纷纷入驻。

Souq (souq.com)是 Amazon 中东站(amazon.ae)的前身，成立于 2005 年，总部位于阿联酋迪拜，于 2017 年被 Amazon 以 5.8 亿美元的价格收购后并入到 amazon.ae，即现在的 Amazon 中东站。中东站目前覆盖阿联酋、沙特、埃及、科威特、巴林、阿曼和卡塔尔 7 个国家，语言为英语或阿拉伯语。消费电子类是中东站点占比最大的品类，时尚类第二，生活美妆类第三。中东站拥有基数庞大的年轻消费者，且有着人均 7 万美元左右的 GDP(国内生产总值)，再加上宗教与气候原因等，Amazon 中东站潜力巨大，有着很优质的市场机遇。

Amazon 澳大利亚站平台注册卖家前期以邀请制为主，收到邀请的卖家在其他平台本身具有较高的销量，月均销售额 30～60 万美元。现 Amazon 已经开放自注册，卖家可以自行注册。需要指出的是，Amazon 在 2018 年 5 月 31 日宣布，所有澳大利亚消费者将只能从 Amazon 澳大利亚站购买商品，美国、欧洲、日本站点将不再对澳大利亚居民开放，这意味着已经入驻平台的卖家将迎来从 Amazon 其他站点转过来的庞大流量。另外澳大利亚政府规定，消费者在澳大利亚本土购买绝大多数商品时都应该按照货物价值的 10% 缴纳 GST(增值税)。所以，建议蠢蠢欲动的卖家在进入澳大利亚市场前要谨慎考虑，请务必先了解当地市场的税务法务情况，再进行产品上架与库存发送。

【案例】

Nadia 和她的团队在对 Amazon 平台有了一定的了解之后，准备在 Amazon 平台上开店，但是不知道应该先从哪一个站点入手。请问：Nadia 和她的团队应该从哪些方面考虑？

【解析】

1. 产品的品类以及产品的特点；
2. 产品面对的目标群体主要集中在哪些国家和地区；
3. 团队针对在 Amazon 平台上的运营投入预算是多少；
4. 团队成员对哪些国家和地区的情况比较熟悉，包括语言；
5. 团队的运营经验。

1.3 平台店铺与费用介绍

Amazon 作为目前全球最大的电商平台，有着独特的优势，是大多数新手卖家的第一选择，同时，很多跨境大卖家也把 Amazon 作为他们的第一业务来运营。

1. Amazon 账号类型

作为全球最大的电商平台，Amazon 吸引了无数卖家。目前 Amazon 的账号共分为四大类型，分别是 Amazon Seller Central(SC、AS 或 3P Seller)、Amazon Business Seller(AB)、Amazon Vendor Express(VE)和 Amazon Vendor Central(VC)。每一种账号类型都有对应的卖家群体和买家群体，在选择账号类型时需要综合考量企业的业务能力和产品定位，选择适合自己的账号类型。

1) Amazon Seller Central

Amazon Seller Central 指第三方卖家，是目前最普遍的卖家类型，遍布全球，遇到的问题也最多。注册用户需根据站点选择进行分站点注册。该类型账号入驻门槛较低，所以成为大多数新手卖家的第一选择，包含北美站点在内的很多站点都支持以个人身份进行入驻。

账号特点：结账周期短、推广方式简单、面向任何卖家入驻、产品显示第三方卖家、适用 B2B 及 B2C、无品牌备案不可做 A+ 页面。

所谓 A+ 页面就是图文版商品详情页面，通过它可以使用额外的图片和文本进一步完善商品描述部分。对于 SC 账号来说，只有成功通过 Amazon 的品牌备案登记(Brand Registry)，才可以在产品描述页面添加图片和文字信息。

2) Amazon Business Seller

简单而言，Amazon Seller Central 可以理解成 B2C 的第三方卖家账号，而 Amazon Business Seller 是 B2B 账号，是 Amazon 针对企业及机构买家的一站式商业采购站点。一家公司可以同时申请 SC 和 AB 两种类型的账号。

通过 Amazon Business，企业及机构买家可接触到海量选品，专享企业特有价格、2 日商品送达服务，并能轻松完成审批工作流程，让商业采购更便捷。

账号特点：直接针对商业买家进行批发销售，一般买家无法购买。

相对于 SC 账号来讲，AB 账号的入驻门槛要高很多，比如必须以企业为主体进行入驻，这就会卡掉很多的新手卖家。同时作为面向 B 端的账号类型，其对产品线以及企业本身外贸的业务能力要求也是比较高的。

3) Amazon Vendor Central

VC(Vendor Central)是 Amazon 公司的重量级供应商平台，是 Amazon 为那些拥有自主品牌的制造商或分销商而创建的运营平台，也是 Amazon 大部分自营商品的供应商。但是 VC 系统相对封闭，只有通过邀请才能入驻。不过 VC 在上传产品数量上没有限制，并且 VC 是全面支持 A+ 页面的。

账号特点：免除年费、全面支持 A+ 页面功能、丰富全面的推广方式、产品显示 Sold by Amazon、适用 B2B 模式、依条款周期结账等。

4) Amazon Vendor Express

VE(Vendor Express)是 Amazon 提供的另一个供应商平台,是 VC 的精简版或初级版本,有自行申请的通道。

VE 只可以上架 85 个产品,并且 VE 不是全面支持 A+ 页面的,新注册的 VE 目前至多提供 5 个免费的 A+ 产品页面。

Amazon Vendor Express 允许卖家向全世界数亿顾客展示他们的产品。Amazon 直接从供应商处购买产品,负责产品销售、顾客服务和顾客退货等。通过 Vendor Express 添加新产品到 Amazon,可以获得免费的 A+ 页面,从而优化产品内容。

直接把产品卖给 Amazon,可以面向百万消费者。卖家把产品卖给 Amazon,剩下的工作都由 Amazon 负责,从发货到顾客服务和退换货处理全包办。

申请做 VE 之后,Amazon 并不会直接采购企业的产品,通常会先让企业寄产品的样品,Amazon 称之为测试产品。之后平台会先上传产品来测试销售情况,如果销售数据显示,认定该产品为畅销产品并且产品品质比较好,买家没有过多的负面反馈,那么 Amazon 才会向企业下单采购,否则 Amazon 将不会向企业采购,同时对企业之前寄送的样品,Amazon 也不会支付任何的费用。所以,在选择通过 VE 销售产品时不仅要考虑企业的利润,更多的需要综合考虑产品在市场中的机会点和竞品的差异化,选择在市场中更具有竞争力的产品,同时需要保证产品的品质。在寄送样品时,Amazon 会根据样品货值确定寄送样品的数量,比如 20 美元的可能要提供六七个免费样品,100 美元的可能要提供两个免费样品。

账号特点:支持部分 A+ 页面功能、较多推广方式、面向不同规模公司入驻、产品可显示 Amazon 自营、适用 B2B 及 B2C、结账期 60 天。

5) Vendor 账户和 Seller 账户的区别

用户通常把 Amazon 第三方卖家称为 Seller,所以由第三方卖家自营的账户就叫做 Seller 账户,目前中国卖家普遍选择的都是 Seller 账户。对于 Vendor,我们可以把 Vendor 账户简单理解为 Amazon 代销。如果说 Seller 是由卖家自己操作运营的,那么 Vendor 就由 Amazon 来帮卖家做推广了。

相比 Seller 而言,Vendor 有以下几点好处:

(1) 没有任何年费,会为企业节约不少固定成本。

(2) 产品将显示为 Sold by Amazon 或 Sold by and ship from Amazon,会对产品的转化率起到一定的提升作用。

(3) 产品页面将由 Amazon 设计(包括图片和文字的 A+ 页面),会为企业节约一部分的人工成本。

(4) 如果由 Amazon 发货,则 Amazon 承担所有运费和处理费(完全省掉 FBA 的费用)。

(5) 如果由卖家发货,则卖家可以自己从美国仓库发货至最终客户(库存更可控,FBA 不再是优化的必选项)。

(6) 产品自动被列为 Amazon Prime(直接列入 Amazon 会员级产品)。

(7) 获得 Amazon 营销工具(比如深度查看关键词等)。

3P Seller 账号是目前最普遍的卖家类型,遍布全球,本书接下来所涉及 Amazon 相关的内容除特殊说明外都是指 3P Seller 账号。

> **【案例】**
>
> 同样都是 Amazon 平台，账号的类型还有很多。那么 Nadia 该选择哪种账号类型开展业务呢？应该从哪些方面思考？
>
> **【解析】**
>
> 1. 公司所要开展的业务类型；
> 2. 公司团队成员的组成；
> 3. 公司在 Amazon 店铺运营的资金投入情况；
> 4. 公司的产品线是否完整；
> 5. 初期建议使用 3P 账号，后期可以拓展其他账号。

2. 3P Seller 账号销售计划

Amazon 的销售计划有两种，分别为专业卖家销售计划(Professional)和个人卖家销售计划(Individual)，以下简称专业卖家和个人卖家。这两种销售计划只是供卖家选择的两个不同的销售计划而已，和卖家的主体没有任何关系。如表 2-1 所示，总结了 Amazon 北美站点个人和专业销售计划之间的差别。

表 1-2 个人和专业销售计划之间的差别

卖家账户功能	计划类型	
	专 业	个 人
月服务费 39.99 美元	是	否
售出一件商品按件支付 0.99 美元	否	是
在 Amazon 目录中创建新商品页面	是	是
使用上传数据、电子表格和报告管理库存	是	否
使用订单报告和订单相关上传数据管理订单	是	否
使用 Amazon 商城网络服务上传数据、接收报告和执行其他 API 功能	是	否
Amazon 为所有商品设置运费	否	是
卖家为非媒介类商品设置运费	是	否
将商品设置为不可售	是	是
促销、礼品服务及其他特殊的商品功能	是	否
有资格在"购买按钮"中发布商品	是	否
能够对您的订单计算美国销售税和使用税	是	否
获得用户权限/向其他用户授予访问权限	是	否

表 1-2 中列出了两种销售计划的主要区别点，更多的区别点可以到卖家后台的帮助页面查询。两种销售计划各有优劣，卖家可以根据自身的业务量和业务目标选择不同的销售计划。一般情况下，如果企业计划在 Amazon 平台上进行长期地耕耘和投入，则建议选择专业卖家销售计划，同时，当店铺的月订单量大于 40 笔时也建议选择专业卖家销售计划。

专业卖家销售计划除了功能上的差异之外，更多的是运营上的差异。比如专业卖家销售计划有更多的机会获得购物车，对产品的转化率会大大的提升；通过专业卖家销售计划可以查看到店铺产品的销售和访客数据等信息，将会对店铺的运营提供决策依据，从而形成更有效的决策。

【案例】

针对个人销售计划和专业销售计划，Nadia 应该怎么选择呢？

【解析】

1. 新店铺注册默认开通的是专业销售计划，后期可以降级；

2. 两种销售计划使得账号拥有的功能和权限不同，所以需要视具体的需求而定；

3. 专业销售计划相对个人销售计划给产品成长带来的便利更多一些，如果想长期发展，则建议使用专业销售计划。

本 章 小 结

对 Amazon 平台的了解是开展亚马逊业务的基础，本章介绍了亚马逊的业务体系、亚马逊平台的站点以及店铺类型和相关费用。通过本章的内容可以对亚马逊有一个全面的了解。

课 后 思 考

一、填空题

1. Amazon 平台于_____年_____月正式上线。

2. Amazon 的主要业务包含_____、_____、_____、_____、_____。

3. Amazon 北美站点的销售计划包含_____、_____两种，租金分别为_____、_____。

4. Amazon 的账号类型有_____、_____、_____、_____四种。

5. Amazon 的创始人是_____。

二、单选题

1. Amazon 的下列站点中，(　　)没有对中国卖家开放。

A. 美国站点　　　B. 印度站点　　　C. 俄罗斯站点　　　D. 英国站点

2. Amazon 欧洲站点不包括下列(　　)国家。

A. 英国　　　　　B. 德国　　　　　C. 意大利　　　　　D. 波兰

3. Amazon 北美站点不包括下列( )国家。

A. 美国　　　　　　B. 巴西　　　　　　C. 墨西哥　　　　　　D. 加拿大

4. 下列( )不是专业销售计划的权限。

A. 广告功能　　　　　　　　　　B. 查看数据功能

C. 无限制发布商品　　　　　　　D. 批量上传

5. 下列 Amazon 站点的域名拼写错误的是( )。

A. amaozn.com　　B. amazon.ca　　C. amazon.co.jp　　D. amazon.au

三、能力拓展题

请完整地写出 Amazon 所有对中国卖家开放的站点以及域名。

第 2 章　Amazon 账号注册

项目介绍

　　Nadia 和她的团队在对 Amazon 平台有了充分的了解之后，决定在 Amazon 平台开展相关的业务，鉴于公司的产品结构和产品定位，计划开设一个 3P 类型的店铺。

　　注册店铺是开展跨境电商业务的第一步，完成店铺的开设即代表正式进入跨境电商行业。同时店铺又是所有运营的承载体，所以在店铺开设之前还需要对平台的规则以及各站点的注册条件有所了解，避免遭受不必要的损失。

　　不同的站点要求店铺的开设条件是不一样的。Nadia 和她的团队需要结合自身的实际情况选择合适的站点，同时销售出去产品之后如何将货款兑换成人民币也是他们当前需要清楚的内容。

本章所涉及任务：

※　工作任务一：清楚 Amazon 各站点注册所需资料。
※　工作任务二：完成连连收款账户的注册。
※　工作任务三：完成 Amazon 北美站点的注册。
※　工作任务四：完成 Amazon 后台基础设置。

【知识点】

1. Amazon 平台基本规则；
2. Amazon 北美站点注册流程。

【技能点】

1. 完成 Amazon 北美站点注册；
2. 完成 Amazon 后台基础设置。

2.1　Amazon 注册资料整理

任务分析

　　本节内容主要介绍 Amazon 各站点注册所需资料，针对欧洲的 VAT(增值税) 以及印度站点注册做了特殊的说明，在本节结束之后需要准备好注册 Amazon 北美站点所需的资料。

任务实施

1. Amazon 各站点注册要求

目前针对中国卖家开放的站点有北美站、欧洲站、日本站、印度站、澳大利亚站以及中东站。建议新手卖家优先选择北美站点。Amazon 北美站点的注册共有两种形式，一种是自行通过对应的站点进行注册。简称自注册；另外一种是通过全球开店计划进行注册。我们平时遇到的招商经理注册也是全球开店计划的一种形式，通常通过招商经理链接进行注册都要求注册主体是企业。

在对中国卖家已开放的站点中，部分站点需要通过招商经理的邀请链接才能进行注册，具体注册的要求如表 2-1 所示。

表 2-1　各站点注册基本要求

站　点	注册主体		VAT 要求		注册形式		
	个　人	企　业	自发货	FBA	自注册	全球开店	邀　请
北美站	√	√			√	√	√
欧洲站		√	√	√	√	√	√
日本站	√	√			√	√	√
印度站		√		GST 税号			√
澳大利亚站	√	√			√	√	√
中东站	√	√		√			√

注意：表 2-1 编制时间为 2019 年 7 月，如有更新请以最新内容为准。

【案例】
Nadia 了解平台的注册规则之后，决定注册北美站点。但是应该采用何种主体身份进行注册以及通过何种方式进行注册？

【解析】
1. 如果能使用企业身份进行注册，则建议采用企业身份作为注册主体；
2. 如果注册的主体是企业，则建议通过招商经理链接(全球开店)进行注册；
3. 如果注册的主体是个人，则只能进行自注册或在全球开店官网中进行注册。

2. VAT 介绍

1) 增值税

增值税(Value Added Tax，VAT)是指以商品或服务在流转过程中产生的增值额作为计税依据而征收的一种税。从欧盟以外的国家/地区进口货物到欧盟成员国，除关税外，还需要缴纳进口增值税。进口增值税税额的税率与货物在欧盟进口国供应的税率相同，根据商品的海关完税价格和关税计算。

如果企业在申报货物的海关当局所在国家/地区注册增值税，则进口增值税通常可退税。根据该国家/地区的标准增值税退税规则进行增值税退税。

　　按照欧盟的规定，如果货物价值较低，从欧盟以外的国家/地区进口货物到欧盟成员国，且没有使用 FBA(亚马逊物流配送)仓储的卖家，可豁免缴纳进口增值税。如要符合该要求，则货物价值必须在 10～22 欧元，具体取决于货物进口到哪个欧盟成员国。

　　2) 关税

　　关税(Customs Duties，Tariff)是进出口商品经过一国关境时，由政府所设置的海关向其进出口商所征收的一种税。关境可以小于国境，也可以大于国境。比如，中国大陆和中国香港是一国两制，两地海关各自执法。所以，香港产品进入大陆，就等于香港出口、大陆进口。但是香港和大陆同属中国。

　　欧盟的情况比较特殊，它是不同的成员国之间组成的一个关税同盟。欧盟国家间的贸易是不存在关税的。比如德国产品出口法国，法国不会征收关税。意大利产品出口奥地利，同样奥地利也不会征收关税。

　　这里还有一个存在特殊情况的国家，那就是瑞士。瑞士虽然一直是申根国家，凭借德国或法国或其他申根国签发的申根签证，就可以出入瑞士。但是瑞士一直是永久中立国，不加入欧盟，也不属于欧盟成员。尽管瑞士跟欧盟之间有一系列的经济协定，比如大量的欧洲制造出口瑞士免关税，瑞士制造出口欧盟也免关税，但依然有不少例外存在。

　　3) 注册英国 VAT 税号需要的资料

　　(1) 企业执照(香港公司需提供 CR\BR)；

　　(2) 户口本\工作证明\结婚证\租赁合同\房产证(提供任意两样)；

　　(3) 法人护照\身份证(2 选 1)；

　　(4) 税务授权书 64-8 文件；

　　(5) 客户登记表。

　　4) 注册 VAT 跨境电商卖家的条件

　　(1) 进口商品至欧盟；

　　(2) 使用 Amazon 运营中心或在欧洲国家\地区存储的库存；

　　(3) 在不同国家的运营中心之间运输商品；

　　(4) 向欧洲国家\地区的私人买家销售商品，超过特定阈值；

　　(5) 向欧洲国家\地区的企业卖家销售商品。

　　5) 缴纳 VAT 的必要性

　　(1) 货物出口时若没有使用自己的 VAT 税号，则无法享受进口增值税退税的优惠。

　　(2) 若被查出借用他人 VAT 或 VAT 税号无效的情况，货物可能被扣且无法清关。

　　(3) 如果不能提供有效的 VAT 发票给海外客户，客户有可能会取消交易甚至给差评。拥有有效 VAT，合法经营的卖家，可受其产品销售国法律保护，有利于建立客户信任保障正常交易，同时将大大增加成交率及好评率。

　　(4) 英国和德国税务局现正在通过多方面渠道严查中国卖家的 VAT 号，Amazon、eBay 等平台也在逐步要求卖家提交 VAT 号。拥有有效 VAT 号，更容易通过电商平台的审核，防止账号被封，帮助在其平台发展业务。

　　6) VAT 计算

　　任何个人和公司在进口商品到欧盟时，海关都会对其商品征缴进口税。进口税包括关税(IMPORT DUTY)和进口增值税(IMPORT VAT)。计算方式如下：

$$IMPORT\ DUTY = 申报货值 \times 关税税率$$

$$IMPORT\ VAT = (申报货值 + 头程运费 + DUTY) \times 增值税税率$$

注：商家可以在季度申报时抵扣进口增值税(IMPORT VAT)。

当货物进入欧盟五国(按欧盟法例)时，要对货物缴纳进口税；当货物销售后，商家可以退回进口增值税，再按销售额交相应的销售税。对不同类别的产品收取的增值税税率也不同，绝大多类产品按标准 VAT 税率 20%计。

市场销售价格 = 未含税商品价格 + 未含税商品价格 × VAT 税率

销售 VAT = 未含税价格 × VAT 税率

销售 VAT = [市场销售价格 ÷ (1 + VAT 税率)] × VAT 税率

实际缴纳 VAT = 销售 VAT − 进口 VAT

合计缴纳税费 = (销售 VAT − 进口 VAT) + (关税 + 进口 VAT) = 销售 VAT + 关税

注：一般情况下 VAT 税率为 20%，所以，销售 VAT = 市场销售价格 ÷ 6。

英国税局除了标准的 20% 税率(Standard VAT)之外，也有一种针对小零售 Amazon 卖家而推出统一标准低税率(Flat VAT)的方案。Flat VAT 税率是 7.5%，第一年有优惠，是 6.5%，预估年营业额在 15 万英镑以内的卖家可以申请 Flat VAT。要注意的是，Flat VAT 是不可以进行进口增值税的抵扣的，也不能退税。

【案例】

有一笔货物是从深圳发出的 3C 数码用品，准备在英国销售。关税税率是 2%，增值税税率为 20%，总体货值是 600 英镑，销售价是 1000 英镑，头程费用是 100 英镑。按照标准税率计算，这批货物销售完之后总共需缴纳多少税?

【解析】

进口关税 = 600 × 2% = 12；

进口增值税 = (600 + 12 + 100) × 20% = 142.4；

Standard VAT = 1000 ÷ 6 ≈ 166.66；

总缴税 = 166.66 + 12 = 178.66。

3. 印度站点注册介绍

印度电商市场规模非常庞大且增长迅速，根据 We Are Social(研究机构) 2019 年 1 月的数据显示，印度人口 13.6 亿，互联网用户占 5.6 亿。尽管印度仍然是一个低收入国家，但印度人正在迅速适应电子商务带来的便利，开始使用移动设备访问互联网并在线购买越来越多的商品和服务。

1) 印度站优势

(1) 人口基数大(13.6 亿左右)，目前互联网普及率仅占全国人口的 1/3，电商渗透率仅有 2.9%，成长空间大；

(2) 人均 GDP 未来十年，每年将以 8%～10% 的速度增长；

(3) 基础配套比较薄弱，为电商市场的发展提供了空间；

(4) Amazon 在印度综合电商 App 下载排名第一；

(5) Amazon 印度站流量大概同英国站相当，且流量还在不断上涨。

2) 印度站的优惠政策

(1) FBA 方面：

① FBA 免前 6 个月仓库存储费；

② FBA 免前 3 个月移仓费；

③ FBA 费用较低，与 US 比，如 500 g 包裹，US 费用约 4.7 美元，IN 约 1 美元。

(2) 免平台月租费；

(3) 促销活动成本低，形式更灵活。秒杀费用低，99 卢比 (约 10 元人民币)一个，可提报多个。且持续时间长(24 小时)。

3) 注册资质

在 Amazon 印度站点销售，需要运营者在 Amazon 有一定运营经验，母账户运营至少半年以上且有正常销售(母账户一般为美国、欧洲或日本站)且账户绩效良好。

目前印度站发货方式共有两种，分别是 D2I 模式(自发货 FBM) 和 ISP 模式(FBA)。两种发货方式所需要的资料是不一样的，这是印度站点和其他站点最大的区别。对这两种模式说明如下：

(1) D2I 模式：通过国内注册的公司资料就可以开通，和其他站点基本一致。主要资料包含公司营业执照、法人身份证、税务声明等。

(2) ISP 模式：印度公司资料(营业执照 + GST 税号 + 当地银行企业收款账号)；无印度公司资质且需要注册 ISP 账号的卖家，需要服务商签约，借助服务商提供的印度资质即可入驻，资费因服务商不同而有所差异，大概需要 3000 元/年服务费 +1%～4% 左右佣金。目前主要的服务商有：全和悦、Gati、三态、邮政、云途、虎爪等。

【案例】

Nadia 的团队如果想要在印度站点销售，那么采用 D2I 和 ISP 两种模式都需要支付哪些方面的费用呢？

【解析】

1. 如果采用 D2I 进行注册，则无需支付除运营成本之外的其他费用，但是不能采用 FBA 进行发货；

2. 采用 ISP 模式即采用 FBA 进行发货，除运营成本之外还需向服务商支付服务年费、服务佣金以及当地销售税金。

2.2 收款账户注册

任务分析

在跨境销售时卖家不仅需要考虑怎么卖出去货，还需要考虑怎么把钱收回来，跨境收款工具就是在解决这一问题。本节将介绍适合 Amazon 平台收款的常用工具，并重点介绍连连跨境收款的相关知识。

任务实施

1. Amazon 多种收款方式对比

Amazon 的收款工具只是用来接收 Amazon 的付款，如果在美国站销售，则收到的款项将是美元，那么在选择收款工具时就需要选择有汇兑功能的。目前市场中支持 Amazon 收款的工具比较多，国外主流的有 P 卡(Payoneer)、World First 等，国内主流的有连连支付等。现将几种主要的收款方式进行对比，如表 2-2 所示。

表 2-2　收款工具对比

	美国银行卡	World First	P 卡(Payoneer)
简介	以美国公司身份申请到的美国当地银行卡，需要先注册一个美国公司	Amazon 全球开店官方推荐的收款方式，是一家外汇兑换公司	Amazon 官方推荐的收款方式之一，提供全球支付解决方案，可以像美国公司一样收美国 B2B 资金
申请资质	需要先注册美国公司	个人/公司身份均可	个人身份可以申请，年满 18 周岁
安全性	金额过大时，有可能会面临美国银行机构的监管	Amazon 官方推荐，安全、快速	在多次联系通知后，Payoneer 未收到要求的资料，美国收款账户会暂时关闭收款功能，但是允许将 P 卡中的资金取出
手续费	每次国际转款是 45 美元，无汇率损失	美元账户手续费：1000 美元以内是 30 美元/笔，超出 1000 美元，免手续费 汇率损失：每笔汇率转换汇率损失在 1.5%~2.5%	账户管理费每年为$29.95 美元，美国账户入账收 1%，银行转款转出时收 2%。无汇率损失。欧洲账户入账免费，只有使用银行转款到当地时收取 2%。无汇率损失
开户费用	注册公司＋税号＋银行卡，开户费用 8000~15000 元人民币	代理费用 500 元人民币左右	免费申请
卡的性质	实卡和网上银行	World First 后台在线账户管理	实体＋虚拟账户
提款方式	1. 银行卡直接到带 VISA 的 ATM 提款(不建议) 2. 网银转款	World First 会自行打到 Amazon 绑定的法人或私人账户(个人身份申请)或者对公银行卡里(公司身份申请)	ATM 取款＋网上自助转账
如何申请	找相关代理申请	网上申请 https://www.worldfirst.com	网上申请 https://www.payoneer.com

除上述收款方式外，还有其他收款方式，如 PingPon 收款方式：https://www. pingpongx.com、连连跨境收款：https://global.lianlianpay.com。

【案例】

在对收款工具有了一定的了解之后，Nadia 和她的团队要开始注册自己的收款账户，具体选择哪一款收款工具迟迟没有确定。请问：他们应该从哪些方面进行考虑呢？

【解析】

1. 收款工具的可信度，建议选择主流的支付公司，同时需要确定公司是否有相应的业务资质；

2. 收款工具的费率；

3. 收款工具的回款时间。

---

2. 连连收款账户介绍

连连银通电子支付有限公司(简称"连连支付")成立于 2003 年，注册资本 3.25 亿元人民币，是国内领先的独立第三方支付公司。连连支付拥有中国人民银行颁发的《支付业务许可证》、中国人民银行核准的跨境人民币结算业务资质、国家外汇管理局浙江省分局批准的跨境外汇支付业务试点资质，同时是中国证监会批准的基金销售支付结算机构。相对于上述的收款工具，连连收款有以下优势：

(1) 真实汇率所见即所得。直连银行，实时同步最新汇率，实时锁定汇率，预知实际到账金额，真正零汇损。

(2) 5 分钟极速到账。人民币提款仅 5 分钟到账，最快 2 秒，支持国内 200 多家银行通道。

(3) 多站点多币种收款。可实现从北美站、欧洲站、英国站、日本站、澳大利亚站和加拿大站收款。

(4) 统一管理多平台多店铺。一个账户轻松搞定多平台多币种多店铺的资金管理。

(5) 付款灵活高效。如 VAT 付款，支持欧洲 7 国直缴，最快当日到账；海内外供应商付款，真正实现收付一体，资金周转更高效。

(6) 较低的收款费率。目前 Amazon 收款的标准费率是 0.7%，eBay 和 Wish 免费。

基于以上优势，推荐使用连连支付进行跨境收款，目前连连支付支持中国大陆和中国香港的个人以及企业进行入驻，不同的入驻主体所需要的资料有所差异。具体的注册所需资料如下：

1) 大陆个人用户

(1) 手机号码、电子邮箱；

(2) 身份证正反面彩色影印件、本人手持身份证照片；

(3) 本人银行借记卡。

2) 大陆企业用户

(1) 手机号码、电子邮箱；

(2) 营业执照(三证合一企业或个体工商户，非三证合一证件无法注册提交，需联系当地工商局进行变更)、法定代表人证照影印件(支持证件类型有境内二代居民身份证(大陆人)/香港永久性居民身份证(香港人)，澳台或外籍人员提供护照)；

(3) 企业对公银行账户或法定代表人个人银行账户。

3) 香港个人用户

(1) 手机号码、电子邮箱；

(2) 本人香港永久居民身份证影印件 + 手持身份证件照片；

(3) 本人香港银行储蓄卡或境内离岸账户；

4) 香港企业用户

(1) 手机号码、电子邮箱；

(2) 企业注册证书影印件(无限公司没有的直接上传税务局商业登记署影印件)；

(3) 企业商业登记证影印件；

(4) 公司董事的身份证件影印件,支持证件类型有境内二代居民身份证(大陆人)/香港永久性居民身份证(香港人),澳台或外籍人员提供护照。

【案例】

某 Amazon 北美站点的店铺目前有可用资金 100 美元,如果通过连连跨境支付提现到国内银行卡,假设 1 美元可兑换 7 元人民币。请问：卖家最终可收到多少元人民币？

【解析】

1. 跨境收款需要经过两个步骤：Amazon 打款美元到连连账户(收款),连连兑汇成人民币到卖家提现账户(提现)；

2. 连连收款免手续费,提现手续费为 0.7%；

3. 连连收款金额 = 100 − 收款手续费 = 100 美元；

4. 提现金额 = 100 美元 × 汇率 × (1 − 提现手续费) = 679 元人民币。

---

3. 连连收款账户注册

连接收款帐户注册流程如下：

(1) 搜索连连跨境收款或直接在浏览器地址栏输入 https://global.lianlianpay.com/,打开官网,然后点击右上角的【注册】按钮,或填入邮箱之后点击【立即注册】按钮,如图 2-1 所示。

图 2-1　连连跨境收款首页

(2) 填写注册信息。目前连连支付支持手机和邮箱两种注册方式，可以在注册信息的下方进行切换。默认是通过手机号码自行注册，如图 2-2 所示。进入页面之后可以点击【使用邮箱注册】按钮切换到邮箱注册页面，如图 2-3 所示。

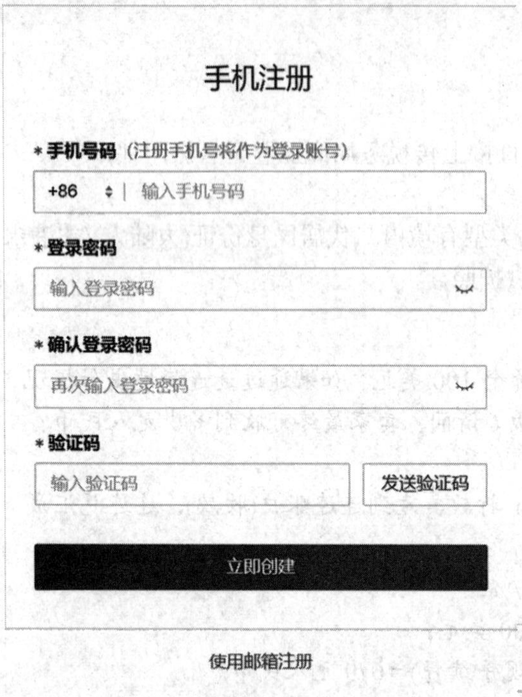

手机注册

* 手机号码 (注册手机号将作为登录账号)

| +86 ♦ | 输入手机号码 |

* 登录密码

输入登录密码

* 确认登录密码

再次输入登录密码

* 验证码

| 输入验证码 | 发送验证码 |

立即创建

使用邮箱注册

图 2-2　使用手机号码注册

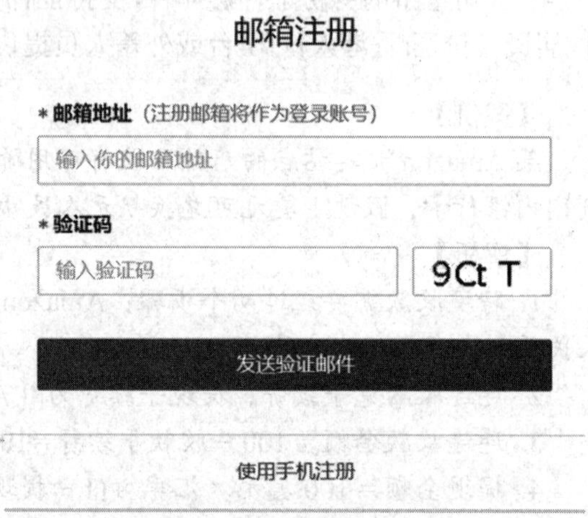

邮箱注册

* 邮箱地址 (注册邮箱将作为登录账号)

输入你的邮箱地址

* 验证码

| 输入验证码 | 9Ct T |

发送验证邮件

使用手机注册

图 2-3　使用邮箱注册

注意：使用手机号码注册，目前只支持中国大陆手机号段(+86)和中国香港手机号段(+852)。但是无论是通过手机号码注册还是邮箱注册，最终都需要同时绑定手机号码和邮箱才能完成账号的注册。

使用邮箱注册，连连会发送一个激活链接到所填写的邮箱，用户需要通过该链接激活账号，如图 2-4 所示。在邮箱里找到对应邮件，点击【激活账号】按钮或通过提示链接激活账号，如图 2-5 所示。

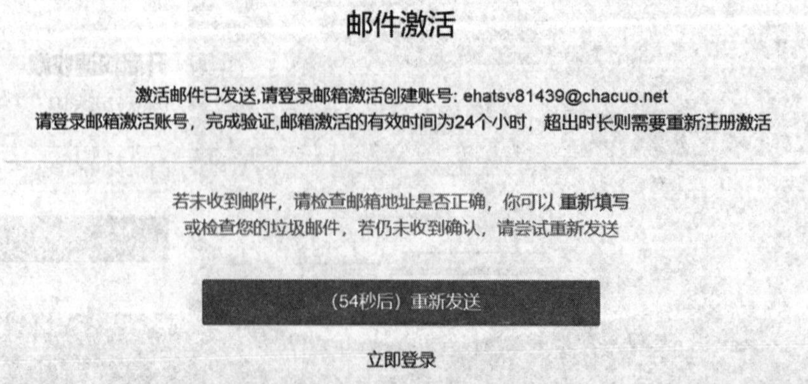

邮件激活

激活邮件已发送,请登录邮箱激活创建账号: ehatsv81439@chacuo.net
请登录邮箱激活账号，完成验证,邮箱激活的有效时间为24个小时，超出时长则需要重新注册激活

若未收到邮件，请检查邮箱地址是否正确，你可以 重新填写
或检查您的垃圾邮件，若仍未收到确认，请尝试重新发送

(54秒后) 重新发送

立即登录

图 2-4　发送激活链接

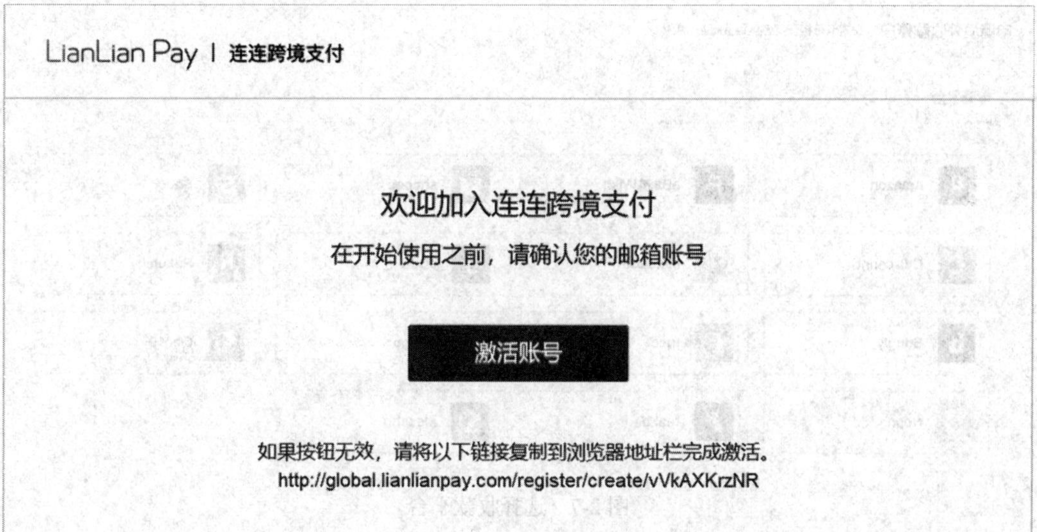

图 2-5　邮箱的激活信息

　　(3) 创建用户。如果使用邮箱进行注册,则在点击【激活账号】按钮之后即可进入创建用户页面(如图 2-6 所示),进行密码的填写以及手机号的绑定。如果使用手机号进行注册,则跳过当前步骤。

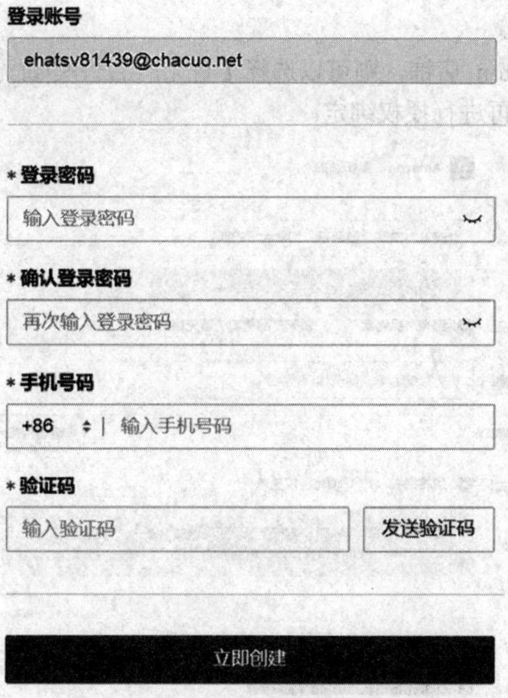

图 2-6　创建用户

　　(4) 申请境外收款账户。完成账户创建之后就进入选择收款平台页面。目前连连支付支持的收款平台如图 2-7 所示。

图 2-7　选择收款平台

(5) 填写平台信息。以 Amazon 平台为例，在选择平台之后进入如图 2-8 所示界面，填写平台信息。在填写信息时需要注意以下几点：

① 目前支持的 Amazon 站点(按照币种划分)有：北美站、加拿大站、欧洲站、英国站、澳大利亚站、日本站、印度站(自发货＋FBA)、阿联酋站和新加坡站。

② 如果已有 Amazon 店铺且有在线的商品，按照提示填写店铺名称(只用于账号内识别)以及授权方式，在选择授权方式时如果选择跳转授权，则会让登录 Amazon 账号，此时需要注意账号关联问题。

③ 如果没有 Amazon 店铺，则可以选择【暂无产品售卖/暂无店铺】选项，跳过当前设置，等有了店铺之后再进行授权绑定。

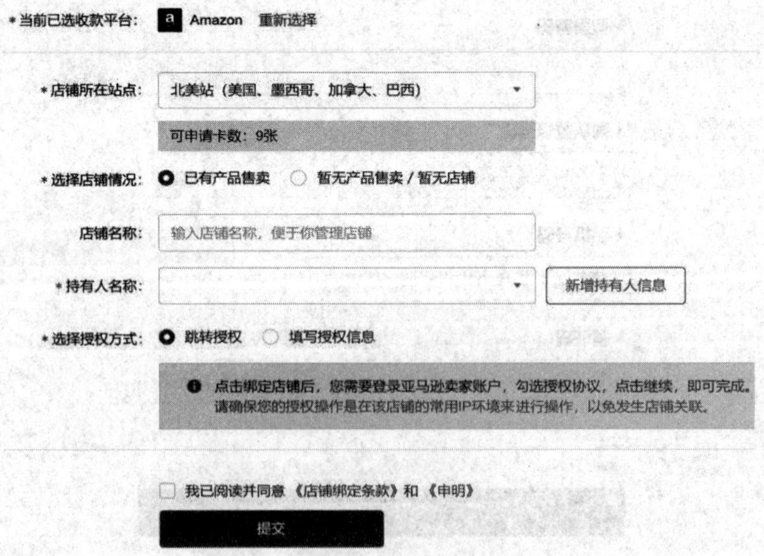

图 2-8　填写平台信息

(6) 实名认证。只有在通过实名认证之后收款账户信息才会显示，目前可以通过中国大陆和香港的个人或企业完成实名认证(如图 2-9、图 2-10、图 2-11、图 2-12 所示)，实名信息提交后预计 1~2 个工作日会完成实名认证。

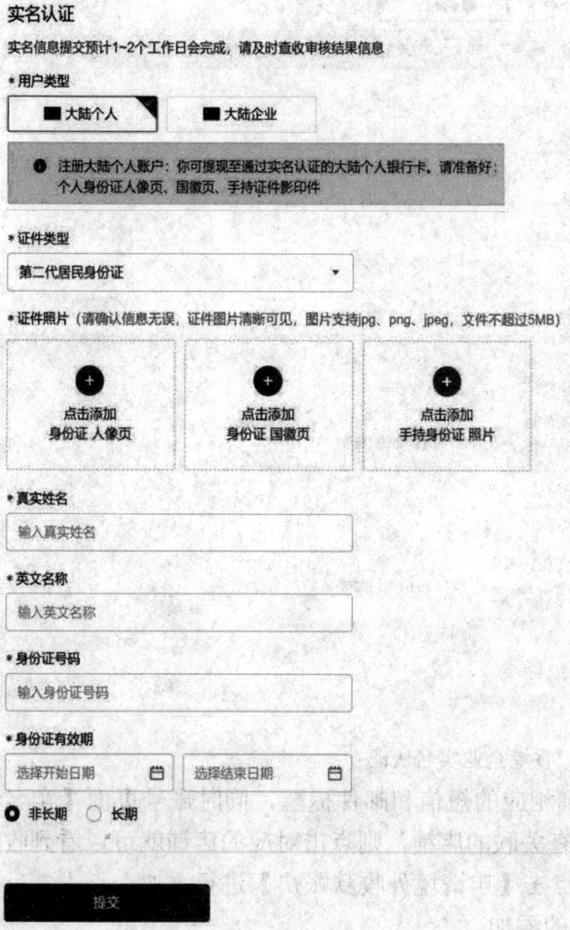

实名认证

实名信息提交预计1~2个工作日会完成，请及时查收审核结果信息

* 用户类型

　■ 大陆个人　　　■ 大陆企业

　❶ 注册大陆个人账户：你可提现至通过实名认证的大陆个人银行卡。请准备好：
　个人身份证人像页、国徽页、手持证件影印件

* 证件类型

第二代居民身份证 ▾

* 证件照片（请确认信息无误，证件图片清晰可见，图片支持jpg、png、jpeg，文件不超过5MB）

　➕　　　➕　　　➕
点击添加　　点击添加　　点击添加
身份证 人像页　身份证 国徽页　手持身份证 照片

* 真实姓名

输入真实姓名

* 英文名称

输入英文名称

* 身份证号码

输入身份证号码

* 身份证有效期

选择开始日期　　选择结束日期

◉ 非长期　○ 长期

提交

图 2-9　大陆个人实名认证

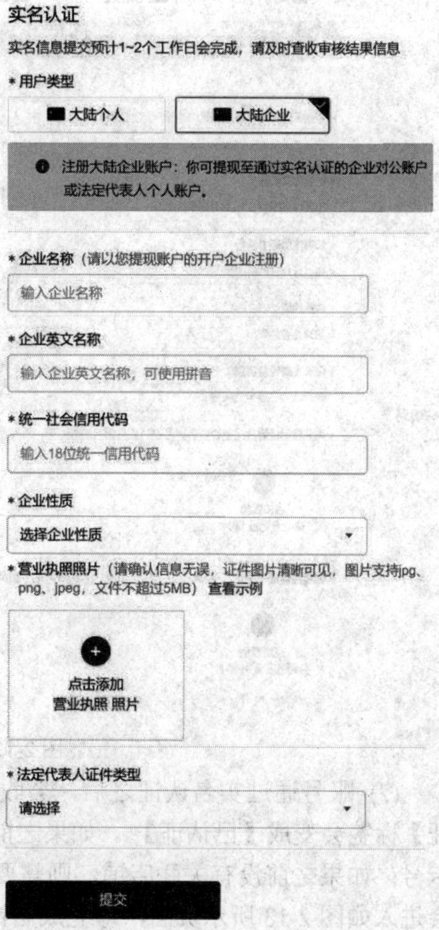

实名认证

实名信息提交预计1~2个工作日会完成，请及时查收审核结果信息

* 用户类型

　■ 大陆个人　　　■ 大陆企业

　❶ 注册大陆企业账户：你可提现至通过实名认证的企业对公账户
　或法定代表人个人账户.

* 企业名称（请以您提现账户的开户企业注册）

输入企业名称

* 企业英文名称

输入企业英文名称，可使用拼音

* 统一社会信用代码

输入18位统一信用代码

* 企业性质

选择企业性质 ▾

* 营业执照照片（请确认信息无误，证件图片清晰可见，图片支持jpg、png、jpeg，文件不超过5MB）查看示例

　➕
点击添加
营业执照 照片

* 法定代表人证件类型

请选择 ▾

提交

图 2-10　大陆企业实名认证

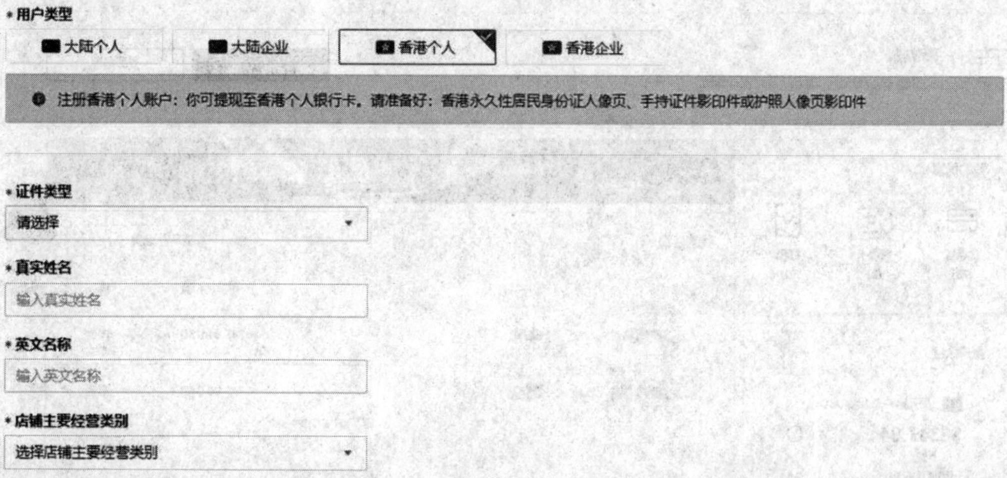

* 用户类型

　■ 大陆个人　　　■ 大陆企业　　　■ 香港个人　　　■ 香港企业

　❶ 注册香港个人账户：你可提现至香港个人银行卡。请准备好：香港永久性居民身份证人像页、手持证件影印件或护照人像页影印件

* 证件类型

请选择 ▾

* 真实姓名

输入真实姓名

* 英文名称

输入英文名称

* 店铺主要经营类别

选择店铺主要经营类别 ▾

图 2-11　香港个人实名认证

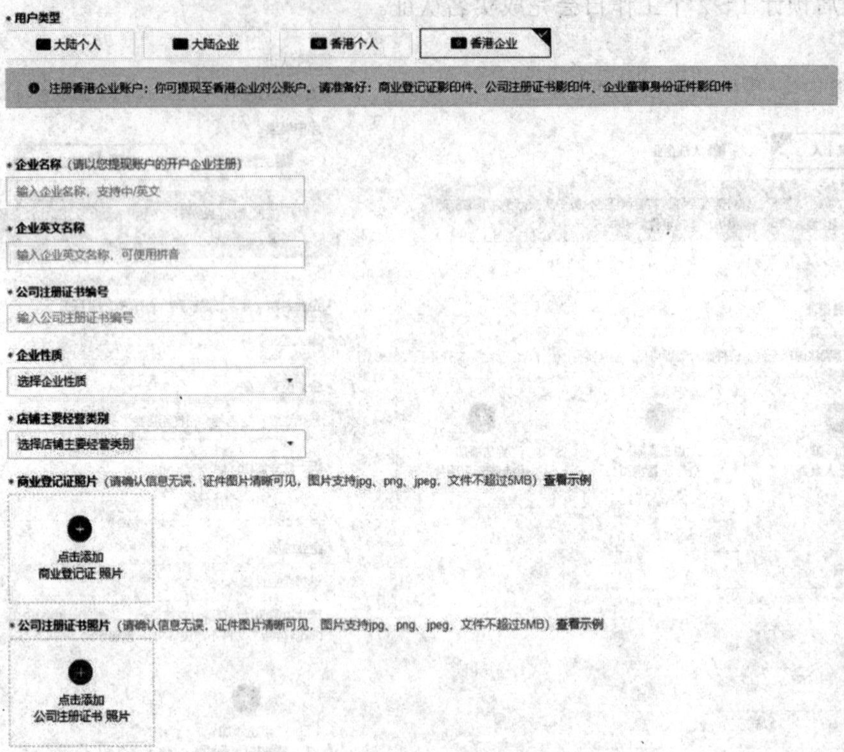
* 用户类型
大陆个人
大陆企业
香港个人
香港企业
注册香港企业账户：你可提现至香港企业对公账户，请准备好：商业登记证影印件、公司注册证书影印件、企业董事身份证件影印件
* 企业名称（请以您提现账户的开户企业注册）
输入企业名称，支持中/英文
* 企业英文名称
输入企业英文名称，可使用拼音
* 公司注册证书编号
输入公司注册证书编号
* 企业性质
选择企业性质
* 店铺主要经营类别
选择店铺主要经营类别
* 商业登记证照片（请确认信息无误，证件图片清晰可见，图片支持jpg、png、jpeg，文件不超过5MB）查看示例
点击添加
商业登记证 照片
* 公司注册证书照片（请确认信息无误，证件图片清晰可见，图片支持jpg、png、jpeg，文件不超过5MB）查看示例
点击添加
公司注册证书 照片

图 2-12　香港企业实名认证

(7) 账号通过实名认证之后，会收到相应的短信和邮件提醒，同时账号页面【实名认证】标签会变成【已认证】。如果之前有关联的店铺，则点击对应的店铺就可以看到收款卡号；如果之前没有关联店铺，则需要点击【申请境外收款账户】进行添加，点击之后就会进入如图 2-13 所示页面，即完成店铺的添加。

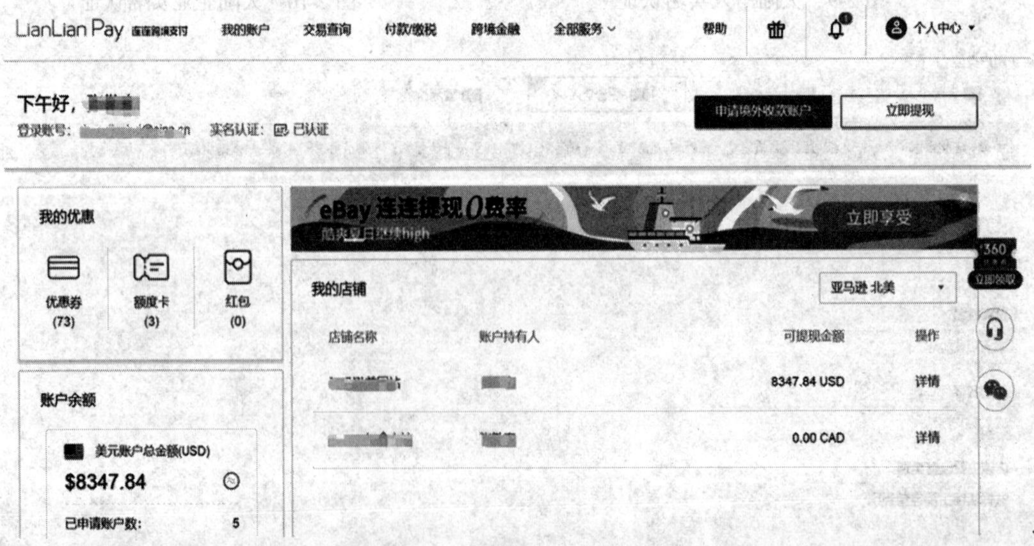
LianLian Pay 连连跨境支付
我的账户
交易查询
付款/缴税
跨境金融
全部服务
帮助
个人中心
下午好，
登录账号：
实名认证：已认证
申请境外收款账户
立即提现
我的优惠
优惠券 (73)
额度卡 (3)
红包 (0)
eBay连连提现0费率
立即享受
我的店铺
亚马逊 北美
店铺名称
账户持有人
可提现金额
操作
8347.84 USD
详情
0.00 CAD
详情
账户余额
美元账户总金额(USD)
$8347.84
已申请账户数：
5

图 2-13　完成实名认证

(8) 点击绑定店铺的【详情】按钮进入如图 2-14 所示页面，在账户信息部分会展示出相关的银行账户信息，将对应的信息填写到 Amazon 后台之后即可完成绑定。

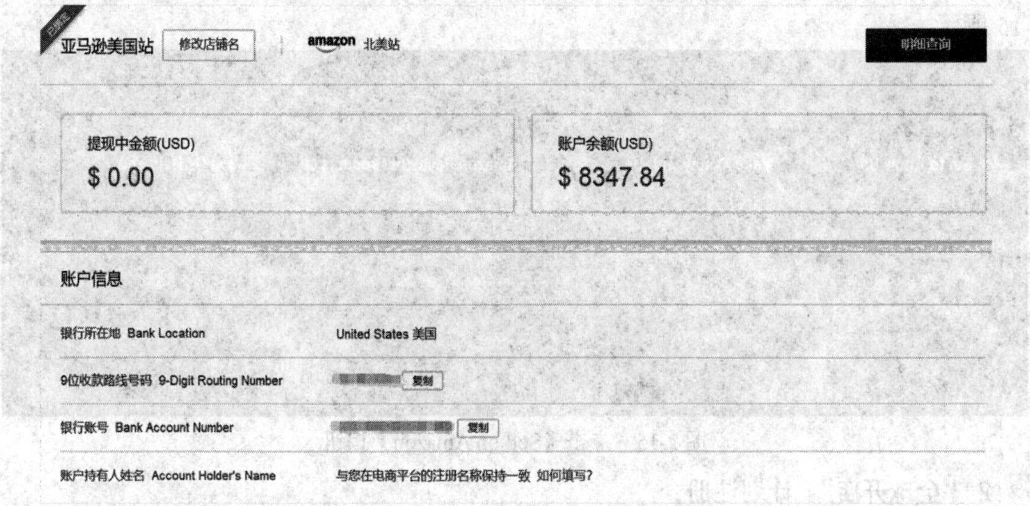

图 2-14　查看账号信息

【案例】

在注册连连收款账户时，使用个人身份进行认证和企业身份进行认证在之后使用中有什么区别呢？

【解析】

1. 如果针对 Amazon 北美站点进行收款，则没有区别；
2. 企业身份认证的连连收款账户可以支持更多的平台收款。

2.3　Amazon 账号注册

任务分析

完成了 Amazon 注册资料的准备之后，正式进入 Amazon 店铺的注册。Amazon 各个站点的注册流程基本一致，本节以 Amazon 北美站点为例进行介绍。

任务实施

Amazon 店铺的注册主要有自注册和招商经理注册两种形式。通过招商经理注册在店铺运营前期可以得到一些招商经理的资源，比如活动资源等，但是在账号的管理和运营方面并没有任何区别。所以卖家无需过度关注账号的注册渠道，更多的是需要对自己的产品和店铺的运营工作做深入的研究。

1. 自注册

截至目前(2019 年 6 月)，Amazon 对中国卖家开通的站点中除印度以及中东站点之外，卖家都可以通过自注册的方式进行注册。卖家首先需要确定销售的国家以及站点，进入对应站点下的任意一个网站进行注册，比如计划在北美站点销售，可以进入美国站 (www.Amazon.com)，然后点击页面下方的【Sell on Amazon】按钮进入注册页面，如图 2-15 所示。

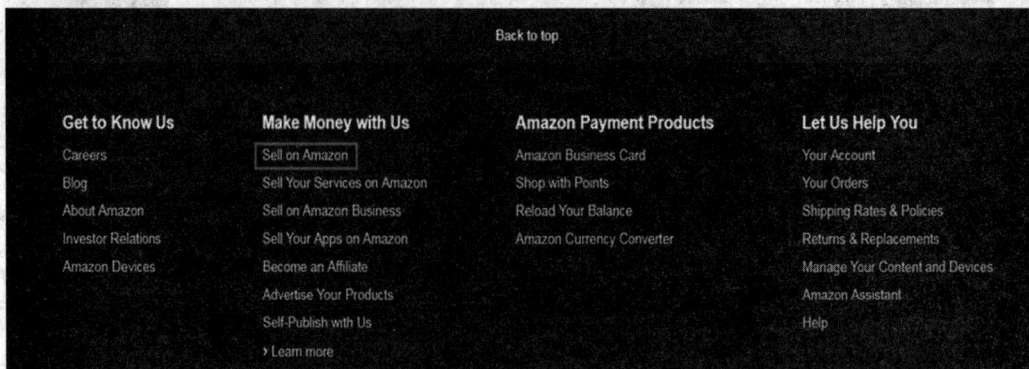

图 2-15　点击【Sell on Amazon】按钮

2. "全球开店" 计划注册

"全球开店"业务是 Amazon 为满足中国卖家拓展海外市场的诉求，而推出的一个帮助中国卖家通过 Amazon 网上营销平台将产品更好地卖给国外消费者的项目。Amazon "全球开店"项目有利于中国卖家开拓国际市场、进行全球业务布局，因此受到了众多卖家的追捧，也逐渐成为 Amazon 中国的重要业务方向。

进入全球开店计划注册页面(https://gs.Amazon.cn)，选择对应站点进入注册页面(如图 2-16 所示)。之后的页面将和自注册的页面一致。

图 2-16　全球开店页面

通过全球开店计划进行注册除可以选择通过全球开店计划注册页面(https://gs. Amazon.cn)进行注册之外，还可以关注"Amazon 全球开店"的微信公众号(AmazonGS)，提交注册资料之后，会有招商经理为卖家发放唯一的注册链接，通过注册链接进行注册。当然，卖家也可以通过其他一些渠道找到招商经理，对于个别的站点只有通过招商经理发放的注册链接才能注册，比如印度站点和中东站点。一般情况下，通过招商经理进行注册时，招商经理都会要求注册主体是企业。

Amazon 各大站点的注册流程基本一致，该部分的内容以 Amazon 北美站点的注册流程为例进行阐述,其中若是通过招商经理发放的注册链接进行注册的,前期准备工作会有一些差异。

(1) 创建新用户。

填写姓名、邮箱地址、密码,创建新的账户,所有的信息全部是英文。这里的邮箱地址将是之后的登录用户名,如图 2-17 所示。如果已经有账号则可以直接点击【登录】按钮,进入下一步。

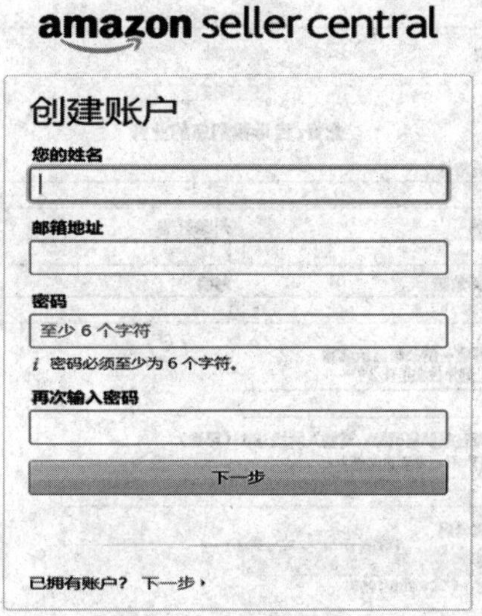

图 2-17　创建账户

(2) 填写法定名称。

这里的信息需要和注册资料信息一致,如图 2-18 所示。如果信息不一致,则可能会导致最终的审核失败。

在填写法定名称时,如果以个人卖家身份注册,请输入卖家全名;如果以企业身份注册,请输入企业的注册名称和卖家全名,如 Seller Inc - John Smith。

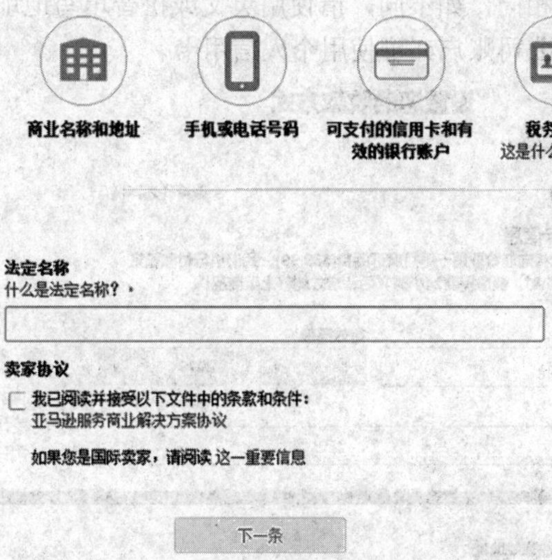

图 2-18　填写法定名称

(3) 填写基本信息。

获取 PIN 码的方式有短信和电话两种形式。如果选择的是电话形式，则卖家会接到系统打来的电话，请接起电话，把电脑显示的 4 位数字输入手机进行验证，若验证码一致，即认证成功。请注意：当系统验证出错时，请尝试用其他语言进行验证或短信验证，若 3 次不成功则需等候 1 小时后才可重新验证，如图 2-19 所示。

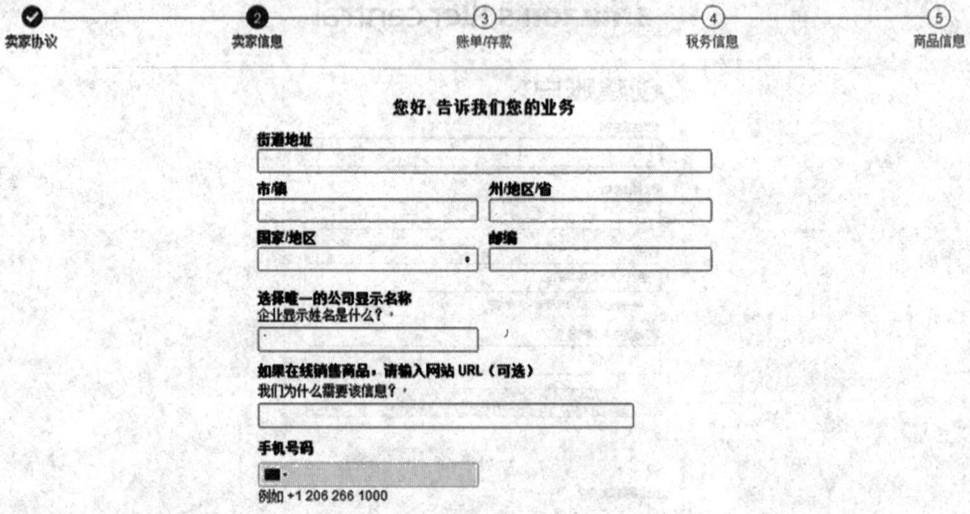

图 2-19　填写卖家信息

(4) 填写付款信息。

这里填写的付款信用卡需要支持美元支付，信用卡将用于支付之后发生的所有费用。信用卡可以是带有 VISA 或 MasterCard 标志的双币信用卡，也可以是只有 VISA 或 MasterCard 标志的信用卡，如图 2-20 所示。

在完成信用卡账户填写之后，还需要确定信用卡的账单地址。需要注意，默认地址信息是否与信用卡账单地址相同，如不同，请使用英文或拼音填写地址。信用卡持卡人与账户注册人无需为同一人，公司账户亦可使用个人信用卡。

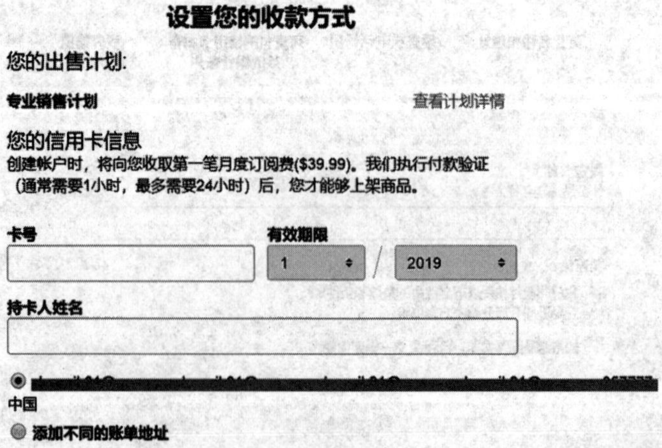

图 2-20　设置付款信息

(5) 填写存款方式信息。

收款账户是用来接收 Amazon 付款的账户，收款账户目前支持银联卡进行收款，但是推荐使用第三方的一些收款工具，比如 P 卡(下文中会单独进行介绍)。如果选择第三方收款工具，则该收款工具会给卖家生成一个美国银行卡账号，那么就需要在填写账号时选择美国。如图 2-21 所示。

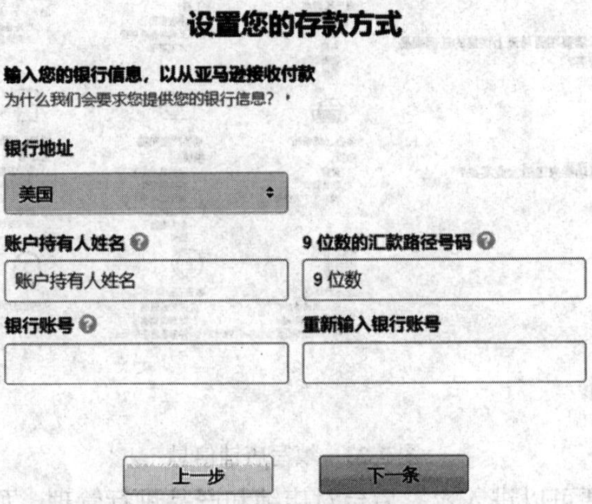

图 2-21　填写存款方式

(6) 填写税收信息。

按照提示信息进行填写，最后确认电子签名即可，如图 2-22 所示。

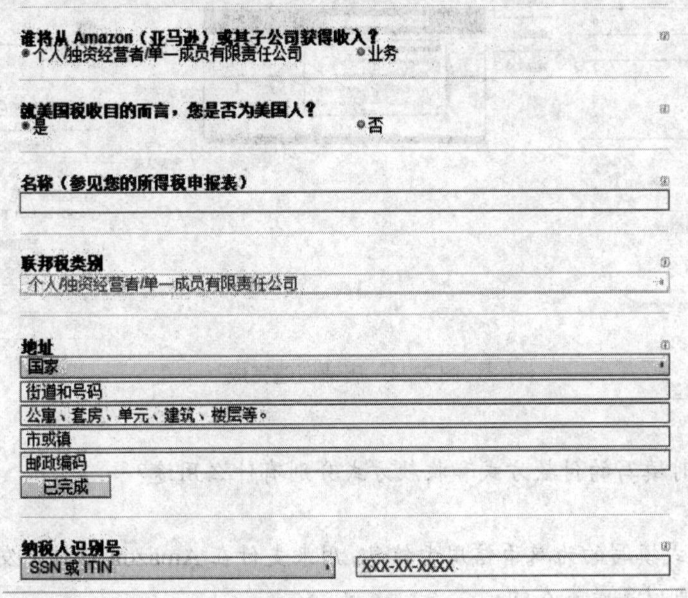

图 2-22　填写税务信息

(7) 填写店铺信息。

在填写店铺信息时，Amazon 会列举一些问题让卖家回答，借此了解卖家的产品性质和产品数量，如图 2-23 所示。基于这些信息，Amazon 会推荐适合卖家账户的相关工具和信息。按照实际的信息填写，所填写的信息不会对店铺之后的运营有影响。

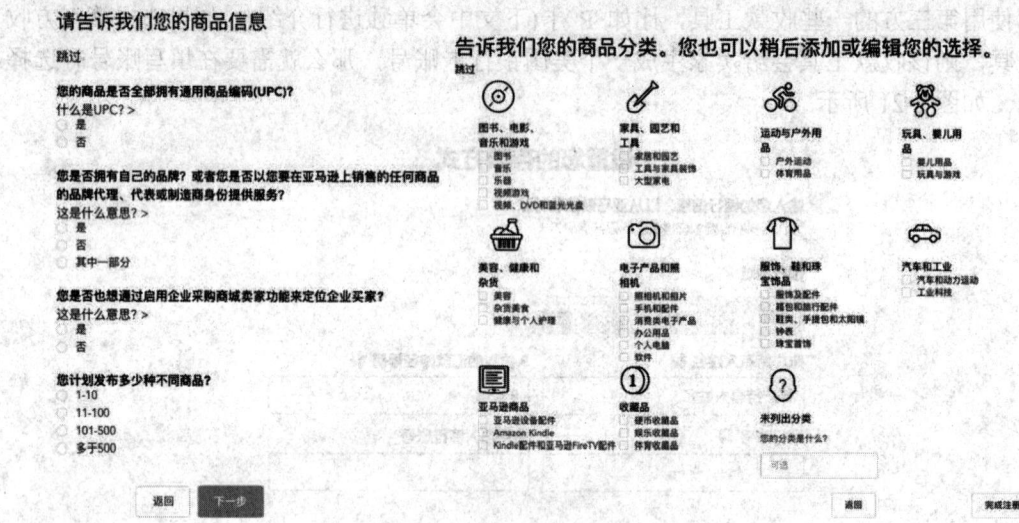

图 2-23　填写店铺信息

店铺创建完成，便可以进入卖家后台对店铺和产品进行管理，如图 2-24 所示。

图 2-24　店铺创建完成

【案例】

店铺注册时填写的付款方式和收款方式分别有什么用途？

【解析】

1. 付款方式填写的为双币信用卡信息，用来支付在 Amazon 店铺中发生的所有需要支付的费用，可以不是本人的；

2. 如果店铺后期有销售，则可以选择从账户余额中扣款，这样就不需要再用信用卡支付；

3. 收款方式即上述准备的连连账户，用来接收 Amazon 的付款。

2.4　Amazon 后台设置

任务分析

　　熟悉 Amazon 后台功能模块是做后续运营工作的基础，Amazon 的个人销售计划和专业销售计划的后台功能有所不同。本节将介绍后台的一些主要功能点，同时会详细阐述更新和绑定收款账号的相关知识。

任务实施

　　Amazon 的店铺类型分为个人销售计划(Individual Seller Plan) 和专业销售计划(Professional Seller Plan) 两种，这只是 Amazon 店铺的两种不同的销售计划，和注册的主体并没有关系。但是有些站点并没有个人销售计划，比如墨西哥站点。两种销售计划的店铺后台功能点也是不一样的。图 2-25 所示为个人销售计划的后台界面，图 2-26 所示为专业销售计划的后台界面。两种销售计划的差异点在上述的内容中已经做过介绍。

图 2-25　个人销售计划店铺后台

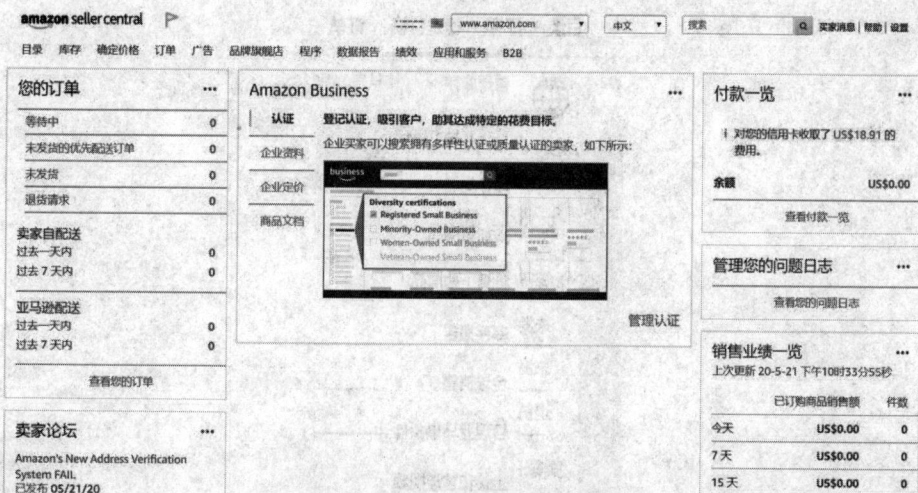

图 2-26　专业销售计划店铺后台

1. 导航栏工具设置

Amazon 后台的导航栏主要分为五部分，从左至右分别是店铺运营管理板块、站点语言切换板块、买家信息板块、帮助页面以及店铺设置。其中最常用的是店铺运营管理板块，如图 2-27 所示。

图 2-27　Amazon 后台导航栏

目录菜单(Catalog)如图 2-28 所示，卖家可以在此上传添加新的产品，同时在提交时若有不符合有效数据要求的商品则会被存储为草稿。

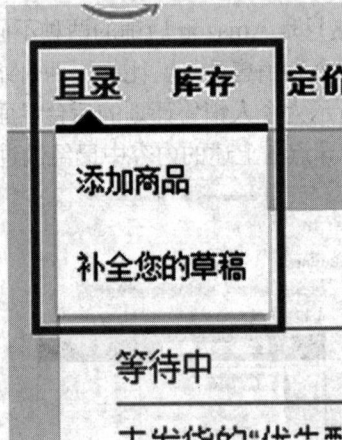

图 2-28　Amazon 后台导航栏—目录菜单

库存菜单(Inventory)如图 2-29 所示，卖家可以在此上传添加新的产品，还可以查看库存商品，对商品进行管理和设置。

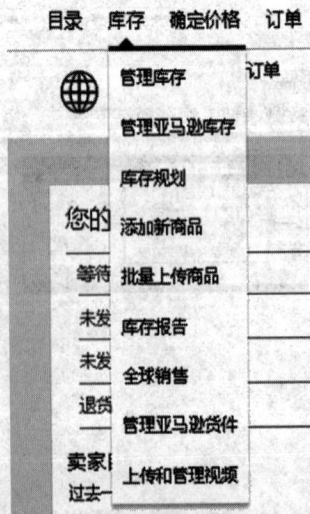

图 2-29　Amazon 后台导航—库存菜单

　　确定价格菜单(Pricing)如图 2-30 所示，这个板块可以给卖家一些定价的建议，帮助卖家追踪价格并及时调整，同时也能看到店铺获得购物车的情况。

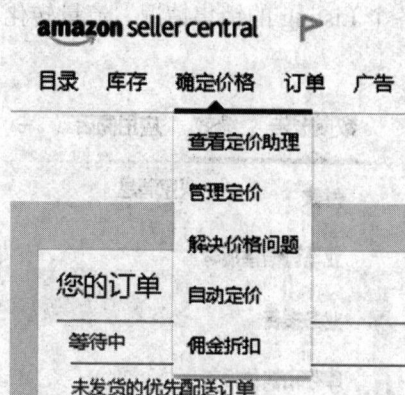

图 2-30　Amazon 后台导航—确定价格菜单

　　订单菜单(Orders)如图 2-31 所示，通过这个板块卖家可以管理店铺的订单，同时还可以下载店铺的订单数据，据此调整店铺的运营。

图 2-31　Amazon 后台导航栏—订单菜单

　　广告菜单(Advertising)如图 2-32 所示，Amazon 的 PPC 广告管理、店铺的营销活动等都通过这个板块进行管理。

图 2-32　Amazon 后台导航—广告菜单

数据报告菜单(Reports)如图 2-33 所示，卖家可以看到店铺里面所有的流水信息，包括买家的付款信息、Amazon 的付款信息等。其中业务报告即店铺的销售数据是专业销售计划所特有的，在这里可以看到各个 Listing 的销售情况、流量转化率等数据，是调整运营的重要依据。

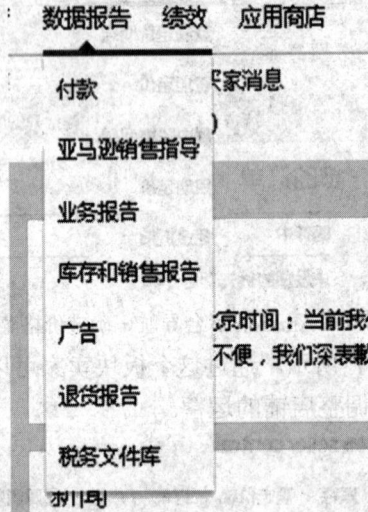

图 2-33　Amazon 后台导航—数据报告菜单

绩效菜单(Performance)如图 2-34 所示，它是 Amazon 店铺的晴雨表，反映了店铺的健康程度。卖家通过这个板块查看和管理店铺的交易纠纷以及处罚，同时也可以在这里学习 Amazon 的官方视频教程。

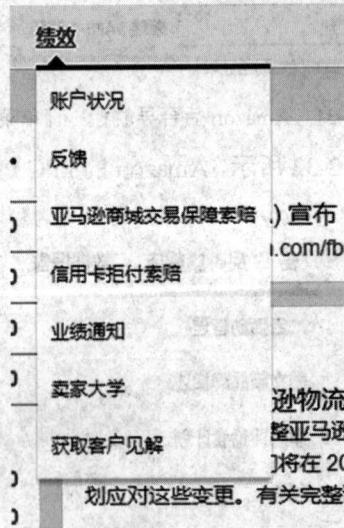

图 2-34　Amazon 后台导航栏—绩效菜单

设置菜单(Setting)如图 2-35 所示，通过这个板块卖家可以管理店铺的信息，包括店铺名称、收付款方式、店铺销售计划、物流等。设置菜单比较重要但是在日常的运营管理中使用的频率并不高。

图 2-35 Amazon 后台导航栏—设置菜单

在设置菜单下面最常用的就是账号信息模块，如图 2-36 所示，通过该模块可以完成账号的一些基本但又很重要的设置。例如：

(1) 欢迎****(编辑)——点击【编辑】按钮可以修改店铺的名称。

(2) 假期设置——可以将店铺设置为暂停营业状态。

(3) 您的服务——点击【管理】按钮可以设置店铺的销售计划。

(4) 付款信息——更改存款信息和付款信用卡。

(5) 业务信息——更新账号的主体信息，个人主体可以更新成企业主体。

(6) 发货和退货信息——设置基础物流信息。

(7) 税务信息——这个内容在北美站点用得比较少，用于维护店铺的税务信息。

图 2-36 Amazon 后台账户信息设置界面

2. 绑定收款账号

绑定收款账号的操作步骤如下：

(1) 在账户信息界面点击【存款方式】按钮，进入收款账户管理页面。可以点击【替换存款方法】按钮，进行收款账号替换。如图 2-37 所示。

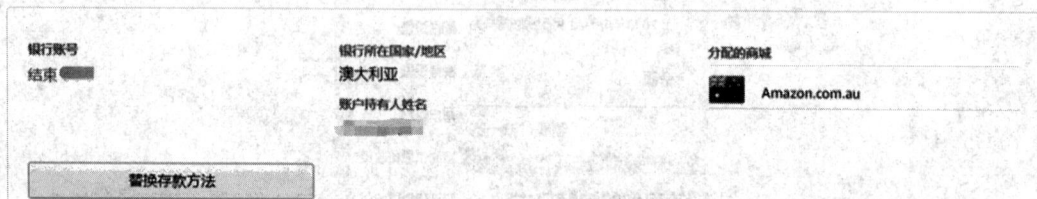

图 2-37　收款账户管理界面

(2) 填写账户信息，一般情况下要求银行所在地和 Amazon 的当前站点保持一致，Amazon 也支持国际转账但是比较麻烦。站点不同所需要填写的银行信息有所差异，银行的信息可以在收款工具中查看。如图 2-38 所示。

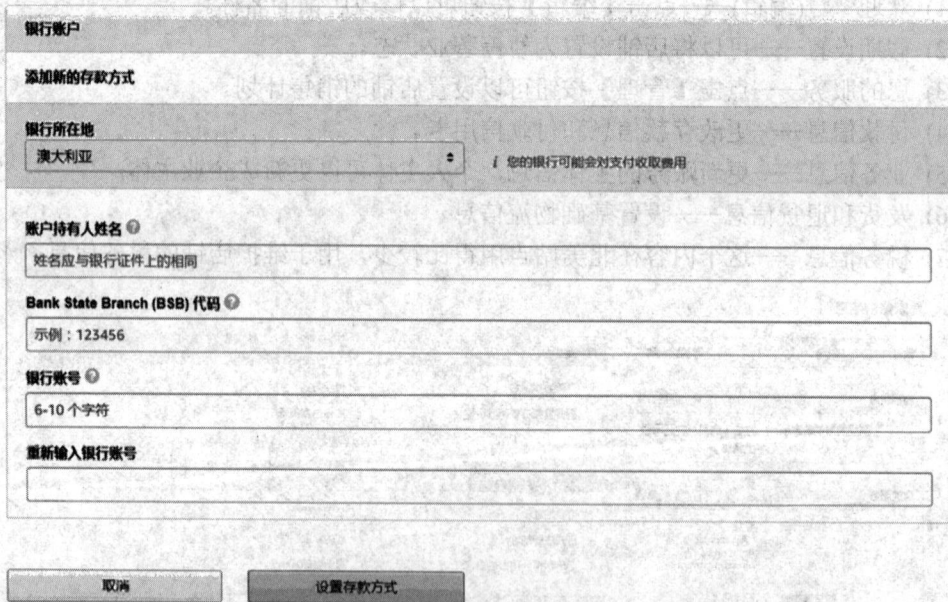

图 2-38　填写账户信息

3. 授权设置

授权设置的操作步骤如下：

(1) 在设置菜单下点击【用户权限】进入用户权限管理页面，如图 2-39 所示。很多第三方工具在使用之前都需要在这里进行授权设置，比如 ERP 工具、连连收款等。点击第三方开发人员与应用程序模块下的【访问"管理您的应用程序"】按钮进入授权页面。

用户权限

使用权限管理器为其他用户授予访问权限。了解更多信息

⚠ 亚马逊非常重视您的账户安全。请只邀请您信任的个人或企业访问您的业务信息。

当前用户

名称	电子邮件地址	
Wu Jiang	uzest0501@163.com	管理权限

添加新用户

名称	电子邮件地址	语言	
		中文 ▼	邀请

第三方开发人员和应用程序

要授权一个新开发人员或管理您的授权第三方开发人员和应用程序，请单击下方内容访问"管理您的应用程序"页面

访问 "管理您的应用程序"

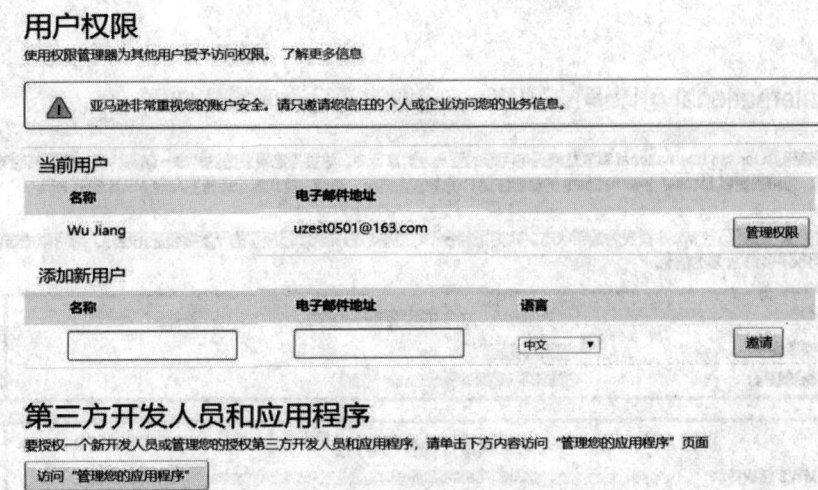

图 2-39　用户权限管理

(2) 对于已经授权的服务可以在如图 2-40 所示的页面查看，点击对应的【查看】按钮可以看到之前的授权令牌信息。点击【授权新的开发者】按钮添加新的授权应用程序。

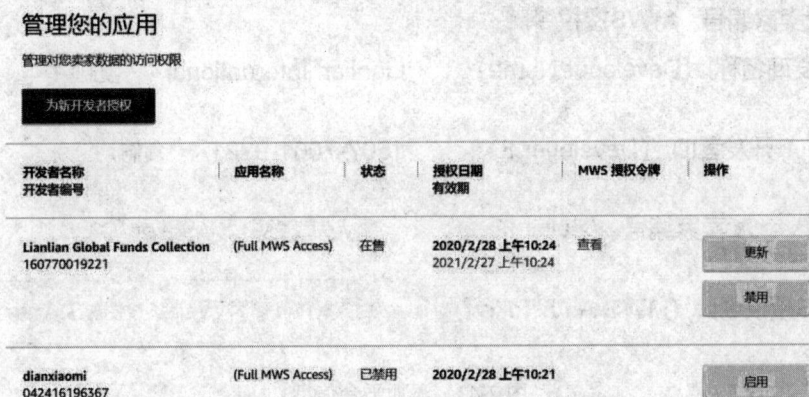

管理您的应用

管理对您卖家数据的访问权限

为新开发者授权

开发者名称 开发者编号	应用名称	状态	授权日期 有效期	MWS 授权令牌	操作
Lianlian Global Funds Collection 160770019221	(Full MWS Access)	在售	2020/2/28 上午10:24 2021/2/27 上午10:24	查看	更新 禁用
dianxiaomi 042416196367	(Full MWS Access)	已禁用	2020/2/28 上午10:21		启用

图 2-40　开发者管理

(3) 填写应用程序名称和 ID，填写页面如图 2-41 所示。每个应用程序的名称和 ID 都是不一样的，对应的信息可以在应用程序中查看。比如连连收款的开发者名称和 ID，可以在店铺授权页面查看。点击【下一页】按钮可以查看对应的授权信息，如图 2-42 所示。

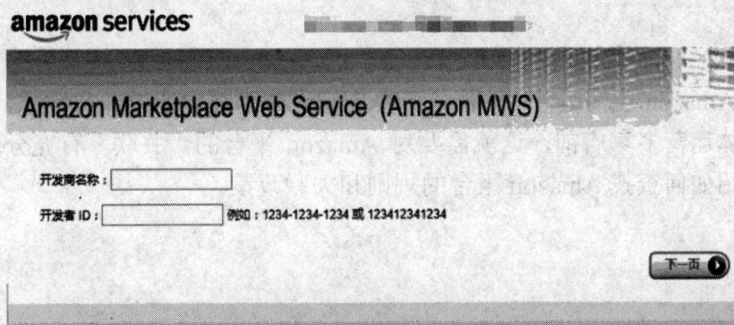

amazon services

Amazon Marketplace Web Service (Amazon MWS)

开发商名称：

开发者 ID：　　　　　　例如：1234-1234-1234 或 123412341234

下一页 ❿

图 2-41　填写应用程序信息

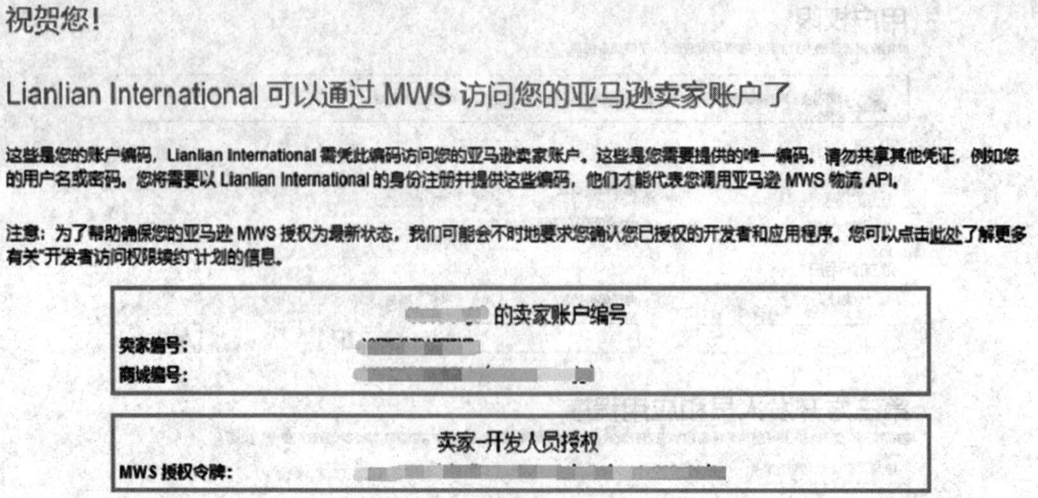

祝贺您！

Lianlian International 可以通过 MWS 访问您的亚马逊卖家账户了

这些是您的账户编码，Lianlian International 需凭此编码访问您的亚马逊卖家账户。这些是您需要提供的唯一编码。请勿共享其他凭证，例如您的用户名或密码。您将需要以 Lianlian International 的身份注册并提供这些编码，他们才能代表您调用亚马逊 MWS 物流 API。

注意：为了帮助确保您的亚马逊 MWS 授权为最新状态，我们可能会不时地要求您确认您已授权的开发者和应用程序。您可以点击此处了解更多有关开发者访问权限续约计划的信息。

	的卖家账户编号
卖家编号：	
商城编号：	

	卖家—开发人员授权
MWS 授权令牌：	

图 2-42　填写应用程序信息

(4) 应用程序添加平台授权信息，页面信息如图 2-43 所示。

店铺授权过程中，您需要将开发者信息填写到亚马逊后台从而获得授权信息。
如何获取卖家编号、MWS授权令牌？

开发商名称 （Developer Name） ： Lianlian International 　[复制]

开发者ID （Developer ID） ： 1607-7001-9221 　[复制]

＊卖家编号 （Seller ID） ： 　输入卖家编号 （Seller ID）

＊MWS授权令牌（MWS Auth Token）： 　输入MWS授权令牌 （MWS Auth Token）

图 2-43　添加平台信息

2.5　Amazon 多账号操作

【任务分析】

　　在实际的 Amazon 店铺运营中，往往一个店铺无法满足企业的业务需求，但是 Amazon 不允许一个主体运营多家店铺，这就需要对 Amazon 平台的"关联"有充分的了解。本节内容将全面介绍如何查找 Amazon 平台的规则和关联政策。

【任务实施】

　　在第三方平台上销售，了解相应的平台规则是第一步工作。店铺运营管理工作需要建立在对平台规则了解的基础上进行。熟知平台规则才能知晓平台运行思路与逻辑，进而灵活地运用规则以达成运营目标。

1. Amazon 平台规则

Amazon 平台规则在不断地更新，针对每次比较重要的规则更新，官方都会在卖家后台首页进行公告，并且会发邮件到卖家注册账号的邮箱。作为新手卖家想要了解 Amazon 平台更多的规则可以进入 Amazon 后台，在导航栏的右上角点击【帮助】按钮，进入平台的帮助页面，或在搜索框搜索想要知道的规则和问题，就可以进入相关的问题列表页面，如图 2-44 所示。

图 2-44　搜索 Amazon 相关规则

在店铺运营过程中卖家经常会遇到各种各样的问题，在这种情况下可以咨询平台官方客服，在 Amazon 平台上称它为开 case(在线客服)，所有遇到不了解的规则或店铺运营中的问题都可以开 case 去寻求解决方案。比如，当卖家想要知道店铺里面为什么会有一笔 2 美元的支出或产品如何上架等问题时，可以点击【帮助】按钮，然后点击【联系我们】按钮，选择对应的问题分类就可以连接到该类目下的客服，一般情况下，卖家在 24 小时之内就会得到回复。

2. Amazon 平台关联政策

不仅 Amazon 平台有账号关联的问题，几乎所有的平台都有。平台通过大数据分析可以知道哪些店铺之间是有联系的。但是面对关联各个平台的态度却是不一样的。跨境电子商务的平台态度就比较强硬，比如 Amazon、eBay、Wish 等平台要求就比较严苛。同时在关联中又可以分为允许的关联和不允许的关联。下文中涉及的关联是以 Amazon 平台为例来说明的，但是也同样适用于 eBay 和其他一些对账号关联态度比较强硬的平台。

1) 什么是关联

卖家在登录和使用 Amazon 账号时，所有的操作记录均被平台记录下来。如果 Amazon 的程序算法检测到某几个账户都是同一个人来操作，那么这几个账号就会被 Amazon 认定为相互关联。

2) 为什么会有关联

Amazon 是一个特别注重买家购物体验的平台，其规则偏向于同款产品在客户搜索结果页面只出现一次的情况，跟卖也是基于这个理念。故 Amazon 平台不允许同一个卖家操作多个店铺，进行重复铺货，以免导致买家搜索时结果展示大量同质的产品。但在实际操作的过程中，仍然有很多卖家出于销售需求、库存周转等原因，同时操作多个店铺。运营过程中，就要注意防止账号关联，以免导致销售权限被移除甚至账号被关闭。

3) 关联的后果

多个 Amazon 账户如果发生关联，若其中一个出了问题，则其他与之相关联的账号都会受到牵连。

　　同站点关联：如果 Amazon 发现卖家的账号有交叉销售同样的产品，则会要求卖家强制删除其中一个账户上的所有刊登，否则可能会关闭全部账户。

　　不同站点关联：Amazon 本身支持卖家通过多个站点开店进行销售，但也有因诈骗、违法等特别严重行为影响到另一个已关联账户的案例。

4) 执行关联

　　即刻执行：所有关联在一起的店铺均被移除销售权限，即被关店。

　　缓刑：所有关联的账号仍可正常运营，但若其中某个店铺出现侵权、售假等问题被移除刊登、关闭账号时，则相关联的账号很有可能也要受到牵连，一损俱损。

　　交叉感染：关联账户且产品交叉，强制下架新账号下的全部产品。图 2-45 所示为 Amazon 发给某卖家的邮件截图。

Hello from Amazon. com.

We are writing because it has come to our attention that you are operating multiple merchant accounts.

This activity is in violation of our poilcies, which state that "operating and maintaining multiple seller accounts is prohibited."

In accordance with this policy, please cancel all listings on your xxxx account, and limit your selling activities to your xxxx2 account.

Please note that failure to comply with this request may resut in the blocking of all of your selling accounts.

We appreciate your cooperation in this important matter.

Regards,

Seller Performance Team

Amazon. com

图 2-45　Amazon 发给多账号操作卖家的邮件内容

5) 如何避免账号关联

关联决定性因素主要包含以下几方面：

(1) 操作端：网卡 MAC 地址、浏览器 Cookies、Flash 对象和硬盘信息；

(2) 网络端：路由器 MAC 地址和外网 IP 地址；

(3) 账户信息：信用卡、收款方式、电话号码、邮箱和注册地址。

　　如果想多账户操作，就要做到让 Amazon 认为这些账号是由不同人拥有并运营的。以下是一些可以避免账号关联的操作方式：

(1) 保证收款账号、邮箱、密码、地址、产品等至少有 30% 不同；

(2) 从未注册和使用过跨境电子商务平台的电脑、网线、手机号以及路由器；

(3) 注册账户信息需要与其他账号不同，包含邮箱、密码、地址、收款账号及其他事项；

(4) 操作习惯，比如不要经常在同一时间处理不同账户的订单及其他事项。

　　同一电脑，专网专线。基本原则是每个账户之间能不一样的信息就要做到不一样。此外，Amazon 上的关联是没有任何提醒的，没有邮件通知，没有客服联系，没有后台警告，总之是否关联只能凭卖家自己判断，而且关联是不可逆的。

6) 关联常见问题

(1) 怎么才能知道自己的外网 IP 地址？

在浏览器中输入 ip.chinaz.com，即可查询到本机的外网 IP 和网络运营商。

(2) 在同一台电脑和 IP 地址下登录美国站和英国站会关联吗？

因 Amazon 本身支持卖家多站点开店销售，故在同一台电脑登录不同站点时账户不会关联。极少数情况下，因售卖侵权、仿冒产品等导致账号问题会影响到其他站点。

(3) 关联只针对卖家账户与卖家账户之间吗？

不是，卖家账户和买家账户之间也存在关联。之前在国外的一些网站上见到过一个案例/登录操作了信用卡是黑卡的 Amazon 买家账户而导致同个网络环境下的卖家账户销售权限被移除。

(4) 已用来登录被 Amazon 关掉账号的电脑如何处理才可以登录新账号？

① 重装系统，格式化硬盘(改变硬盘序列号)，重新分区。

② 更换网卡。如果是 CPU 上的集成网卡，那么找专业人员禁用此网卡，然后买一个 USB 外接网卡即可使用。

③ 更换路由器、猫，然后重拉网线(重拉网线是保守做法，实际上只要更换网络 IP 地址就可以了)。

④ 使重新注册的所有信息尽量和之前的有差异，如注册邮箱、注册地址、验证手机号码、收款方式等。能不一样的就要不一样。

(5) 可以用无线网卡连接的网络登录 Amazon 吗？手机可以登录 Amazon 操作吗？

① 干净的笔记本电脑 + 无线网卡是可以操作登录 Amazon 账号的。

② 不建议用手机登录 Amazon 账号，因为手机 WiFi 连接的网络和其他电脑的网络 IP 都是相同的，都是同一个外网。

在店铺的运营过程中，账号一旦被平台判定为关联，则被申诉回来的概率很低，所以，卖家在店铺的运营和管理中一定要注意自己的操作。上述关于关联因素的表述适用于大多数的跨境电子商务平台，比如 Amazon、eBay、Wish、Lazada 等。一般来讲，"国产"的跨境电子商务平台不需要考虑关联的问题，比如速卖通、阿里巴巴国际站、Shopee、京东等。

【思维拓展】

针对跨境电子商务平台的关联，谈谈自己的看法，可以从哪些角度去思考？在以后的运营中需要注意哪些事情呢？

【解析】

1. 平台的关联可以从买家、卖家以及平台三个层面思考，它们都是为了用户能有更好的体验，从而使平台内的竞争环境更加的公平、公正；

2. 因为平台被判定为关联之后对店铺的影响很大，所以在日常的运营中要避免任何一个可能引起关联的细小的操作；

3. 企业在运营中如果想要多账号运营，就需要办理多个子公司，在对子公司或者注册主体进行管理时，需要注意避免因信息的混乱引起关联。

在 Amazon 的实际运营中，很多卖家都会进行多账号运营。在平台规则多变的情况下，卖家只有一个账号则会承担很大的风险，轻微的规则变动就会造成曝光、订单断崖式下跌，甚至封店的可能。目前在跨境电商的运营中较为常见的避免风险的管理方式有云服务器、独立电脑＋网线、虚拟机，如表 2-3 所示。

表 2-3　避免风险的管理方式

方　式	云服务器	独立电脑＋网线	虚拟机
环境因素	VPS 是采用 Virtual Private Server 虚拟专用服务器技术，将一部物理服务器分割成多个虚拟专享服务器。效率最大化共享硬件、软件许可证及管理资源	一台电脑、一条网线、一个账号；新电脑、新系统、新浏览器、新路由器、新网线	技术以及思路跟云服务器一样，计算机本地硬件配置运行，可以增加电脑配置来提高效率
特点	性能极度不稳定，远程卡顿无法操作，批量生产操作系统单一。IP 循环使用导致污染严重，账号风险大	不要频繁重启路由器，绝对是最安全的登录方式	首次布置操作麻烦、技术性强，需搭配 VPN 使用，不够稳定

目前，市面上部分服务商推出了"超级浏览器"的产品，即在本地电脑安装软件，然后购买 IP 绑定店铺进行使用，使每个浏览器文件的 Cookie、本地存储和其他缓存文件被完全分开，每个配置文件之间各自独立，无法相互泄露信息从而避免账号关联。目前使用较多的工具有紫鸟超级浏览器(如图 2-46 所示，https://www.superbrowser.hk)和灵狗超级浏览器(如图 2-47 所示，https://www.refundhunter.cn)。

图 2-46　紫鸟超级浏览器

图 2-47　灵狗超级浏览器

本 章 小 结

本章主要讲述了 Amazon 平台账号注册所需资料、跨境收款工具，北美站点账号注册流程、后台介绍和设置以及 Amazon 多账号操作技巧。通过对本章的学习，能够独立完成 Amazon 北美站点的注册工作，开始 Amazon 平台的销售工作。

课 后 思 考

一、填空题

1. 在 Amazon 平台上销售产品，需要 VAT 的国家有_____、_____、_____、_____、_____。

2. 目前 Amazon 平台支持个人注册的站点有_____。

3. Amazon 印度站点的发货模式有 _____、_____两种。

4. 列举四个 Amazon 平台常用的收款工具：_____、_____、_____、_____。

5. Amazon 平台使用连连跨境收款的入账手续费是_____，提现手续费是_____。

二、单选题

1. 下列(   )资料不是注册 Amazon 北美站必需的。

A. 支持外币的信用卡　　B. 收款账号　　C. 邮箱　　　　　D. VAT 税号

2. 下列(   )资料不是注册 Amazon 北美站必需的。

A. 商标　　　　　　B. 收款账号　　　　C. 邮箱　　　　　D. 手机号码

3. 注册 Amazon 店铺时需要(   )个手机号码。

A. 1　　　　　　　B. 2　　　　　　　C. 3　　　　　　　D. 0

4. 下列(   )操作不会引起账号关联。

A. 使用同一个手机号码，注册不同站点的 Amazon 店铺且注册主体相同

B. 使用同一个手机号码，注册同站点的 Amazon 店铺且注册主体相同

C. 使用同一个手机号码，注册不同站点的 Amazon 店铺且注册主体不同

D. 使用同一个手机号码，注册同站点的 Amazon 店铺且注册主体不同

5. 下列(   )操作不可以避免账号关联。

A. 每个运营管理一家店铺

B. 用不同的邮箱分别注册账号

C. 使用法人身份和企业身份分别注册店铺

D. 每个店铺单独使用一个从同一路由器分出来的网线

三、能力拓展题

1. 请罗列注册 Amazon 北美站点所需要的资料，并简述注册流程。

2. 简述如何进行多账号操作。

第 3 章　Amazon 选品

项目介绍

Nadia 带领团队经过认真的学习，顺利完成了 Amazon 北美站点的注册，对 Amazon 平台的运营已经有了初步的了解。现在他们将要进行选品工作，准备产品的上架，开始正式的运营。

产品是 Amazon 店铺运营的核心，了解亚马逊的人都清楚业界有一句名言：七分靠选品，三分靠运营。可见选品的成功与否对于一个 Listing 能否快速爆单至关重要。正所谓"方向不对，努力白费"，一个新手卖家要想在亚马逊这个庞大的平台上分得一杯羹，不深入了解一些选品的技巧恐怕是不行的。

Nadia 和她的团队首先需要了解一些常用的选品方法，然后再结合自身的特点和公司的产品，进而确定第一批在 Amazon 平台上销售的产品。

本章所涉及任务：
※ 工作任务一：利用 Best Sellers 选品的方法确定一款产品。
※ 工作任务二：利用工具选品的方法确定一款产品。
※ 工作任务三：确定一个适合自己的货源。

【知识点】
1. Best Sellers；
2. Amazon 常用选品工具；
3. 货源渠道选择。

【技能点】
1. 利用 Best Sellers 选品的方法；
2. 利用工具选品的方法；
3. 寻找合适的货源渠道。

3.1　巧用 Best Sellers 选品

任务分析

Best Sellers 页面是平台基于 Listing 的销量而生成的最受欢迎的产品榜单，系统每小时会更新，很多卖家都是通过它进行选品的。本节将介绍 Best Sellers、New Releases、Movers

& Shakers、Most Wished For 和 Gift Ideas 这五种选品渠道和选品方法。

任务实施

在 Amazon 平台中，无论是子类目还是大类目，榜单只显示类目前 100 的产品，其英文名称为 Amazon Best Sellers，中文翻译为 Amazon 最畅销的产品。美国站点的链接是 https://www.amazon.com/gp/bestsellers，如图 3-1 所示。通过右侧菜单可以选择不同的类目进行查看。页面上每个产品左上角的阿拉伯数字即为当前产品在当前类目或子类目下的销量排名。

图 3-1 Best Sellers 页面

Best Sellers 一共包含 5 个板块，分别是 Best Sellers、New Releases、Movers & Shakers、Most Wished For 和 Gift Ideas。

(1) Best Sellers：图 3-1 所示为类目或子类目下产品销售量 Top 100 的排行榜单。

(2) New Releases：图 3-2 所示为类目或子类目下新品销售量 Top 100 的排行榜单，链接：https://www.amazon.com/gp/new-releases。

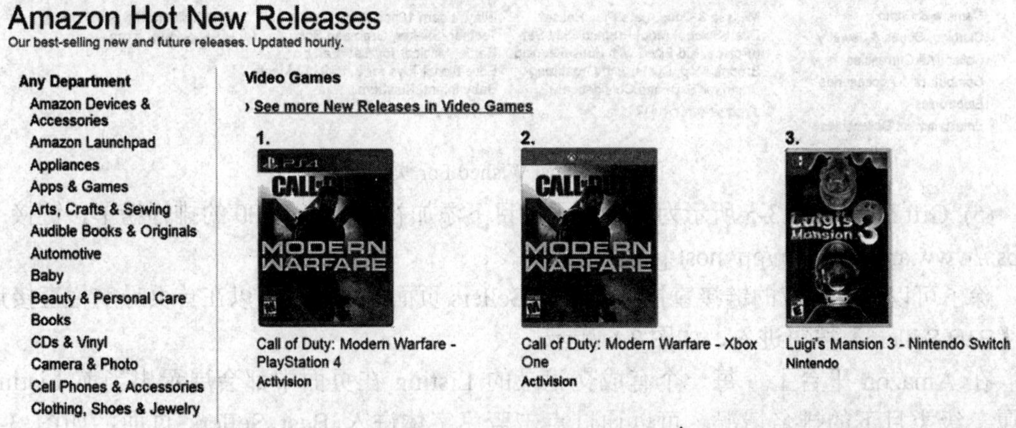

图 3-2 New Releases 页面

（3）Movers & Shakers：图 3-3 所示为类目或子类目下销售量上升最快 Top 100 的排行榜单，链接：https://www.amazon.com/gp/movers-and-shakers。

图 3-3　Movers & Shakers 页面

（4）Most Wished For：图 3-4 所示为类目或子类目下添加愿望夹 Top 100 的排行榜单，链接：https://www.amazon.com/gp/most-wished-for。

图 3-4　Most Wished For 页面

（5）Gift Ideas：图 3-5 所示为类目或子类目下添加礼品单 Top 100 的排行榜单，链接：https://www.amazon.com/gp/most-gifted。

　　除了可以通过对应的链接直接进入 Best Sellers 页面之外，还可以在首页导航栏直接点击【Best Sellers】按钮进入，如图 3-6 所示。

　　在 Amazon 平台上，每一个有成交记录的 Listing 在页面中都会展示出当前 Listing 所属一级类目下的排名情况。可以通过点击蓝色字体进入 Best Sellers 页面，如图 3-7 所示。

| Best Sellers | New Releases | Movers & Shakers | Most Wished For | Gift Ideas |

Amazon Gift Ideas

Our most popular products ordered as gifts. Updated daily.

Any Department

Amazon Devices & Accessories
Amazon Launchpad
Appliances
Arts, Crafts & Sewing
Audible Books & Originals
Automotive
Baby
Beauty & Personal Care
Books
CDs & Vinyl
Camera & Photo
Clothing, Shoes & Jewelry
Collectible Currencies
Computers & Accessories
Electronics

Toys & Games

› See more Gift Ideas in Toys & Games

1.

LeapFrog Scoop & Learn Ice Cream Cart
⭐⭐⭐⭐⭐ 833

2.

ThinkFun Gravity Maze Marble Run Logic Game and STEM Toy for Boys and Girls Age 8 and Up – Toy of the Year Award winner
⭐⭐⭐⭐⭐ 1,591

3.

First Builders Big Building Bag
⭐⭐⭐⭐⭐ 6,672

图 3-5　Gift Ideas 页面

图 3-6　Amazon 首页

Product information

Product Dimensions	15 x 11 x 4.5 inches
Item Weight	1 pounds
Shipping Weight	1.2 pounds (View shipping rates and policies)
ASIN	B075VZJ7C2
Item model number	40000
Manufacturer recommended age	5 years and up
Best Sellers Rank	#383 in Toys & Games (See Top 100 in Toys & Games) #1 in Paper Airplane Construction Kits #13 in Science Kits & Toys #13 in Toy Foam Blasters & Guns
Customer Reviews	⭐⭐⭐⭐½　478 ratings 4.5 out of 5 stars

图 3-7　Listing Best Sellers Rank

1. Best Sellers 选品

在 Top 100 Best Sellers 榜单中，该类目下当前卖得最好的前 100 条 Listing 尽在其中。对于卖家来说，这些产品的需求量都是比较大的，卖家如果能够根据前 100 条 Listing 中的产品，结合自己的资金、资源等状况，同时考虑该产品是否属于刚需产品，是否存在侵权要素等，就可以较轻松地选出比较适合自己同时又符合市场需求的产品，而这样选出来的产品,因为已经经过其他卖家的销售验证,所以成功的概率会高很多。在查看 Top 100 Best Sellers 榜单时，建议选择最细的类目进行查询，这样会更准确一些，如图 3-8 所示。

图 3-8　最细类目 Top 100 Best Sellers 榜单

通过 Best Sellers 选品时一定要注意侵权的问题。能出现在 Top 100 Best Sellers 榜单中的产品，其销售情况都是比较不错的，但是也会有很多卖家模仿甚至拿完全一样的产品进行销售，如果卖家选择一样的产品进行销售，那么是很难竞争过排行榜单中有销量和评价基础的产品的。所以，在通过 Best Sellers 选品时可以考虑以下方法来提高竞争力。

1) 属性组合

因为在 Best Sellers 排行榜中的产品都是被市场认可的，所以可以分解榜单中的产品属性，然后进行重新组合去开发新的产品。图 3-9 所示为狗狗球类玩具的排行榜，通过榜单可以清楚地知道销售最好的产品价格区间段、球球的尺寸、颜色、外形特点以及组合数量等重要属性，卖家可以依据这些属性在产品库中选品。

图 3-9　Balls 子类排行榜

2) 产品组合

在 Amazon 平台上，每一个细小的子类目都有一个排行榜，比如狗狗玩具这个类目下的 Balls 子类目(如图 3-9 所示)和 Ball Launchers 子类目(如图 3-10 所示)就是两个不同的排行榜单，但同样都属于狗狗玩具。因此卖家可以考虑将这两个子类目中卖得最好的产品进行组合，形成一个新的产品。这样组合后的产品既能经受住市场的考验又能和现有的产品形成差异化，避免了直接的竞争。

图 3-10　Ball Launchers 子类排行榜

3) 放大差异化

上述中不直接售卖排行榜中的产品的目的是不要和这些产品有直面的竞争，但是一些非标品类的产品因其属性特征比较单一，所以很难从外观、功能上形成差异化，对于这些产品卖家可以考虑通过赠品来实现差异化。图 3-11 所示为 Glue Guns 子类排行榜，要形成差异化可以考虑从赠送的胶棒数量入手，比如一般都是赠送 30 根胶棒，那么卖家可以考虑赠送 35 根胶棒并且在 Listing 中放大这种差异。

图 3-11　Glue Guns 子类排行榜

有卖家会觉得 Top 100 Best Sellers 虽然销量好，但同时也是众多卖家所关注的对象，其竞争也是激烈的，甚至某些 Listing 成为 Best Seller 还得益于天时、地利等因素，而当前的竞争环境已发生变化，卖家未必能够在激烈的竞争中取得成功。

有类似想法的卖家还可以关注 Top 100 Best Sellers 页面右边栏的 New Releases、Movers & Shakers、Most Wised For 和 Gift Ideas 类目。相对于 Best Sellers 类目来说，这些类目被关注量较少，但也都在不同程度上代表着平台上的销售现状、用户需求和销售趋势。这些类目的 Listing 有些可能和 Best Sellers 的产品类似，这就意味着卖家的选品对象有了新的拓展和更多选择的可能性。

【案例】

Nadia 已经清楚了通过 Best Sellers 选品的思路,但是在通过 Best Sellers 选品时还需要考虑哪些问题呢?

【解析】

1. 自己产品的特色以及团队的擅长领域;

2. 产品的市场空间;

3. 目标用户以及目标用户的消费习惯等。

2. New Releases 选品

新品排行榜单往往可以反应市场的发展趋势,尤其是对于一些非标品类的产品。图 3-12 所示为宠物用品下狗狗 Apparel & Accessories 子类排行榜。卖家经常观察这个榜单就可以发现产品发展的趋势。万圣节即将到来,在新品榜单上就可以看到万圣节主题元素的产品会越来越多而且上升得很快。同样的道理,当什么时候发现圣诞节元素的产品开始变多时,就应该尽快地准备圣诞节的活动和产品。

图 3-12　Apparel & Accessories 子类排行榜

【案例】

Nadia 已经清楚了通过 New Releases 选品的思路,但是什么时候通过 New Releases 选品比较合适呢?

【解析】

1. 重要的节日来临之前,比如圣诞节、万圣节;

2. 换季的时候;

3. 实时关注、了解市场产品流行元素变化趋势。

3. Movers & Shakers 选品

在热销品榜单上都会有一个绿色和红色的箭头,绿色箭头表示产品的人气在上升,红色箭头表示人气丧失的产品。红色和绿色之间可以相互转换。但 Movers & Shakers 和 Best

Sellers 不一样，前者会显示出人气指数，并且数据是 24 小时更新的。根据这些箭头的指示，卖家可以选择一些潜力大的产品。

值得注意的是，Movers & Shakers 榜单只有一级大类的排行榜，并没有对细分子类目进行排名。图 3-13 所示为 Pet Supplies 类目热销品榜单。

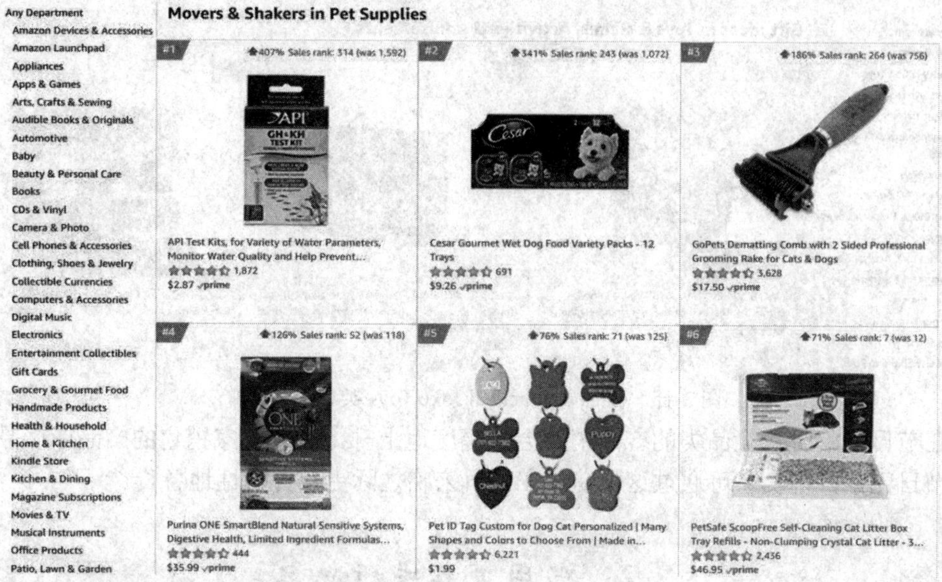

图 3-13　Pet Supplies 类目热销品榜单

4. Most Wished For 选品

愿望清单是挑选未来热卖品的重要依据。Amazon 搜集了客户的访问数据，形成了这个榜单。当某个产品有打折降价的信息时，Amazon 会自动发送邮件提醒买家，以促进交易。如果卖家的产品已经上榜，又或者卖家能以更优惠的价格提供此产品，那么稍稍的减价促销都会带来更多的销量，赢得商机。

愿望清单可以细化到最细的类目，可以从一定程度上反映出用户的购物需求，但是一般情况下，Most Wished For 榜单和 Best Sellers 榜单中的产品重合度比较高，同样也可以给卖家一些选品的参考。图 3-14 所示为 Dog Toy Balls 类目热销品榜单。

图 3-14　Dog Toy Balls 类目热销品榜单

5. Gift Ideas 选品

Gift Ideas 是买家作为礼品的产品榜单，买家可以通过榜单选择最心仪的礼品，而卖家可以通过榜单作为选品的参考，通过榜单可以知道目前买家更愿意购买哪些作为礼品。图 3-15 所示为 Gags & Practical Joke Toys 类目礼品榜单。

图 3-15　Gags & Practical Joke Toys 类目礼品榜单

在节日来临时，礼品类的产品销量会大幅度地上升，如果卖家销售的产品或产品包装含有节日元素，则卖家可通过这个榜单在节日来临之际更有针对性地备货。

3.2　巧用工具进行选品

任务分析

通过观察市场可以给卖家一些选品的思路，但是想要更准确地了解市场还需要大量的数据作为支撑，卖家通过数据可以了解更多的市场信息。而这些数据的获取可以通过一些工具来实现。本节将介绍几款常用的工具用以协助卖家选品和研究市场。

任务实施

产品选择的好坏在很大程度上决定了 Amazon 业务的成功与否。正因如此，卖家需要进行周密的 Amazon 产品研究。卖家需要寻找到一款表现亮眼的产品，对它进行复制、调整或改进，从而收获相似或更好的效益。但问题是，Amazon 的网站是为购物者而建的，这意味着它只显示买家需要知道的有限信息。而通过 Amazon 选品工具，卖家可以深入挖掘销售数据，从而确定哪些细分类别才是大热趋势、哪些产品的月销售额最高以及改进哪些 Listing 可以提高收入。

1. amazeowl

1) amazeowl 介绍

amazeowl 收集竞争对手的信息(如图 3-16 所示，链接：https://amazeowl.com)为卖家提供了一份经过筛选的高潜力产品清单。amazeowl 还推出了一个五星产品排名系统，让用户可以即时了解开始销售某种产品的难易度有多高、需求量有多大以及潜在的利润可能有多少。

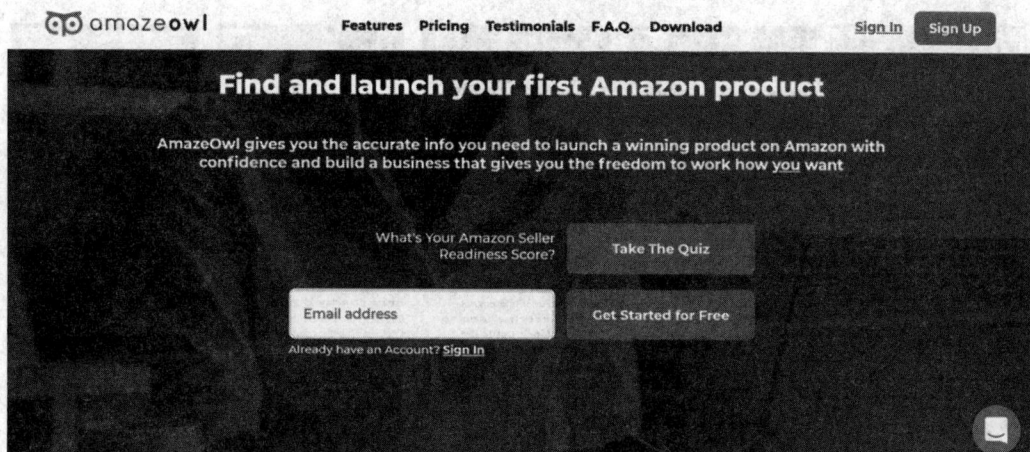

图 3-16　amazeowl 首页

amazeowl 为用户提供了 Windows 和 Mac 操作系统的应用软件，同时也可以直接在 Google 浏览器上安装插件进行使用。点击【Download】按钮进入软件以及插件下载页面，如图 3-17 所示。

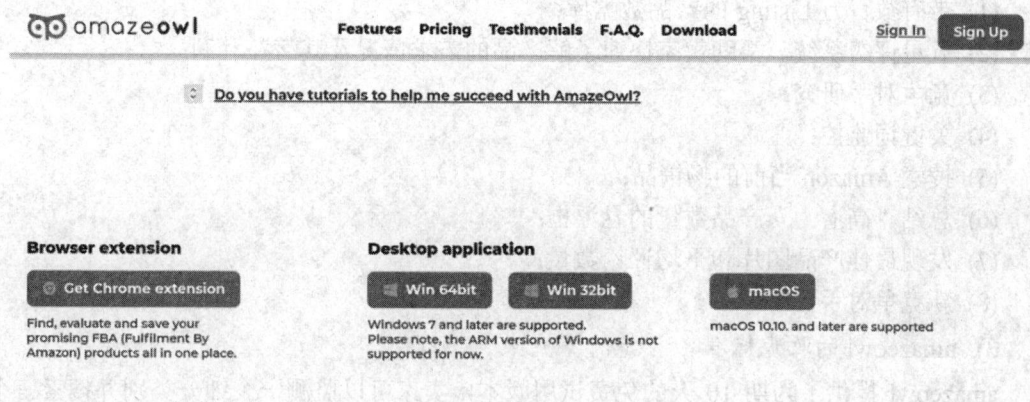

图 3-17　amazeowl 下载方式

完成 amazeowl 插件安装之后，打开任意有 Amazon 产品列表的页面都会在右上角弹出如图 3-18 所示的数据框，其中绿色的数字表示工具经过分析之后认为有潜力的产品数量。同时在每一个产品上方会有当前产品的相关信息，黄色标签的产品为潜力产品。卖家可以依据这些数据和提示完成初步的选品工作。

如果使用 amazeowl 的应用软件，其功能会更多一些。在 amazeowl 中有一个指定的管理中心(dashboard)，它列出了所有已保存的搜索记录，但需要点击【Hunt for Products】标签来访问它们。在管理中心处，可以选择要搜索哪个 Amazon 站点上的产品，然后使用产品关键词搜索功能找到 Amazon 当前的畅销品，或使用内置产品数据库进行更深入且更有针对性的挖掘。

关键词搜索功能可以让卖家了解哪些产品在特定细分类别中表现更加优异，而【hunt bestsellers(搜索畅销品)】选项则为那些仍在决定产品细分类别的卖家提供灵感。这两个选项都可以让卖家直接转向 Amazon 平台。因此，其界面看起来就像为消费者准备的一样——除了带有一个提供数据分析结果的悬浮窗。

图 3-18　amazeowl 插件使用效果

2) amazeowl 的主要特点

(1) 带有数百万 Listing 的产品数据库;

(2) 五星评级系统,帮助卖家快速了解产品的需求情况及其潜在利润;

(3) 竞争对手研究;

(4) 关键词监控;

(5) 搜索 Amazon 当前的畅销品;

(6) 总结"高潜力"产品数量的悬浮框;

(7) 发现最佳产品图片和平均评论数量;

(8) 新竞争对手预警。

3) amazeowl 的收费标准

amazeowl 提供了为期 10 天的免费试用版本,卖家可以监测一个细分类别并搜索三个关键词。如果要访问产品数据库,则卖家只能选择付费订阅,具体价格及标准如下:

(1) 每月 14.95 美元:10 个细分类别、10 个关键词搜索和产品数据库中的 50 种产品;

(2) 每月 29.95 美元:300 个细分类别、50 个关键字搜索和数据库中的 200 种产品。

2. AMZ.One

1) AMZ.One 介绍

AMZ.One 的三大功能分别是:Keyword Rank Tracking(关键词排名追踪)、Best Sellers(畅销品)和 Sales Tracking(销售追踪)。Best Sellers 是 AMZ.One 的选品数据库,其覆盖的是每个类别中最畅销的 3 万种产品,而不是在其他工具中找到的数百万种产品。Best Sellers 还包含了一个套利功能,如果卖家希望专注于套利而不是私人品牌,那么这个功能可以帮助卖家从数百家不同的商店中找到价格更低的产品。

打开链接 amz.one 进入 AMZ.One 首页。在页面右上角点击【简体中文】按钮,可以将当前页面转换成中文显示。点击【Sign-up now and get 7 days FREE trial】蓝色字体进入账号注册界面,如图 3-19 所示。点击【Sign In】按钮登录即可进入操作页面,如图 3-20 所示。

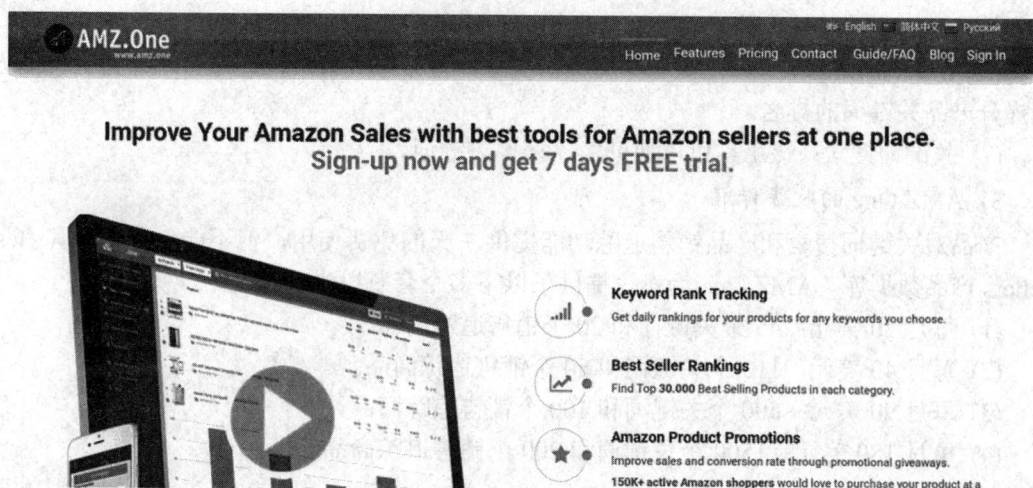

图 3-19　AMZ.One 首页

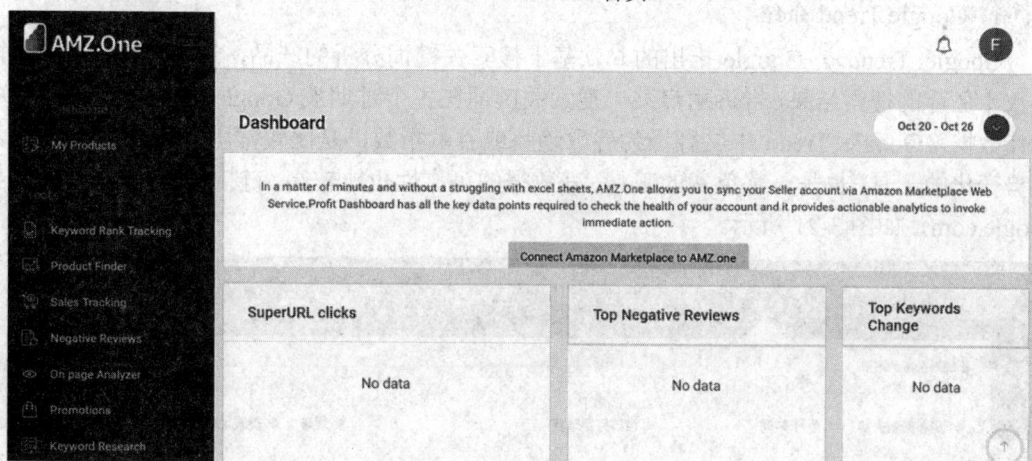

图 3-20　AMZ.One 操作页面

2)　AMZ.One 的主要特点

(1) 关键词排名追踪：可按照选择的任何关键词显示产品的每日排名。通过这个工具卖家可以清楚地知道，买家是从哪些关键词点击进入他们的店铺以及在这些关键词下他们产品的排名情况。

(2) Best Sellers：通过对各子类 Best Sellers 产品的数据挖掘，同时可以按照排名、销售价格、评价和更多筛选条件对挖掘的数据进行筛选，帮助卖家找到具有销售潜力的产品。系统会将挖掘的数据与在线类似产品进行对比，为卖家匹配出最适合的价格段。

(3) 跟踪销量：跟踪 Amazon 上所售任何产品的实际销售数据。无论是采购新产品还是调查竞争对手，该工具通过精确的存货跟踪向卖家提供可用存货、日常销售额、总收入等信息。让卖家了解应该投资哪些类型的产品，知道哪些竞争对手做得出色。

(4) 差评监控：该工具会实时监控产品的评价，当收到差评时，会立即通知卖家，便于及时联系买家进行处理。

(5) 帮助优化关键词的页面分析工具：该工具为卖家提供了产品的优化提示和建议，

包含了产品说明不完整、缺乏功能和特性描述、遗漏图片等。

(6) 超级链接 SEO 工具：该工具会模仿买家的搜索生成链接，通过自动点击链接的方法提升产品关键词的排名。

(7) 关键词搜索：该工具可以协助卖家挖掘关键词。

3) AMZ.One 的收费标准

产品对关键词搜索和产品销售追踪功能提供 7 天的免费使用，但不能免费搜索其 Best Sellers 产品数据库。AMZ.One 为卖家提供了以下多个套餐以供选择：

(1) 每月 20 美元：45 个关键词和 20 个销售追踪商品。

(2) 每月 40 美元：110 个关键词和 50 个销售追踪商品。

(3) 每月 90 美元：500 个关键词和 100 个销售追踪商品。

(4) 每月 180 美元：1500 个关键词和 200 个销售追踪商品。

3. Google Trend

1) Google Trend 介绍

Google Trend 是 Google 推出的一款基于搜索关键词分析的产品，通过分析 Google 全球数十亿计的搜索结果，告诉用户某一搜索关键词在各个时期被 Google 搜索的频率和相关统计数据。Google Trend 中文翻译为谷歌趋势或谷歌指数，是比较常用的选品和查看市场趋势变化的工具，也是一款免费的工具，其数据的可靠性也比较高，链接地址：https://trends.google.com，如图 3-21 所示。

图 3-21　Google Trend 首页

2) Google Trend 的功能

选品的终极目标就是满足客户的需求，这个目标最难办到的则是落实到具体的产品上。卖家可以通过一些新闻了解国外的热门产品，或是通过一些外国人了解他们圈子里喜欢的东西，可这已经是别人选好并且开始打造的爆款，再跟上除了跟卖就只能模仿，为时晚矣。

所以卖家在了解到需求并确定方向之后，要做的事情就是了解趋势以及具体产品的热度，这时 Google 趋势能够提供完整、实时的数据供卖家参考。比如卖家要想要了解美国市场圣诞节 LED 灯的销售情况，可以在搜索框里输入关键词 Christmas lights 和 Christmas led lights，国家选择美国，时间选择 2018，数据选择所有类别，如图 3-22 所示。

图 3-22　输入关键词

　　确定输入信息之后就可以得到这两个关键词的趋势对比图，如图 3-23 所示。从图中可以看到，随着时间的变化这两个关键词被搜索的趋势。很明显在 11 月底到 12 月初，这两个关键词达到了搜索的巅峰，因此可以得知美国人是在这段时间购买圣诞彩灯的，而不是在圣诞节快要临近时买的。据此，卖家就可以知道应该什么时候开始准备产品、上架、运营、广告，以及最重要的关键词应该用哪个，而不是看到别人销量上来之后再急急忙忙地准备商品。

图 3-23　关键词趋势图

　　通过趋势图，还可以看到产品的热度是在上升还是下降。如果上升就要及时关注，如果上升趋势还不太明显，则可以再跟踪一到两周。除了关注谷歌趋势外，还需要去 Amazon 搜索，关注搜索结果的增幅及下降情况。

　　通过 Google Trend 除了可以看到关键词的变化趋势之外，还可以看到产品的需求区域，如图 3-24 所示。

图 3-24　产品需求区域

　　Google Trend 同样也提供了和主搜关键词相关联的一些关键词，卖家可以通过这些关键词提示来开发新的产品或开发新的功能，如图 3-25 所示。

图 3-25　相关关键词

4. Jungle Scout

1) Jungle Scout 介绍

Jungle Scout 没有提供免费试用版本。通过链接 https://www.junglescout.com 可以进入工具首页，如图 3-26 所示。点击【Log In】按钮进入工具后台，点击【Sign Up】按钮选择套餐进行注册，在注册的过程中需要输入信用卡信息。

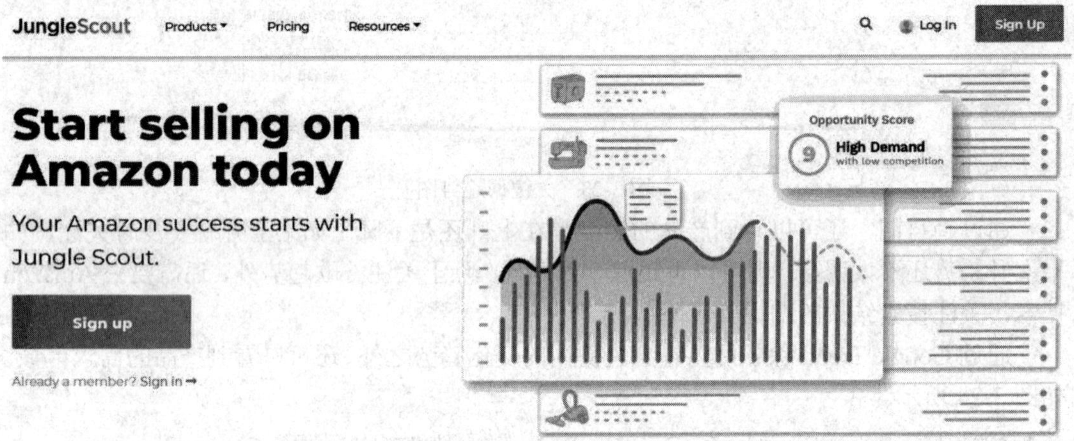

图 3-26　Jungle Scout 首页

Jungle Scout 允许卖家在管理中心创建不同组别的商品。卖家可以将来自各个细分类别的不同产品添加到自己的组别中，以监控这些产品的表现。根据卖家所选择的领域，该工具还可以收集该领域当前产品的排名数据，从而帮助卖家发现热门的新产品。

除了 Web 应用程序版本，Jungle Scout 还提供了 Chrome 扩展程序，它可以为卖家提供即时产品分析，比如预测 Amazon 页面上产品的销量和实时利润。

2) Jungle Scout 的主要特点

(1) 历史销售和排名数据；

(2) 创建组别来监控类似的产品；

(3) Niche Hunter——用于寻找流行产品；

(4) Product Tracker——关注竞争对手；

(5) 可以进行针对性搜索的高级筛选功能；

(6) 评级和评论追踪；

(7) 商品销售利润计算；

(8) FBA 费用预估。

3) Jungle Scout 的收费标准

(1) 套餐类型共分为 Extension、Jungle Scout & Extension 和 Jungle Scout 三种套餐；

(2) 处理的订单量不同价格也不同，订单量共分为 0～500 笔、501～2000 笔、2001～5000 笔、5001～10000 笔、10000＋笔五个区间段；

(3) 所有套餐均支持月付和年付。

【案例】

在选择和使用上述工具进行选品时有什么需要注意的事项呢？

【解析】

1. 工具所提供的数据是否准确，数据来源是否可信；

2. 工具所提供的选品参考需要结合自身实际情况；

3. 工具所提供的内容除可以提供选品参考之外，还有很多其他用途，需要进行深入的学习和研究。

3.3　寻找货源

任务分析

在确定产品之后还需要知道从哪里寻找货源，即使公司有自己的产品，但是往往这些产品的品类丰富程度无法满足销售的需求，同时公司也需要继续进行产品的开发。本节将介绍一些常用的货源渠道。

任务实施

现有的 Amazon 卖家群体中，各个卖家之间的实力差异也是比较大的，有专注于自己品牌发展的，拥有完整的产品线。有很多卖家没有固定的货源，并不太确定自己要卖什么产品和有什么产品可销售，也有很多卖家处于两者之间，一部分产品拥有固定的货源和产品线，但是绝大部分产品是从不同的平台临时挖掘的，后者占比最大。本节针对这些中小卖家推荐了一些货源渠道。

1. 1688 跨境专供

针对中小卖家的货源问题，1688 有一个针对跨境卖家的跨境专供市场(链接：https://kj.1688.com，如图 3-27 所示)，聚集了国内 100 万的诚信通付费会员，拥有上百万的工厂或是场地、供应链能力的供应商专为跨境电商卖家服务。

图 3-27　1688 跨境专供首页

1688 跨境专供可以帮助卖家解决找货的三大核心需求。

1）提升供应商的线上服务能力

有卖家表示如果跟 1688 厂家联系，旺旺 5 分钟内可以回应并处理。另外很多工厂可以提供特色的服务，比如数据包下载或品牌授权，甚至有一些工厂可以做到海外一件代发，这些在 1688 平台上都可以实现。

2）提供选品指导及推荐

跨境卖家一般追随爆款，寻找所有可能赚钱的商机，1688 会紧跟数据分析，为卖家提供时下新款及爆款作为参考。

3）提高发货的及时性

找货方式除了搜索之外，1688 会在卖家整体找货的效率上寻找可以优化的空间。

另外，会员享有以下三重特权：

（1）每周收到一个进货指南，其中包括最近热门选品的推荐，且每日不重样。根据卖家身份匹配相对应的榜单数据。

（2）营销分享的权益，1688 开始跟培训机构合作，后续将为平台卖家免费分享营销课程，线下收费的课程也可以对会员打折。除此之外，为跨境卖家提供专门的订货周刊，包括免费培训的推荐。

（3）小单包邮活动，平台针对跨境卖家每天上线几款秒杀产品，卖家可以以非常小的单拿样试销。另外针对季节性、爆品主题的推荐，还有一些新奇的货源推荐。

2. 跨境货源分销平台

跨境电商卖家，尤其是刚起步的卖家，容易因为缺乏健全的供应链支撑，导致产品单价虚高、到货周期不稳、质量难以把控、发货成本高等问题，直接影响业务量的增长。通过货源分销平台提供的分销服务，卖家可实现轻松选品、一键下单、坐等收款的便捷操作，将更多的精力投放在销售上，供应链的繁杂内容都交由货源分销平台进行处理，哪怕卖家只有一个人，也能很好地运作平台账号，快速成长起来。

可以说，跨境电商货源分销服务解决了卖家大部分的"后顾之忧"，美中不足的是，大多数分销服务平台在物流上都依赖国际小包完成代发，随着跨境电商步入海外仓时代，无法提供本土化物流服务，这将会让卖家在竞争中处于相对弱势的地位。而且稍大一点的产品就必须走商业快递，费用昂贵，发展空间受限。因此，很多的分销平台也开始提供海外仓代发货服务。

1）越域大卖

越域大卖(www.kjds.com)是贝展曼妙(上海)网络科技有限公司旗下专注于跨境电商出口分销的交易平台。平台致力于以全球视野做出口电商供应链的生态优化者，以大数据选品、供应链 SAAS 协同等核心技术支持分销交易和海外销售，以全开放的平台设计实现供应商与分销商的要素资源最优配置，以完善的供应链服务实现高效物流交付和极致消费体验。在供给侧改革和互联网+ 的大背景下，以新模式、新业态、新平台、新服务促进外贸工厂品牌化转型，助力跨境电商出口升级迭代，如图 3-28 所示。

图 3-28　越域大卖首页

2）环球华品

Chinabrands——环球华品(https://www.chinabrands.com，如图 3-29 所示)是一个全球一件代发分销平台，同时向全球跨境电商卖家提供海量优质货源、全球海外仓储、跨境物流、IT 技术支持等服务在内的跨境电商供应链体系解决方案。

图 3-29　环球华品首页

作为专业的跨境电商领域服务者，Chinabrands——环球华品拥有 30 万+ 在线商品，物流渠道覆盖 200 多个国家和地区，在全球 12 个国家开设有海外仓，海外仓本地发货可实现部分地区 48 小时快速收货，致力于为跨境卖家提供简单高效的跨境销售体验。

3) 海卖通

海卖通(http://b2csupply.com，如图 3-30 所示)提供数以万计最受欢迎的产品线，每天以最低的价格上线新品和畅销品。在多年的商业发展中，海卖通能够集成重点制造商和代理商的供应链网络，持续节约批发成本，最大限度地为每一个客户提供最大可能的利润空间。为了方便客户进行营销活动，海卖通提供专业的描述和高清产品图片，为产品提供最准确的信息概述。此外，API(应用程序调用接口)经过全面优化，可确保其他平台与 B2C 供应链成功实现接口对接，提供实时更新和关键业务数据；物流网络覆盖全球 200 多个国家，直接与全球领先的快递公司包括 DHL、EMS 和特快专递展开深度合作，确保 48 小时内发货。

图 3-30　海卖通首页

【案例】

Nadia 对货源渠道有了一定的了解之后，发现分销平台确实能解决很多问题，但是使用分销渠道有什么需要注意的问题吗？

【解析】

1. 分销渠道的产品都是由其他商家上架的，品质方面可能无法保证；

2. 需要实时关注库存，避免断货；

3. 同质化的产品比较多，需要自己想办法突出差异化；

4. 侵权问题也是普遍存在的，需要注意。

本 章 小 结

本章主要介绍了 Amazon 选品的方法以及货源渠道。在实际的店铺运营中，这些方法都不是独立使用的，需要相互结合进行使用。货源的渠道不仅可以为卖家提供产品，而且也可以帮助卖家进行选品。其他更多的选品方法和思路需要卖家在运营的过程中不断总结和归纳，在某一个行业中不断深挖和积累。

<h1 style="text-align:center">课 后 思 考</h1>

一、填空题

1. 在 Amazon 上 Best Sellers 包含的模块有＿＿＿＿＿、＿＿＿＿＿、＿＿＿＿＿、＿＿＿＿＿、＿＿＿＿＿。

2. 在 Amazon 上目前支持个人注册的站点有＿＿＿＿＿＿＿＿＿＿＿＿＿＿。

3. Movers & Shakers 排行榜中绿色箭头代表的是 ＿＿＿＿＿，红色箭头代表的是＿＿＿＿＿。

4. 列举四个 Amazon 平台常用的数据选品工具：＿＿＿＿＿、＿＿＿＿＿、＿＿＿＿＿、＿＿＿＿＿。

5. 1688 有一个针对跨境卖家的跨境专供市场，其链接是＿＿＿＿＿＿＿＿。

二、单选题

1. 想要查看类目下销售最好的产品，可以从下列(　　)工具中查看。

A. Best sellers
B. New Releases
C. Movers & Shakers
D. Most Wished For

2. 下列(　　)产品不适合在 Amazon 上进行销售。

A. 蓝牙耳机
B. 电子烟
C. U 盘
D. 鼠标

3. 跨境分销平台可以解决的问题不包括(　　)。

A. 无需卖家发货
B. 卖家库存压力
C. 产品品质
D. 图片拍摄

4. 下列(　　)不是 Google Trend 可以提供的。

A. 某关键词的市场需求热度
B. 某关键词的热搜地区
C. 关联热搜关键词
D. 关键词下产品的成交量

5. 下列不属于选品考虑范畴的是(　　)。

A. 市场趋势
B. 价格区间
C. 购物时间
D. 运输方式

三、能力拓展题

1. 简述 Amazon 选品的思路和方法。

2. 常用的跨境货源渠道有哪些？各有什么利弊？

第 4 章　Amazon 产品上架

项目介绍

　　Nadia 带领团队经过认真的学习，顺利地完成了选品工作并确定了一些货源渠道。接下来准备产品上架。

　　产品上架是比较简单的一项工作，但是在产品上架之前的准备工作却比较复杂，包含了标题、产品卖点以及描述的撰写，产品图片的制作等工作。一个好的产品页面可以大幅度地提升产品的点击率和转化率，从而影响最终的销售。

　　Nadia 和她的团队需要在清楚了产品页面描述的方法之后，再为产品制作图片、标题、卖点以及描述，并将产品上架。

本章所涉及任务：
※ 工作任务一：完成一款产品标题的撰写。
※ 工作任务二：完成一款产品卖点的撰写。
※ 工作任务三：完成一款产品描述的撰写。
※ 工作任务四：完成一款产品图片的制作。
※ 工作任务五：将一款产品成功上架。

【知识点】
1. Listing 撰写规则；
2. 产品上架；
3. A+ 页面。

【技能点】
1. 完成 Listing 撰写；
2. 完成产品上架。

4.1　撰写产品标题

任务分析

　　一个 Listing 的标题是 Listing 中非常重要的一部分，直接影响产品被 Amazon 收录的情况，从而影响产品的流量。本节将通过标题的撰写规范、关键词以及关键词组合成标题这三个方面来对产品标题进行说明。

任务实施

1. 产品标题基本要求

全球 Amazon 商城中的所有关于非媒介类商品产品的标题需遵守以下基本要求：

(1) 商品标题不得超过 200 个字符(包括空格)。

(2) 商品标题不得包含促销用语，如 free shipping、100% quality guaranteed 等。

(3) 商品标题不得包含修饰符，如 ~、!、*、$、?、_、{、}、#、<、>、|、;、^、?等。

(4) 商品标题必须包含可识别商品的信息，如 hiking boots 或 umbrella 等。

未遵守这些要求可能会导致无法在 Amazon 搜索结果中显示商品信息。

1) 商品标题长度

Amazon 的商品标题最多可达 200 个字符，但为使商品标题达到最佳效果，通常应控制在 80 个字符之内。对于过长的标题，在 Amazon 的搜索结果页面将不会被完整地展示出来。如图 4-1 所示，第一个和第二个产品的标题均没有被完整地展示出来。

图 4-1　搜索结果页面

上述对于商品标题长度的推荐是针对大多数的类目而言的，但是对于个别的类目，商品标题的长度推荐是不一样的。这些仅是根据适用于该类别的商品信息推荐使用的商品标题标准，而非严格要求。例如，某类目后台的建议商品标题长度为 150 个字符，当卖家商品标题的长度超过 150 个字符，且保持在 200 个字符以内时，不会因为超过了建议长度而被 Amazon 搜索屏蔽。

2) 商品标题其他规范

(1) 产品标题应简洁，建议少于 80 个字符。

(2) 不要全部使用大写字母，同时除介词(in、on、over、with)、连词(and、or、for)或冠词(the、a、an)外，每个单词的首字母需大写，如图 4-2 所示。

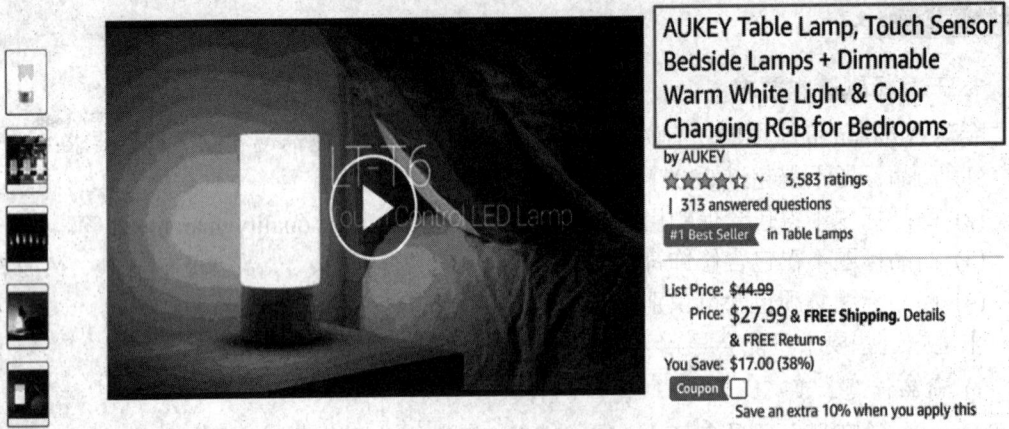

图 4-2　产品标题-1

(3) 需要书写数量时使用阿拉伯数字，而不是单词数字。例如，使用"2"，而不是"two"。

(4) 请勿使用非语言的特殊字符，如 %、@、*、_ 等。

(5) 产品标题应包含产品的基本信息，说明产品是什么。

(6) 请勿使用主观性评价用语，如 Hot Item 或 Best Seller 等。

(7) 产品标题可包含必要的标点符号，如连字符(-)、斜杠(/)、逗号(,)、"和"符号(&)和句号(。)。

(8) 产品标题可使用缩写的度量单位，例如 cm、oz、in、and、kg，如图 4-3 所示。

(9) 请勿在产品标题中包含卖家名称。

图 4-3　产品标题-2

不同的尺寸和颜色选项应包含在子 ASIN 的产品标题中，而非主产品标题中。使用变体关系的产品标题，在变体关系中，仅父 ASIN 的产品标题显示在详情页面上。买家将该 ASIN 添加到购物车后，系统将显示所选子 ASIN 的产品标题，因此，请务必在子 ASIN 的产品标题中加入变体属性(例如尺寸和颜色)，如图 4-4 所示。

Laptop Backpack, Travel Computer Bag for Women &
Men, Anti Theft Water Resistant College School
Bookbag, Slim Business Backpack w/ USB Charging
Port Fits UNDER 17" Laptop & Notebook by Mancro
(Grey)
by Mancro

★★★★☆ ▾　7,135 ratings ｜ 962 answered questions

List Price: $45.99
　　　Price: $21.99 FREE Shipping on orders over $25.00 shipped by Amazon or get
　　　　　　　　　Fast, Free Shipping with Amazon Prime & FREE Returns
You Save: $24.00 (52%)

Size: 15.6 inch

| 15.6 inch | 17.3 inch |

Color: 1-grey

3 VIDEOS

Roll over image to zoom in

图 4-4　产品标题-3

【案例】

　　Nadia 小组里有一个员工不太会写产品标题，他直接把相似产品的标题完全复制到自己的产品上，这样做有什么弊端吗？

【解析】

　　1. 完全复制产品标题可能会被 Amazon 判定为相同或相似产品，严重时会被 Amazon 屏蔽搜索；

　　2. 因为是复制的标题，所以用户在搜索关键词时两个产品都有可能同时被展示出来，但是因为新的产品没有基础，所以往往会被排名在最后面；

　　3. 每一个标题都是运营思路的具体体现，若完全复制的标题与自己产品的实际情况不符，则会使得最终的效果不佳。

2. 标题的组成要素

1) 善用关键字，创造高浏览量

关键词包含宽泛、精准、长尾等。在标题的设置中，关键词的选择一定要精准，为了涵盖更多的搜索，不妨在标题中加入相关度较高的宽泛关键词和长尾关键词。比如 Watches 是一个宽泛关键词，Men's Watches 是一个精准关键词，而 Men's Military Watches(男人军用手表)则是一个长尾关键词。随着词语范围的缩小，这三种词有进一步精准的趋势。收集整理这三类关键词，根据实际筛选最有效词语，布局在 Listing 标题中。

在 Amazon 店铺的运营中查找和积累产品的关键词是一项非常重要的工作，每一个 Amazon 店铺的运营都应该建立一个自己的关键词库，同时对每一个关键词都要非常地了解，清楚每一个关键词可能带来的流量有多少，转化情况如何等。在店铺的运营中，可以通过搜索下拉框、Google Ads、第三方工具等方式查找关键词。

(1) 搜索下拉框。当用户在搜索下拉框中输入关键词时，搜索框会弹出一些可能相关联的关键词，如图 4-5 所示。这些关键词都是买家经常搜索的词，卖家可以收集这些关键词。

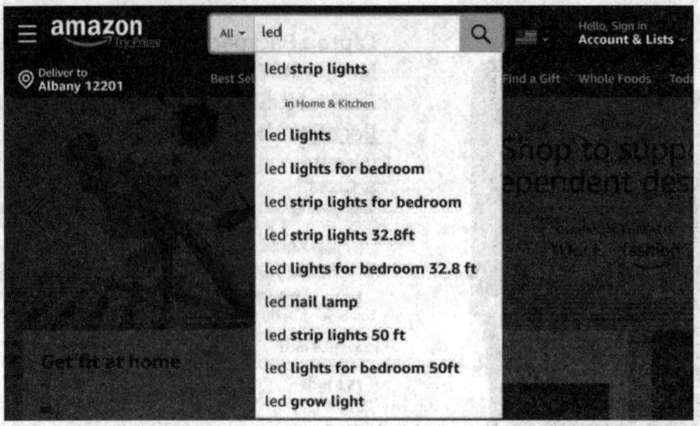

图 4-5　下拉框关键词

卖家可以采用同样的方法更深层地挖掘每一个关键词，在下拉框中输入关键词，会有新的关键词出来，如图 4-6 所示。

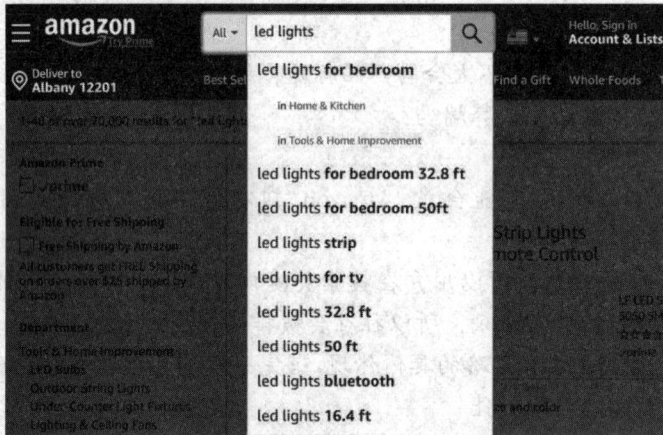

图 4-6　下拉框关键词深度挖掘

对于下拉框关键词的挖掘，卖家可以借助一些工具来实现，如图 4-7 所示。在挖掘收集到的关键词中必然会有很多的重复以及与产品无关的关键词，卖家需要筛选和剔除这些关键词。

关键词	扩展关键词
led lights	led lights
led lights	led lights for bedroom
led lights	led lights for room
led lights	led lights strip
led lights	led lights battery operated
led lights	led lights with remote
led lights	led lights for cars
led lights	led lights for tv
led lights	led lights bulbs
led lights	led lights for pumpkins
led strip lights	led strip lights
led strip lights	led strip lights 32.8ft
led strip lights	led strip lights battery powered
led strip lights	led strip lights 50 ft
led strip lights	led strip lights music sync
led strip lights	led strip lights with remote
led strip lights	led strip lights white
led strip lights	led strip lights alexa
led strip lights	led strip lights bluetooth
led strip lights	led strip lights for bedroom
led light bulbs	led light bulbs

使用说明：
1.将需要查询的关键词一行一个输入到"输入关键词"标签中；
2.点击"数据"标签下的"全部刷新"按钮进行查询；
3.目前只支持美国站点查询。

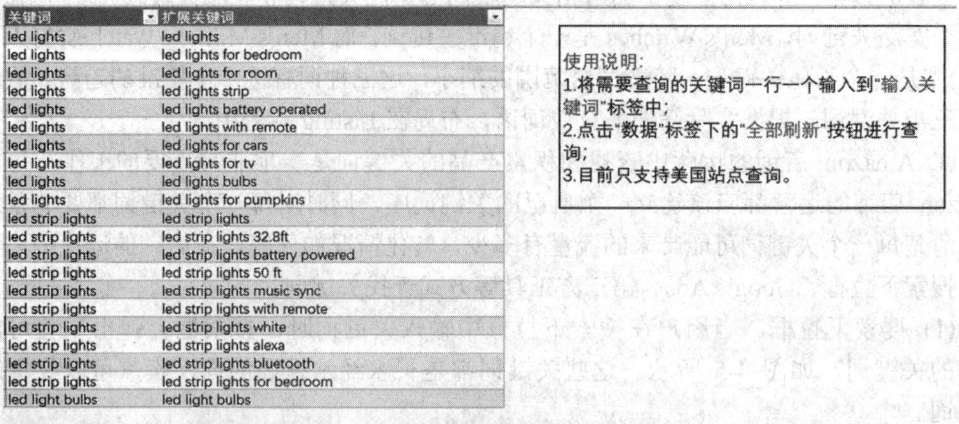

图 4-7　通过工具进行下拉框关键词挖掘

卖家在筛选关键词的过程中，有时会对关键词把握得不是很准确，不太确定关键词与自身产品的匹配程度，这种情况下，卖家可以将关键词输入到搜索框进行搜索，查看搜索结果中所呈现的产品是否和自己的产品相似，如图 4-8 所示。

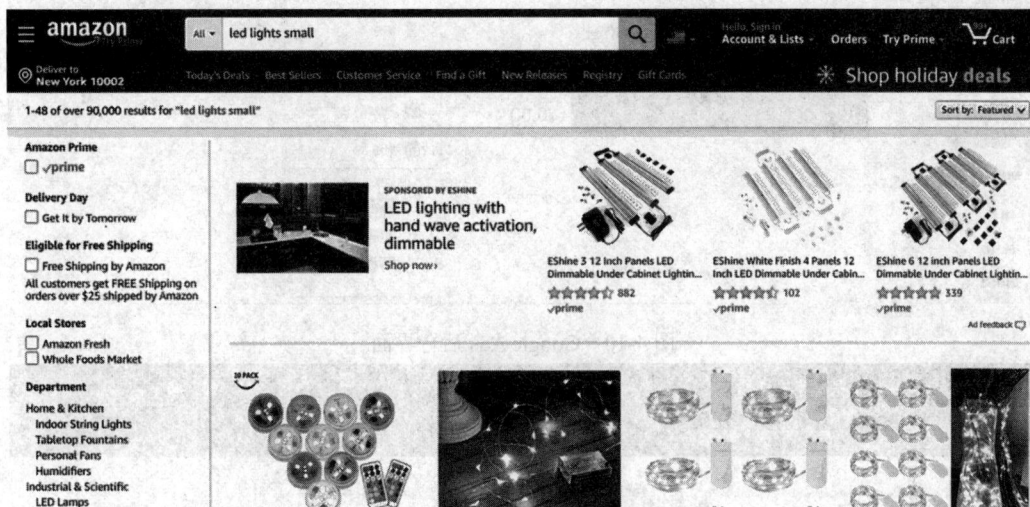

图 4-8　比对搜索结果

(2) Google Ads。Google Ads 是 Google 拥有和运营的在线广告平台(如图 4-9 所示，链接：https://ads.google.com)。Ads 也是全球规模最大、使用最广泛的在线广告网络，数百万家企业使用 AdWords 在线投放广告，以吸引新客户并发展业务。因为大多数用户准备在 Amazon 平台上购物之前都会在 Google 上先进行搜索，所以通过对 Google 用户搜索关键词进行搜集分析，可以得到用户在购物时习惯使用的一些关键词。

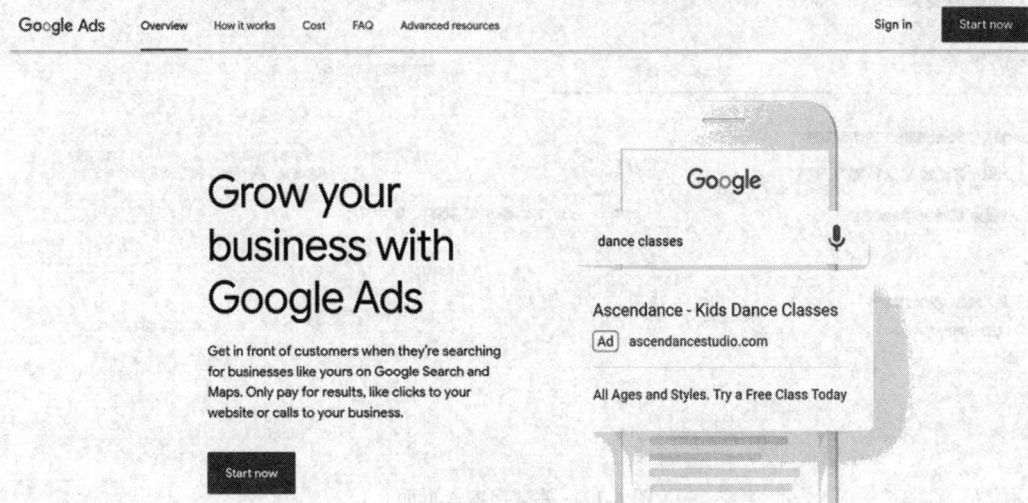

图 4-9　Google Ads

点击【Sign In】按钮，输入 Google 的账号和密码即可登录到 Google Ads，进入之后点击菜单栏中的【工具与设置】按钮，在规划模块下选择【关键词规划师】选项(如图 4-10 所示)，即可进入关键词规划师页面，如图 4-11 所示。

图 4-10　Google Ads 后台界面

图 4-11　关键词规划师页面

点击【发现新关键字】进入关键字搜索页面，关键字的查询方式有"首先输入关键字"和"首先指定网站网址"两种，如图 4-12 所示。

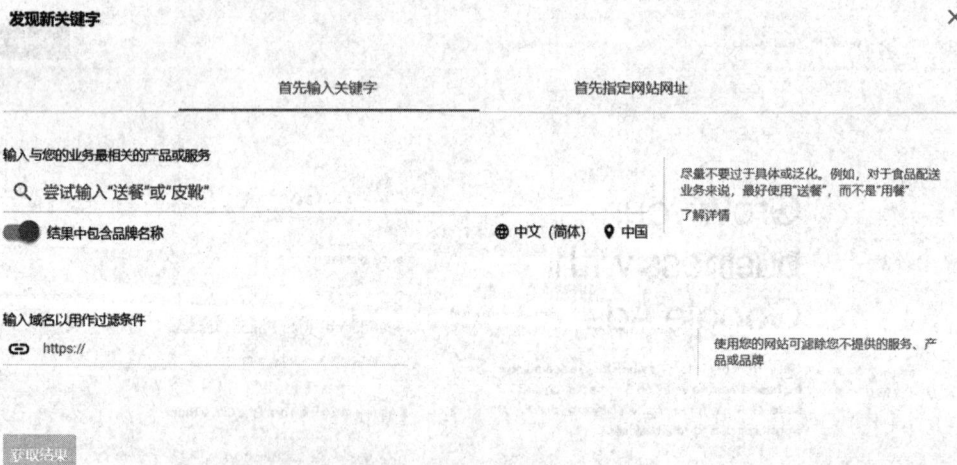

图 4-12　关键字搜索页面

在【首先输入关键字】选项下输入关键字，完成一个关键字输入之后点击回车键就可以输入另外一个，将语言切换为英语，位置切换为美国(如图 4-13 所示)，在【输入域名以用作过滤条件】中输入 amazon.com。填写完所有的内容之后点击【获取结果】按钮查询，如图 4-14 所示。

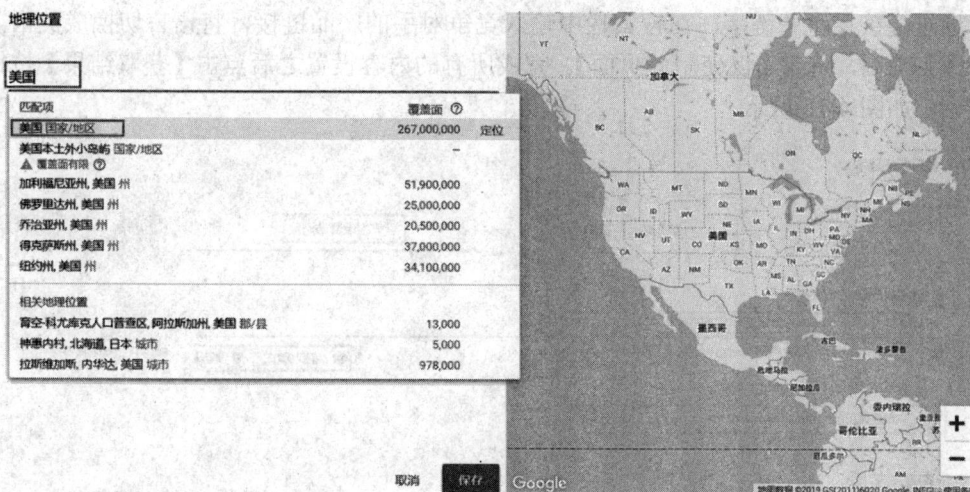

图 4-13　设置定位

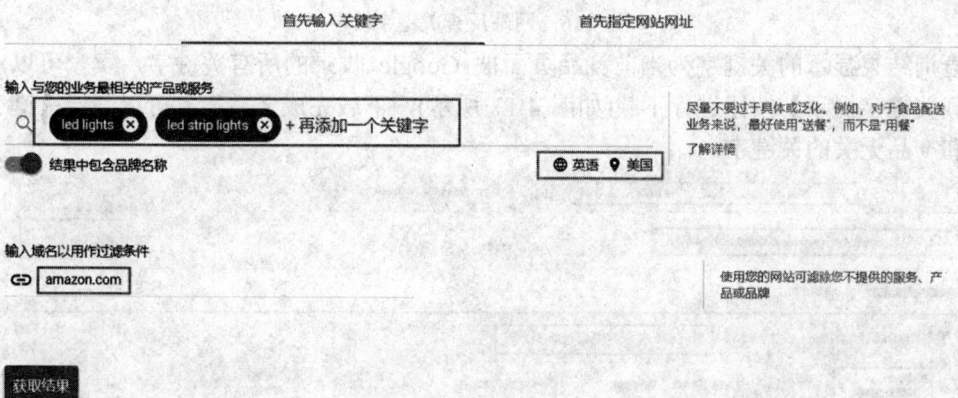

图 4-14　完成信息填写

查询结果页面显示了查询到的关键字以及数量，点击右上角的【下载关键字提示】可以下载当前列表中的关键字(如图 4-15 所示)，下载完成之后卖家可以筛选关键字，删除和产品无关的关键字。

关键字 (按相关性排序)↓	平均每月搜索量	竞争程度	广告展示次数份额	页首出价 (低位区间)	页首出价 (高位区间)	帐号状态
led	10万 – 100万	中	–	¥4.63	¥14.02	
fairy lights	1万 – 10万	高	–	¥2.38	¥9.46	
light bulb	10万 – 100万	高	–	¥4.63	¥15.70	
ceiling lights	1万 – 10万	高		¥4.98	¥18.36	
outdoor lights	1万 – 10万	高		¥7.92	¥33.08	
night light	1万 – 10万	高		¥5.75	¥13.46	

图 4-15　关键字搜索结果

通过链接反查关键字，在搜索栏中输入竞争对手的产品链接，将语言切换成英语，定位修改为美国，选定【仅使用此页面】。完成所有的内容设置之后点击【获取结果】按钮进行查询，如图 4-16 所示。

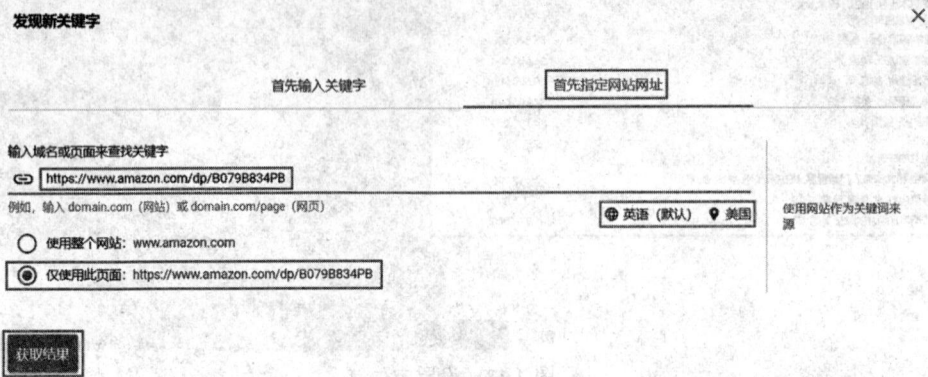

图 4-16　网站反查关键字(1)

查询结果显示的关键字为当前竞品页面被 Google 收录的所有关键字，卖家可以点击【下载关键字提示】按钮进行下载(如图 4-17 所示)，下载完成之后卖家可以筛选关键字，删除和产品无关的关键字。

图 4-17　网站反查关键字(2)

在关键字规划师页面中选择【获取搜索量和预测数据】工具，可以查询到关键字的相关数据，为卖家提供更多的关键字筛选依据，如图 4-18 所示。

图 4-18　获取搜索量和预测数据

在搜索框中输入要查询的关键字，每行一个关键字，也可以通过下方的【上传文件】按钮，上传关键字文件进行查询(如图 4-19 所示)。完成关键字设置之后点击右下角【开始】按钮获取查询结果。

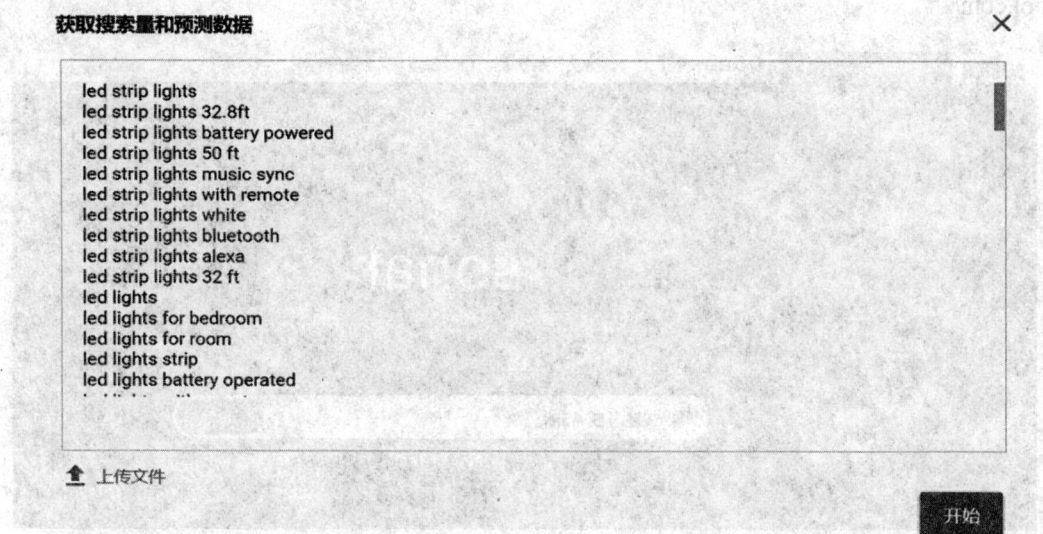

获取搜索量和预测数据　　　　　　　　　　　　　　　　　　　　　　✕

```
led strip lights
led strip lights 32.8ft
led strip lights battery powered
led strip lights 50 ft
led strip lights music sync
led strip lights with remote
led strip lights white
led strip lights bluetooth
led strip lights alexa
led strip lights 32 ft
led lights
led lights for bedroom
led lights for room
led lights strip
led lights battery operated
```

⬆ 上传文件

开始

图 4-19　输入待查询的关键字

获取的数据为预估数据，同时获取的数据和设置的广告出价相关，如图 4-20 所示。在获取的预测数据中包含了关键词的点击次数、点击率等一些重要指标，为后续的关键字筛选提供数据依据。点击右上角的【下载】图标按钮，可以下载当前的数据，如图 4-21 所示。

预测数据　　否定关键字　　历史指标　　　　　　　　2 分钟前保存过　｜　制作广告系列　⬇

按照您的方案，如果采用 **¥6** 的最高每次点击费用，您可获得 **3.7万** 次点击，总费用为 **¥15万** ⑦　　⌄

点击次数	展示次数	费用	点击率	平均每次点击费用	平均排名	＋ 添加转化指标
3.7万	**82万**	**¥15万** 每日预算：¥2.6万	**4.5%**	**¥3.95**	**2.1**	

图 4-20　设置预计出价

◀　方案设置 ⑦　｜　方案名称：11月13, 2019, 5 下午 (GMT+08:0...　｜　位置：美国　语言：英语　搜索网络：Google　｜　下个月　2019年12月1日－31日　∨　〈　〉

预测数据　　否定关键字　　历史指标　　　　　　　　几秒钟前保存过　｜　制作广告系列　⬇　⋮

☐	关键字 ↑	广告组	最高每次点击费用	点击次数	展示次数	费用	点击率	平均每次点击费用
☐	led bulbs	广告组 1	¥6.00	2,940.76	57,695.30	¥12,174.63	5.1%	¥4.14
☐	led bulbs 100 watt	广告组 1	¥6.00	0.00	0.00	¥0.00	–	–
☐	led bulbs 100 watt ...	广告组 1	¥6.00	34.90	777.30	¥145.68	4.5%	¥4.16
☐	led bulbs 150 watt ...	广告组 1	¥6.00	26.14	587.05	¥108.49	4.5%	¥4.15
☐	led bulbs 40 watt s...	广告组 1	¥6.00	0.00	0.00	¥0.00	–	–
☐	led bulbs 60 watt	广告组 1	¥6.00	15.82	342.45	¥54.80	4.6%	¥3.46
☐	led bulbs 75 watt e...	广告组 1	¥6.00	3.10	86.97	¥10.03	3.6%	¥3.23

图 4-21　关键字数据查询结果

(3) 第三方工具。市面上有很多第三方查询工具，通过这些查询工具可以很方便地查询关键字，但是在使用这些工具时需要清楚这些工具查询的关键字来源，确认其可信度。

sonar(声呐)——免费 Amazon 关键词发掘雷达，如图 4-22 所示。链接：http://sonar-tool.com/zh/。

图 4-22　Sonar 声纳

SellerLabs 工具除了可以查询关键词之外，还可以查询 PPC 广告以及评论、库存等相关数据，如图 4-23 所示。链接：https://www.sellerlabs.com/scope/。

图 4-23　SellerLabs

紫鸟数据魔方工具的功能比较多，除了与关键词相关的工具之外还包含了运营监控、选品助手的系列工具，如图 4-24 所示。链接：https://www.ziniao.com/。

2) 品牌

现在 Amazon 越来越注重品牌，很多流量重点倾斜品牌卖家，这样也可以直接防止被人跟卖。虽然之前一直强调重 Listing、轻店铺(现在也是重 Listing)，但有品牌的卖家，可以对自己的店铺进行装修和编辑。

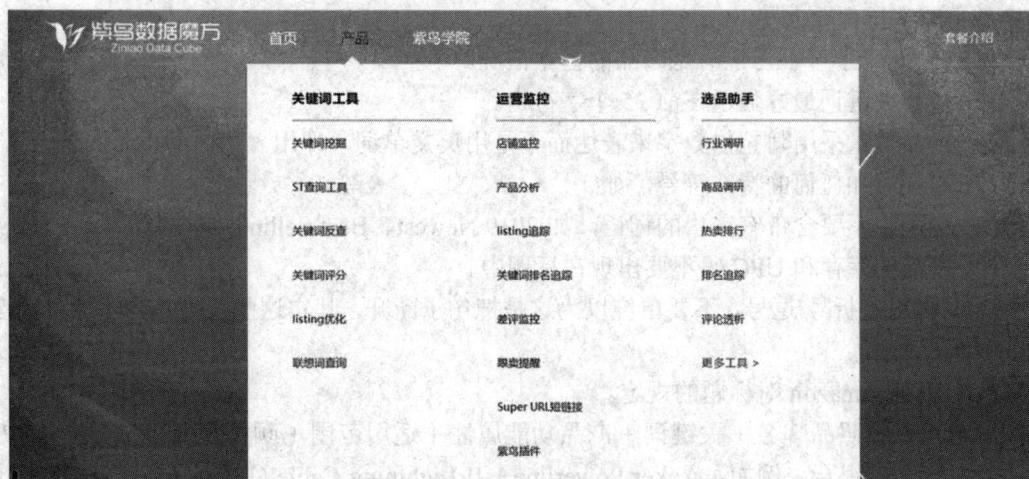

图 4-24　紫鸟数据魔方

3) 适用范围

相对于 3C 消费电子产品来说，很多产品是有支持设备对象(兼容性)的。通常支持设备用连接词"for"，连接词后面就是该产品所支持的相关设备。

4) 产品特性

标题最后一部分可以对产品相关的材质、尺码或颜色进行描述，丰富产品信息，从而提高买家对产品的认知度。

【案例】

在使用上述工具进行关键词的挖掘时需要注意哪些问题呢？

【解析】

1. 所挖掘关键词的来源、以及相关数据的可信度；

2. 对于所挖掘的关键词需要根据产品进行筛选；

3. 产品的关键词需要持续地收集，工具只是收集的一种方式。

---

3. 组合关键词

在完成了关键词的搜集和筛选之后，就进入关键词的组合阶段，最终形成一个完整的标题。在标题的撰写中，有这么一个误区：产品标题仅仅是给顾客看的。但是产品的标题除了给顾客看之外，Amazon 系统也要读取产品的标题，这样才能使产品展示在用户的面前。知道了这一点，那么在撰写标题时，需要注意些什么问题呢？

(1) 要站在顾客的角度来看。标题语句要通顺，清楚地说明产品是什么，有什么特性(如尺寸、重量、颜色)。要让顾客一眼看明白，在第一时间判断卖的是什么，以及是不是他需要购买的产品。

(2) 从 Amazon 系统考虑。Amazon 其实并不知道卖家的产品怎么样，它是通过关键词来识别卖家产品的类别的。也就是说产品标题中需要写出产品准确的关键词，这样 Amazon 系统才能顺利地识别产品，从而收录产品的信息，使顾客有机会找到卖家的产品。

(3) 标题里除介词(in、on、with 等)、冠词(the、a、an 等)、连词(and、or 等)这几项外，

其余的首写字母都要大写。

(4) 在 80 个字符以内说清楚产品的基本情况。

(5) 核心关键词最好显示在前 35 个字符内。

(6) 产品数量采用阿拉伯数字来表达而不是用英文单词，即用"3"，而不是"three"。

(7) 不要添加任何的特殊符号，如@、*、#、$、^、&等。

(8) 标题中不要含带有销售的词语，如 2019 Newest、Best Selling 等。

(9) 产品的库存和 UPC 码不要出现在标题中。

(10) 善用破折号/逗号，不要单纯以为这是把句子断开，其实这些符号是为了加重关键词的权重。

(11) 其他 Amazon 对标题的规定。

卖家可以按照品牌名＋关键词＋产品功能属性＋适用范围＋颜色(可有可无)这样的方式进行关键词的组合。例如，Anker Powerline＋II Lightning Cable (10ft)，MFi Certified for Flawless Compatibility with iPhone Xs/XS Max/XR/X/8/8Plus/7/7Plus/6/6Plus/5/5S and More(Black)，如图 4-25 所示。

图 4-25　组合关键词

除了上述的注意要点之外，在撰写产品标题时还需要注意以下几点：

(1) 标题不是永远不变的。标题要符合现在的市场环境，在一个月、两个月、三个月后，随着竞争者增加，不一定还能抢占到一样的排名，因此要随时观测自己的排名。

(2) 精选标题中的关键字。卖家不应该"超载"自己的标题，塞满没有意义的关键字。组合起来没有任何意义的标题，可以骗来曝光，但是不会带动产品的销售，很多情况下还会降低产品的转化率。

(3) 跳出自己的思考框框。一言以蔽之，讲得简单，做起来的确很难。当完成一个"完美"的标题之后，可能对产品的销售依然没有任何的提升，这时可以考虑做一些与竞争对手的差异化分析，突出竞争对手没有的卖点。

4.2　撰写产品短描述

任务分析

　　如果说产品的标题是用来引流的，那么产品的短描述就是用来促进产品转化的。在产品的短描述中既要体现产品的卖点和抓住买家的痛点，同时还需要"埋"关键词，帮助引流。本节内容包括卖点撰写规范、用户痛点挖掘和产品卖点提炼，为更好地完成产品短描述的撰写工作提供了指导。

任务实施

1. 产品短描述基本要求

　　Bullet Points，又名"Key Product Features"，可翻译为产品卖点。通常又把这一部分的内容称作五点描述或短描述，是产品描述中非常重要的一部分内容。如图 4-26 所示。

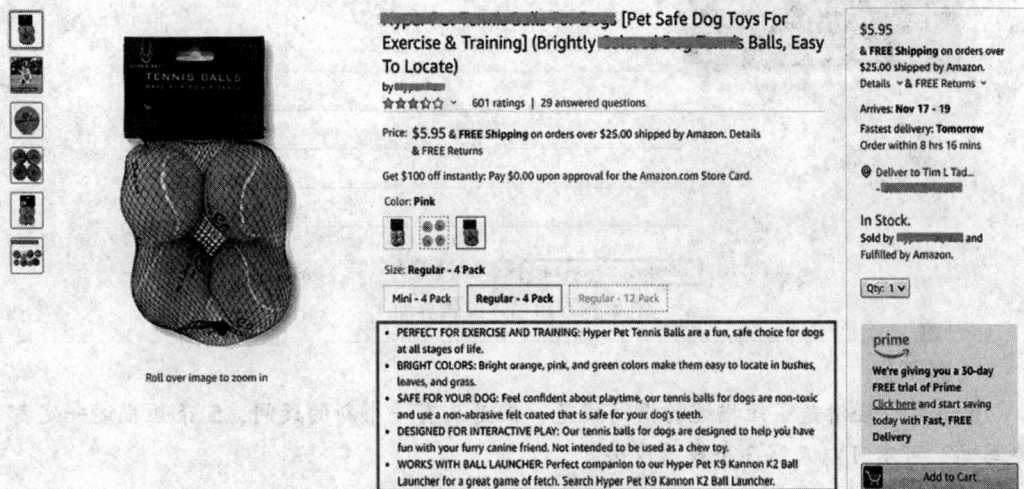

图 4-26　产品五点描述

　　Listing 中产品的卖点通常只有 5 条，针对一些特殊的产品可能会出现 7 条或更多的短描述，图 4-27 所示共有 15 条短描述。这些多出来的内容为卖家在后台填写的属性，Amazon会认为这些信息都是买家应该需要知道的，所以会把这些必要的信息优先展示出来，而卖家自己所撰写的内容总展示在最下面。

　　在 Amazon 后台刊登 Listing 时，卖家可以添加 5 行卖点。点击【Add Move】进行添加，点击【Remove Last】进行删除。通常情况下，每行最多可以输入 100 个字符，但是对于一些特殊的类目可以输入的字符数会更多一些，如图 4-28 所示。

　　Amazon 的 Listing 中五点描述的重要性仅次于标题，它的作用是当顾客被产品的标题、图片和价格三个因素吸引进来后，使客户再次对产品加深了解。Bullet Points 是否能够提供足够的信息给顾客，同时激发他们的购买欲望，对于销量的提升也是重要的一环。

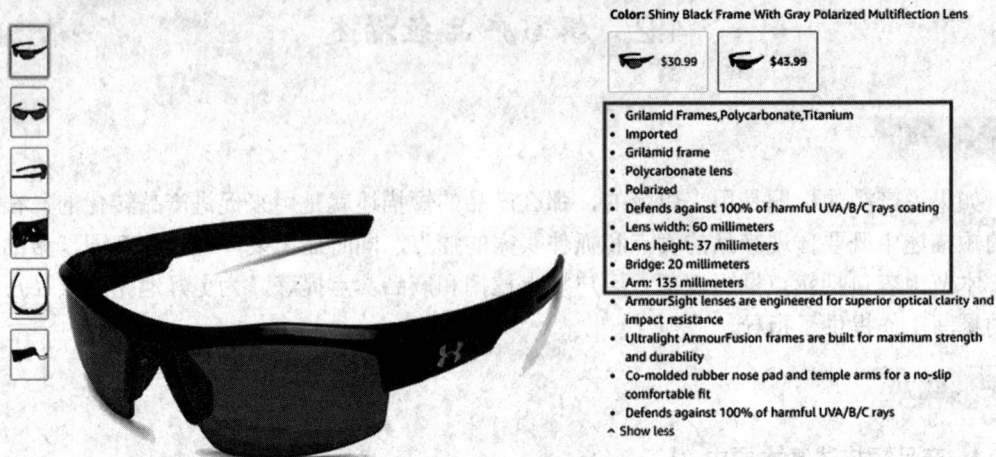

图 4-27　15 条短描述

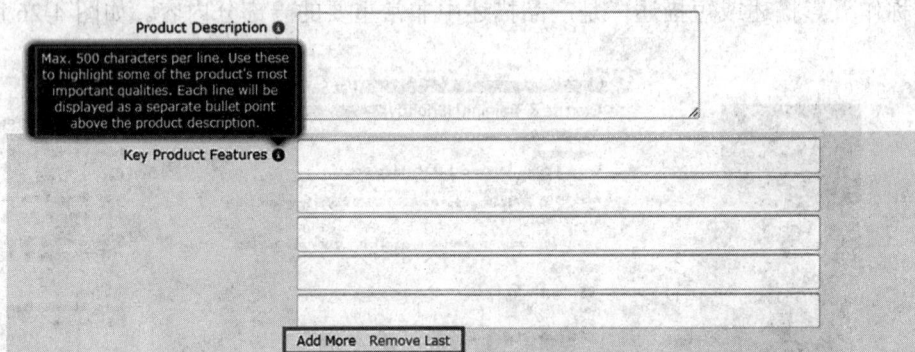

图 4-28　短描述编辑界面

【案例】

　　Nadia 已经清楚了短描述的撰写规范，但是又有一个新的疑问，5 条短描述一定都要写吗？可不可以只写 3 条或更少呢？

【解析】

　　1. 从 Amazon 的平台规则来讲，产品的短描述并非必填项，所以五点描述的数量并没有限制，但是保持在 5 条最佳；

　　2. 五点短描述担任着产品转化的重任，所以每增加一条卖点，产品的转化率就会相应增加一些；

　　3. 五点短描述还承载着引流的重任，所以在撰写的过程中会加入用户搜索的关键词，每增加一条卖点就会多增加几个关键词，从而影响到产品的流量；

　　4. 综上所述，建议将五点短描述添加到 5 条。

　　卖家最多可创建 5 条短描述，以帮助提高转化率。同时应确保买家在购买后会收到商品的准确描述。以下是关于编写短描述的一些建议：

(1) 每个要点应简洁但具有描述性，此处不应使用段落。

(2) 如果商品是套装商品，则需列出套装中包含的商品和每件商品的尺寸。

(3) 对于每个特征，需包含一项优势。

(4) 将保修信息或随附配件作为最后一个要点。

(5) 使用分号分隔单个要点中的短语。

(6) 要点中始终使用阿拉伯数字，切勿使用拼写数字。

(7) 以句子形式编写要点(无标点符号)；最多 256 个字符(因商品分类而异)。

2. 提炼产品卖点

毫无疑问，五点描述的内容应该呈现用户最为关心的内容以及产品本身特有的卖点，那么最好的描述就是在解决用户关心的问题的同时将产品的卖点体现出来。

(1) 产品与竞品相比好在什么地方？

移动电源用来充电、蓝牙耳机用来接电话、手机壳用来保护手机、音箱用来听歌……这些顾客都知道，那么自身的产品在这些基本功能上和竞品相比又有哪些突出的点呢？比如，移动电源的电容量更大一些、蓝牙耳机的音质更优一些、手机壳的防摔性能更佳一些、音箱的体积更小一些等。总之，针对产品最大的特点展开描述，就算是"汤勺更大一些"这种特点都可以说出来，让顾客知道这个产品与其他产品的不同。

特别要注意的一点，就是不要用到极限用词如"最好""第一"，除非自身的产品真的有类似的奖项或荣誉，那不妨也列举出来，这样还能够得到买家更好的印象。

(2) 产品还有什么好处？

移动电源充电量更大但是更轻便，蓝牙耳机功能更多但是操作更简单，手机壳质量更好但是价格更便宜……

卖家需要说明这一点，为什么自己的产品与其他产品有不同，因为他们会带来更好更多的体验，这也是产品的好处，也是对于标题关键词中没有体现出来的功能进行补充，让买家更有购买的欲望。

(3) 买家购买产品之后能够得到什么？

这就是所谓的买家的痛点，想象一下自己作为消费者为什么需要购买移动电源，因为外出需要；为什么需要购买蓝牙耳机，因为开车或运动需要；为什么购买吸尘器，因为打扫卫生需要。那么，你的产品可以在使用过程中给他们带来什么好处，更方便？更舒适？比其他产品更好用？或能够帮他们解决什么问题，统统告诉那些买家们。

(4) 产品其他需要注意的事项。

如果产品在功能上有些不足是可以直接告诉买家的，避免买家在购买之后产生误会导致差评。比如，移动电源是不防水的，现在只有一种颜色或款式等。除了功能上面的一些不足之外，买家在使用过程中需要注意的一些事项也可以在五点描述中说明。

(5) 产品重要的参数和属性。

并不是所有产品的参数都需要在五点描述中说明，比如移动电源的体积和重量，这并不是买家在购买时关心的第一要素，这些参数信息可以放在长描述中说明。但是移动电源的容量却是买家在购买时特别关注的，这些重要的信息就可以在五点描述中说明。

以上内容都是卖家主观上认为买家可能关心的问题以及应该需要了解的内容。它可以作为卖家撰写五点描述的一个参考，但是卖家更应该清楚买家关注的一些具体问题。卖家可以通过分析竞品的评价内容以及 Q&A 的内容了解买家的需求以及痛点，如图 4-29 所示。

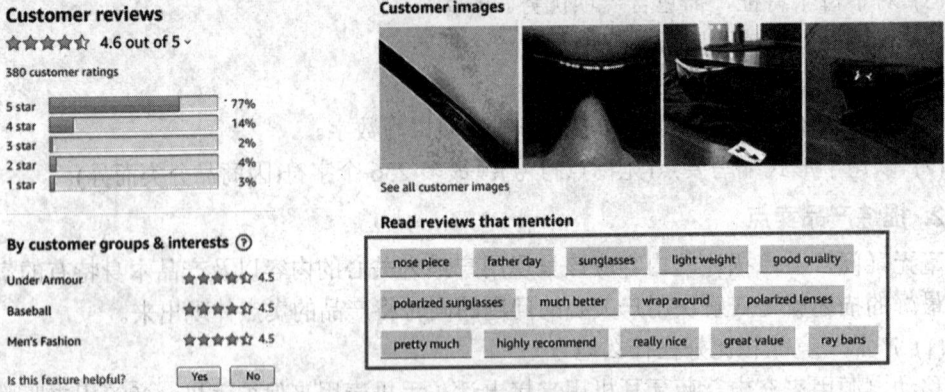

图 4-29　Reviews 关键词

(1) Customer reviews。

每个 Listing 的最下方为用户的评价展示板块，但是这里只展示了部分内容，点击评价内容最下方的【See all ** customer reviews】按钮(如图 4-30 所示)可以查看所有的用户评论，如图 4-31 所示。也可以通过链接直接访问(https://www.amazon.com/product-reviews/+ ASIN)。

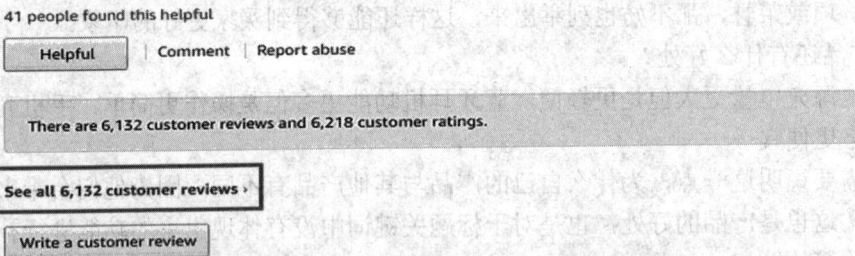

图 4-30　查看所有 Reviews

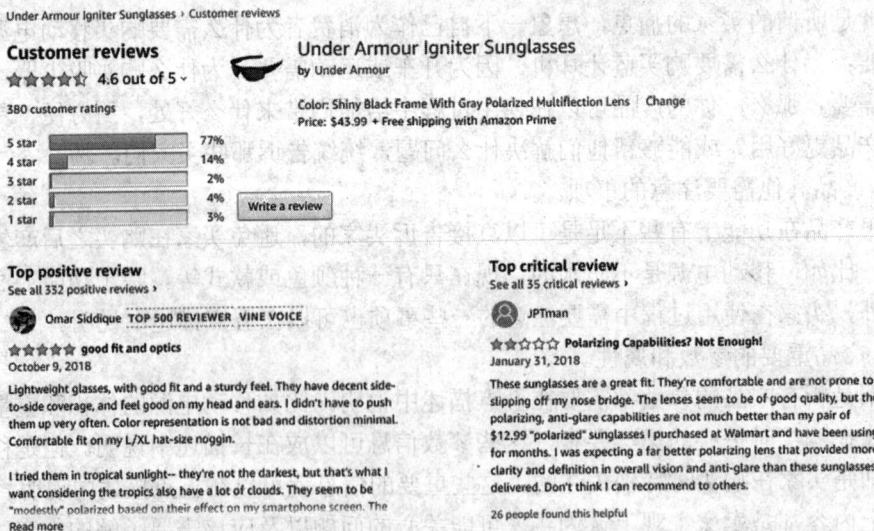

图 4-31　ASIN 所有的 Reviews

卖家可以抓取所有的 Reviews，通过工具对所有的内容进行关键词词频统计分析，就可以得到买家主要关注的内容。如图 4-32 所示。

图 4-32　Reviews 热点分析

(2) Customer questions & answers。

每个 Listing 的页面下方都有买家的 Q&A 信息(如果有)，如图 4-33 所示。这里展示的内容都是买家在购物时提出的问题，以及其他买家对问题的回答。通过对这里内容的分析，卖家可以获得买家关注的内容，从而重点提取并展示在五点描述中。但是，该模块下只展示了部分 Q&A 信息，可以点击下方的【See more answered questions】按钮查看全部内容，如图 4-34 所示。

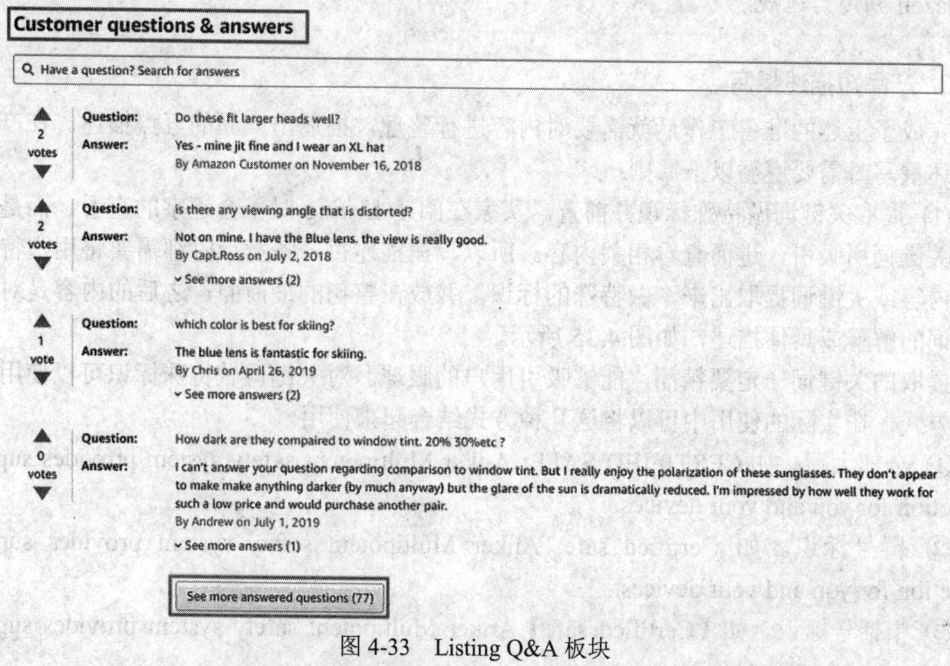

图 4-33　Listing Q&A 板块

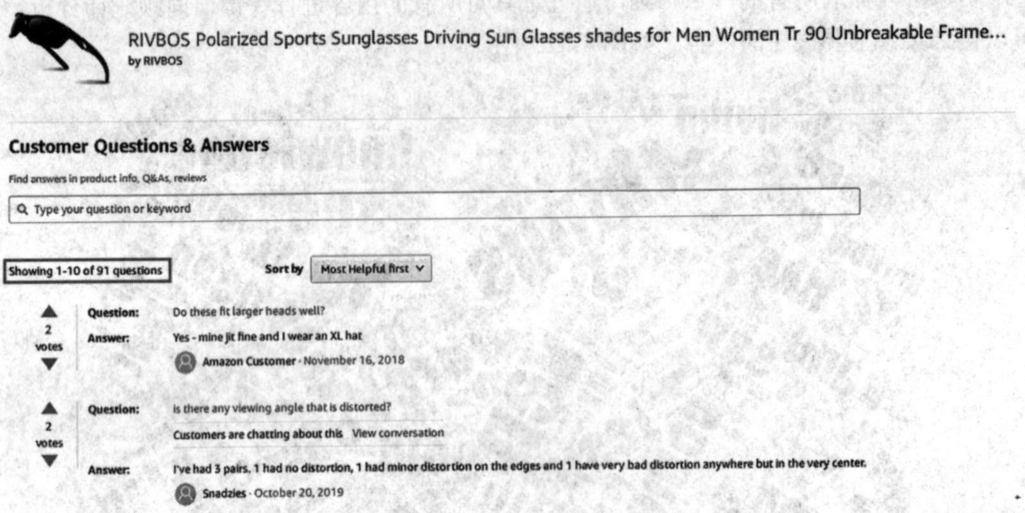

图 4-34　Listing 所有 Q&A 内容

【案例】

Nadia 带领团队学习了提炼产品卖点的内容后，有了一个新的疑问，在产品的五点短描述中只能写产品卖点的内容吗？

【解析】

1. 从字面讲五点短描述是用来介绍产品及其卖点的，所以主要还是写相关的卖点；

2. 五点短描述最主要的作用是促进产品转化，所有促进产品转化的内容都可以填写在这里，比如产品的促销信息以及产品的售后服务等；

3. 与产品完全无关的内容不建议填写，否则不仅不会促进产品转化还有可能被 Amazon 判定为违规。

3. 产品短描述撰写

完成了上述的准备工作后就需要对内容进行整理，描述出产品的五点描述。在产品五点描述撰写时需要遵循以下原则：

(1) 提取关键词做特殊标识并前置。买家在阅读 Listing 时不会逐字的查看，而是先被某些关键词所吸引，进而查看相关内容。所以，在描述每一条卖点时都需要将用户特别关注的内容或关键词提取出来，做特殊的标识，并放在整句的最前面，之后的内容是对当前关键词的解释或具体描述，如图 4-35 所示。

提取的关键词一定要精简，能够吸引用户的眼球。对关键词做特殊标识可以使用以下几种方式，在实际的使用中可以将这几种方式结合起来使用。

① 全部大写。如 CERTIFIED SAFE: Anker Multipotent safety system provides superior protection for you and your devices.

② 冒号标识。如 Certified safe: Anker Multipotent safety system provides superior protection for you and your devices.

③ 中括号标识。如【Certified safe】Anker Multipotent safety system provides superior protection for you and your devices.

④ 横杠标识。如 Certified safe-Anker Multipotent safety system provides superior protection for you and your devices.

图 4-35　卖点做特殊标识

(2) 注意可读性。五点描述终究是让买家阅读的，所以在撰写描述时需要注意可读性，注意语法以及单词的准确使用。同时需要尽可能地按照用户熟悉的语气描述，尽量避免使用过多的专业名词，否则买家无法理解。比如在描述移动电源尺寸时，无需特意地标注其具体的大小，卖家可以考虑将其和买家熟悉的某一款手机做对比；在描述移动电源的电容量时，可以说"能够完成某款手机的多少次充电需求"。

(3) 描述中"埋入"关键词。产品的五点描述除了需要给用户看之外还需要让 Amazon 收录，那么在卖家进行五点描述撰写时就需要考虑在描述中添加关键词。

Amazon 的爬虫系统在进行关键词爬取时，五点描述也是其重点爬取的内容，所以五点描述的质量不仅关系到产品的转化率，同时还会影响到产品的曝光量。卖家在标题撰写之前就已经收集到了很多的关键词，而产品的标题中最多只能放置 200 个字符，这些字符数是远远不够放置所有关键词的。这时就需要在产品的五点描述中对这些没有使用的关键词进行添加。同时对于一些核心的关键词，可以在标题和五点描述中重复出现，如图 4-36 所示。

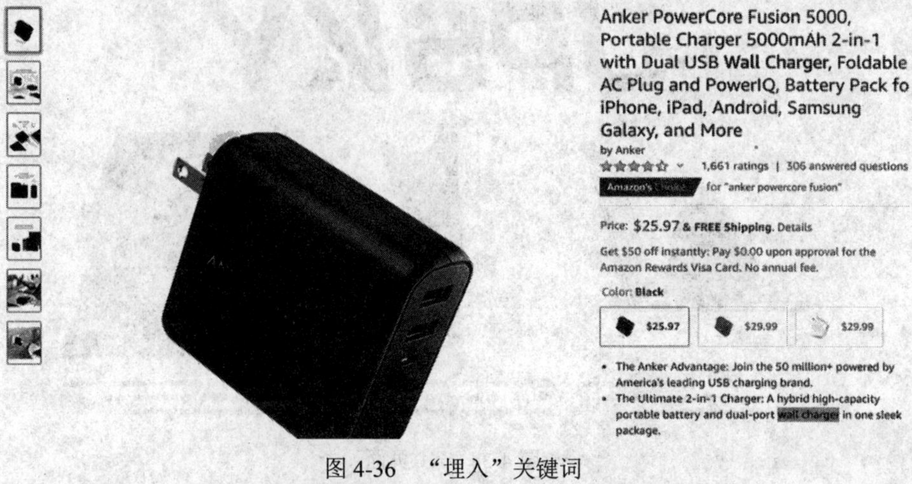

图 4-36　"埋入"关键词

(4) 避免侵权。无论是平台还是当地法律对于侵权行为都是零容忍的，侵权不仅会对当前店铺有影响，严重的侵权行为还会影响其他站点的销售。

4.3 撰写产品长描述

任务分析

产品的长描述是产品的具体介绍，在买家进入产品页面之后，短描述将买家吸引后长描述则要起到留住买家的作用。同时长描述占的篇幅也是比较多的，更需要注重页面的排版。本节内容将介绍产品长描述撰写规范和撰写要点。

任务实施

1. 产品长描述基本要求

Amazon 中 Listing 的长描述就是前台页面显示的【Product description】，如图 4-37 所示。长描述是相对于前述中的短描述(五点描述)而讲的。

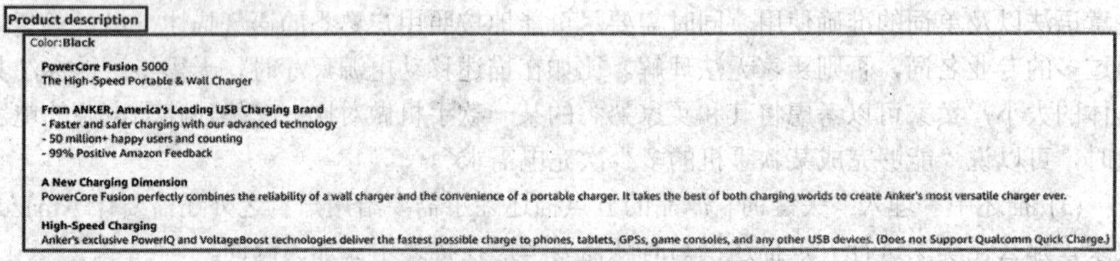
Product description

Color:Black

PowerCore Fusion 5000
The High-Speed Portable & Wall Charger

From ANKER, America's Leading USB Charging Brand
- Faster and safer charging with our advanced technology
- 50 million+ happy users and counting
- 99% Positive Amazon Feedback

A New Charging Dimension
PowerCore Fusion perfectly combines the reliability of a wall charger and the convenience of a portable charger. It takes the best of both charging worlds to create Anker's most versatile charger ever.

High-Speed Charging
Anker's exclusive PowerIQ and VoltageBoost technologies deliver the fastest possible charge to phones, tablets, GPSs, game consoles, and any other USB devices. (Does not Support Qualcomm Quick Charge.)

图 4-37 Product description

图 4-37 所示为纯文字的产品长描述，这也是大多数产品的产品描述页面。但是在 Amazon 平台中也有很多产品的长描述是图文形式的，如图 4-38 所示，Amazon 将这种产品描述页面称作为 A+ 页面。

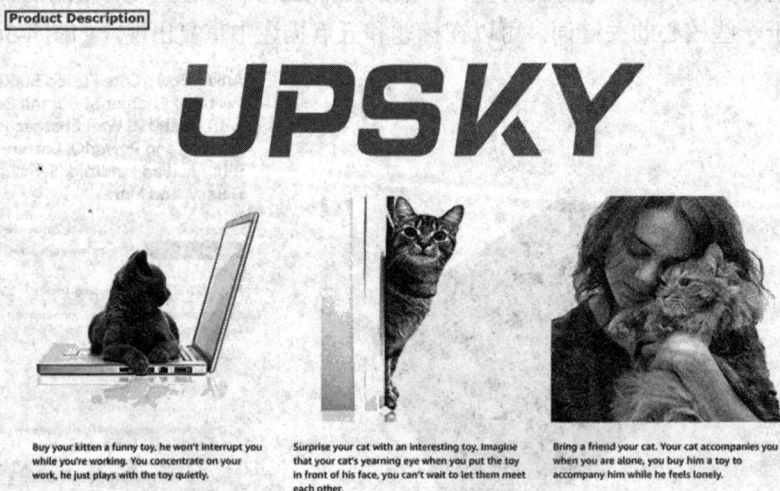

图 4-38 A+ 页面

产品的长描述字符数要求在 2000 个字符以内，如图 4-39 所示。Amazon 不支持排版格式，需要使用 HTML 语言进行编写，但是它只支持加粗、换行和倾斜三种形式。

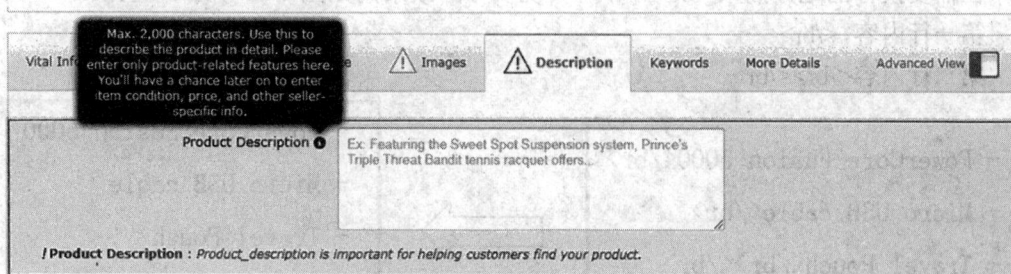

图 4-39　Description 后台编辑界面

Listing 的长描述用来详细描述产品，可以输入与产品相关的功能、操作说明、参数信息、使用场景等信息，如表 4-1 所示。

表 4-1　Description 规范建议

建　议	不　建　议
描述主要的商品特性和列出尺寸、用途样式等商品信息 保持简短，但包含重要信息 包括准确的尺寸、维护说明和保修信息 语法要正确，句子要完整	请勿包含卖家名称、电邮地址、网站 URL 或任何公司的具体信息 请勿书写销售商品之外的任何信息；这是您告诉买家他们在买什么的机会 请勿直截了当地提及同行的名称 请勿包含促销语言，如"甩卖""免运费"（用促销工具代替） 请勿使用缩写

2. 产品长描述撰写

1) 要有核心关键词做引导

Listing 的长描述中往往包含的文字比较多，买家通常不会逐字阅读。所以，在进行长描述撰写时也应该如同短描述一样提取重点的关键词进行标记，引导买家阅读，如图 4-40 所示。

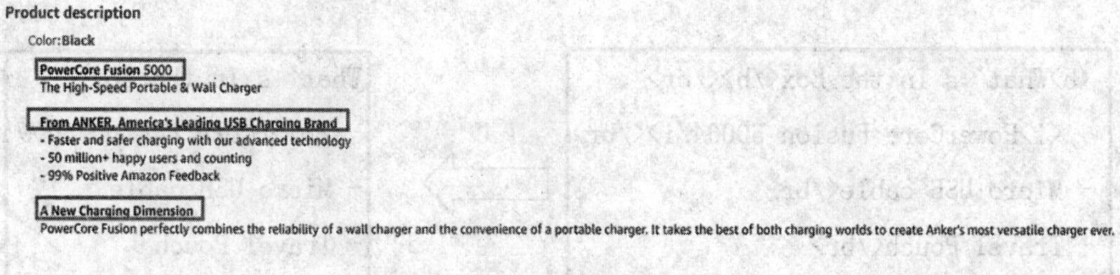

图 4-40　核心关键词做引导

2) 要学会用 HTML 代码排版

Amazon 的 Description 必须要用代码去排版，这点区别于其他平台。HTML 代码也有很多种，最常用的三个也是众所周知的。具体如下：

(1) 换行 </br>。

在需要换行的地方插入</br>，即可实现换行的效果，如图 4-41 所示。例如：

第一行内容 </br>

第二行内容</br></br>

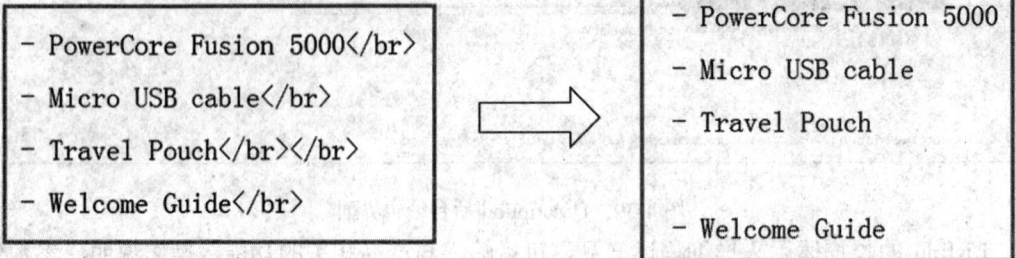

图 4-41　换行标签

(2) 加粗<b></b>。

将需要加粗的内容放在两个标签中间，即可实现加粗的效果，如图 4-42 所示。例如：

<b>加粗内容</b></br>

<b>加粗内容</b>

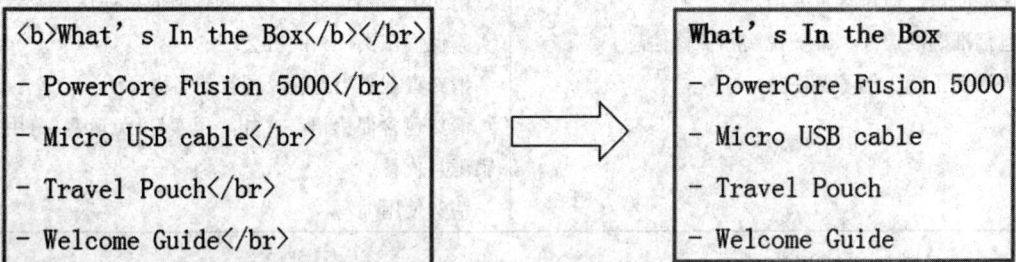

图 4-42　加粗标签

(3) 倾斜<i></i>。

将需要倾斜的内容放在两个标签中间，即可实现倾斜的效果，如图 4-43 所示。例如：

<i>倾斜内容</i></br>

<i>倾斜内容</i>

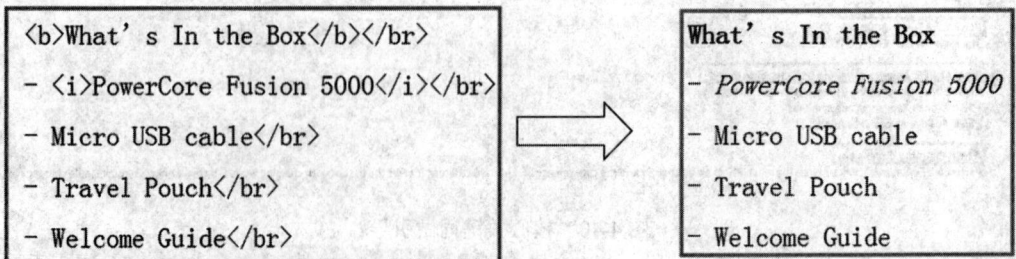

图 4-43　倾斜标签

3) 要多用分层数字符号

内容比较多的时候要多用分层数字符号，这样可以激起买家阅读欲望，如果内容不多也建议使用。针对消费者最关心的部分可以使用分层数字符号进行划分，比如阿拉伯数字 (1，2，3，4…)，如图 4-44 所示。

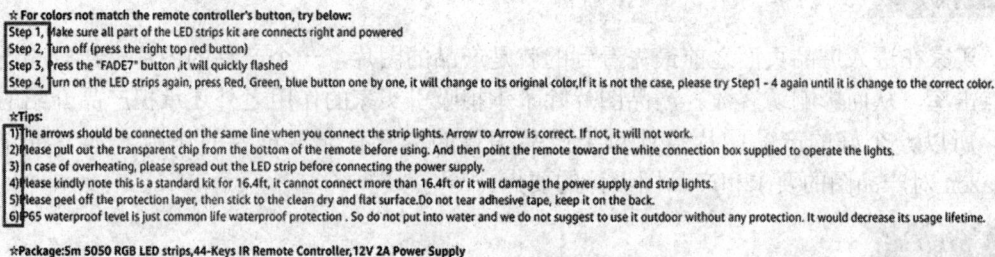

☆For colors not match the remote controller's button, try below:
Step 1, Make sure all part of the LED strips kit are connects right and powered
Step 2, Turn off (press the right top red button)
Step 3, Press the "FADE7" button ,it will quickly flashed
Step 4, Turn on the LED strips again, press Red, Green, blue button one by one, it will change to its original color,If it is not the case, please try Step1 - 4 again until it is change to the correct color.

☆Tips:
1) The arrows should be connected on the same line when you connect the strip lights. Arrow to Arrow is correct. If not, it will not work.
2) Please pull out the transparent chip from the bottom of the remote before using. And then point the remote toward the white connection box supplied to operate the lights.
3) In case of overheating, please spread out the LED strip before connecting the power supply.
4) Please kindly note this is a standard kit for 16.4ft, it cannot connect more than 16.4ft or it will damage the power supply and strip lights.
5) Please peel off the protection layer, then stick to the clean dry and flat surface.Do not tear adhesive tape, keep it on the back.
6) IP65 waterproof level is just common life waterproof protection . So do not put into water and we do not suggest to use it outdoor without any protection. It would decrease its usage lifetime.

☆Package:5m 5050 RGB LED strips,44-Keys IR Remote Controller,12V 2A Power Supply

图 4-44　分层数字符号

不建议在前面加各种火星文，例如"*""-""口""√"等，要把心思花在 Description 内容和排版上，而不要玩各种花样符号。

4) 要再次突出产品卖点

由于 PC 端和移动端 Listing 展示的内容顺序有所不同(移动端先展示产品五点描述再展示产品长描述)，所以有些产品卖点需要再次突出强调，虽然可能 Bullet Points 也提过。产品卖点一般会以 instruction 或 features 展示出来，当然有些与产品本身特性相关，如图 4-45 所示。

Product description

Color:**12v-5m-300leds-waterproof**

☆**Product Features:**
- IP65 Waterproof, can be used indoor or outdoor
- Every 3 LEDS cuttable without damaging the light strips,self-adhesive back with adhesive tape for secure and easy to use.

图 4-45　长描述中的卖点

5) 要考虑客户使用场景

有些产品操作时可能不太容易，甚至需要下载 App 或各种驱动，如果在 Description 上不做说明，会给后续的售后服务带来很多的麻烦。对于一些需要下载驱动的产品，可以附上 Download Link 或 E-mail。

【案例】
　　在产品长描述中，如果使用了加粗、换行、倾斜标签之外的其他形式，则在商品前台会显示成什么样呢？
【解析】
1. 对于非支持的 HTML 标签类型，Amazon 会直接忽略不进行任何的显示；
2. 对于较为复杂的 HTML 风格排版，可能会导致商品禁止显示。

4.4　产品图设计

任务分析

买家在进入产品页面之前最先看到的就是产品的图片，一个产品的图片直接影响产品的点击率，从而影响访客数。产品图片除了承担吸引买家的作用之外还承担产品介绍的重任，所以一个好的产品图片设计对于产品销售的提升有非常重要的作用。本节将介绍Amazon对产品图的要求和产品图设计的要点。

任务实施

1. 产品图基本要求

图片质量对买家体验至关重要，因此，Amazon要求每款产品都必须至少上传一张产品图片。产品的第一张图通常被称为"主图"，其余图被称为"附图"。卖家可以为产品提供1张主图和8张附图。所有的图片必须准确展示产品，且仅显示待售商品，尽量少使用或不使用支撑物。

1) Amazon产品图片基本标准要求

(1) 图片必须准确展示商品，且仅展示待售商品。

(2) 商品及其所有特色都必须清晰可见。

(3) 主图片应该采用纯白色背景(纯白色可与Amazon搜索和商品详情页面融为一体，RGB色值为255，255，255)。

(4) 主图片必须是实际商品的专业照片(不得是图形、插图、实物模型或占位符)，且不得展示不出售的配件、可能令买家产生困惑的支撑物、不属于商品一部分的文字，或标志/水印/内嵌图片等。

(5) 图片必须与商品名称相符。

(6) 图片的高度或宽度应至少为1000像素。满足此最小尺寸要求可在网站上实现缩放功能。事实证明，缩放功能可以提高销量。当缩放到最小时，文件在最长边可以达到500像素。

(7) 图片最长边不得超过10 000像素。

(8) Amazon接受JPEG(.jpg)、TIFF(.tif)或GIF(.gif)文件格式，但首选JPEG，不支持.gif格式的动图。

(9) 图片不得包含裸体或有性暗示意味。

特别注意：各个类目中可能对产品的图片有不同的要求，当类目的要求与标准要求产生冲突时，请以类目的要求为准。

2) 主图中不允许出现的内容(适用于所有商品分类)

(1) 商品图片不得包含任何Amazon标志或商标、Amazon标志或商标的变体及任何容易让人混淆的与Amazon标志或商标相似的内容。这包括但不限于任何含有Amazon、Prime、Alexa或Amazon Smile设计的文字或标志。

(2) 商品图片不得包含 Amazon 商城使用的任何标记、标记的变体、任何容易让人混淆的与标记相似的内容。这包括但不限于"Amazon's Choice""优质的选择""Amazon Alexa""与 Alexa 合作""畅销商品""热卖商品"。请参阅商标使用指南了解更多详情。

(3) 裸体或带有性暗示意味的图片。

(4) 将儿童和婴儿内衣或泳衣穿戴在模特身上拍摄的图片。

(5) 商品图片必须清晰，不得有马赛克或锯齿边缘。

(6) 最长边放大到最大允许尺寸时，商品占画面不到 85%。

3) 特殊类目主图要求

针对服装、服装配饰、鞋靴、手提包、箱包和珠宝首饰类商品，以下是在主图中不允许出现的内容：

(1) 采用非纯白色背景的图片(RGB 低于 255)。

(2) 商品上或背景中有文字、标志、边框、色块、水印或其他图形。

(3) 包含同一商品的多张图片。

(4) 待售商品在图片中没有完整展示，珠宝首饰(尤其是项链)除外。

(5) 有过多的内部或外部道具覆盖/围绕商品，或道具易被误认为待售商品的一部分。

(6) 模特处于跪坐、斜靠姿势或睡姿(模特必须采取站姿)。

(7) 图片中的商品带有包装、品牌或吊牌(长裤或短裤除外)。

(8) 包含可见人体模型(长裤或短裤除外)。

(9) 主图片中有人/商品穿戴在模特身上(成人服装除外)。

4) 图片示例

主图中不允许出现的内容如表 4-2 至表 4-13 所示。

表 4-2 图片必须采用纯白色背景

可接受	不可接受

表 4-3　主图片不能包含同一商品的多张图片

可接受	不可接受
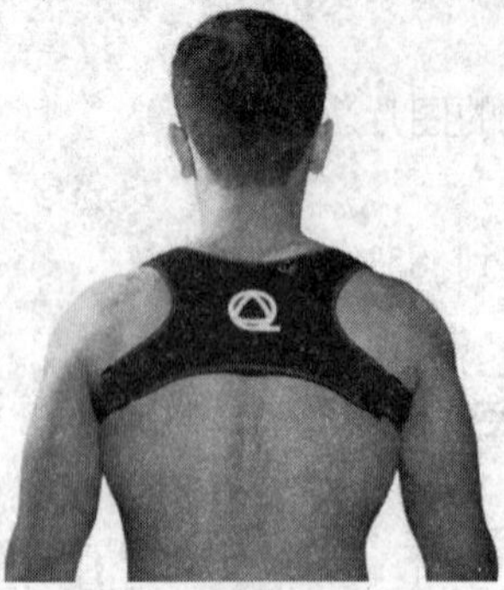	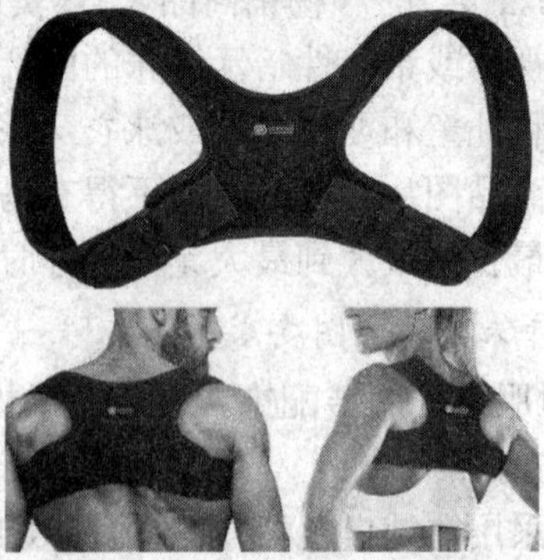

表 4-4　不得有文字、标志、边框、色块、水印或其他图形

可接受	不可接受
	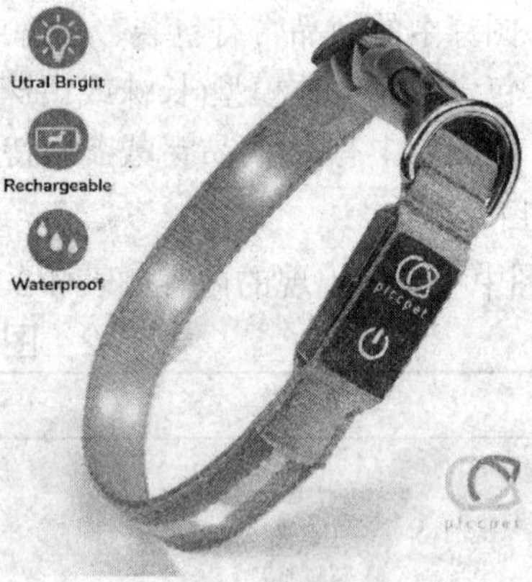
	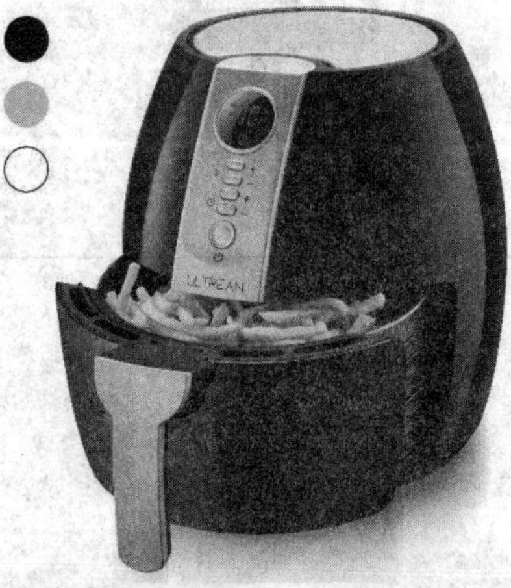

表 4-5　最长边放大到最大允许尺寸时，商品必须至少占画面的 85%

可接受	不可接受

表 4-6　图片必须清晰，不得有马赛克或锯齿边缘

可接受	不可接受

表 4-7　主图片中不得有人(成人服装除外)

可接受	不可接受

	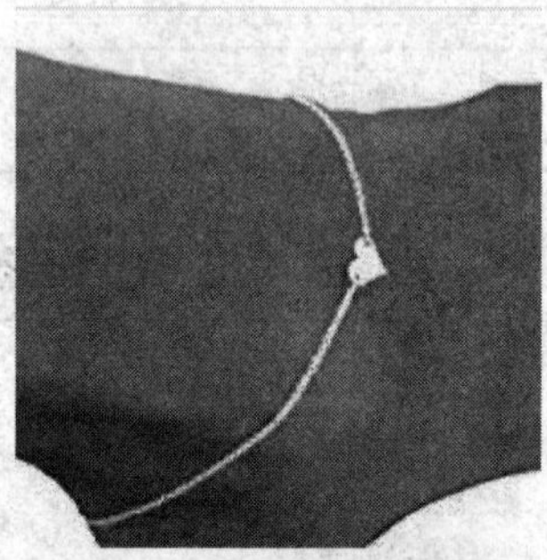

表 4-8　待售商品必须完整展示在图片中

可接受	不可接受

表 4-9　图片中不得有过多的内部或外部道具覆盖/围绕商品

可接受	不可接受
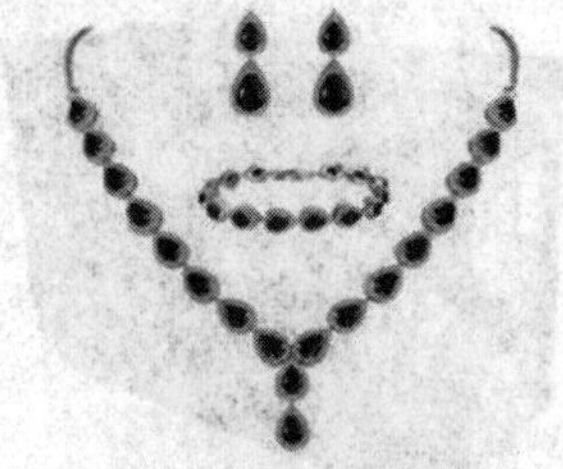	

表 4-10　模特必须采用站姿(婴儿除外)

可接受	不可接受

表 4-11　商品不得带有包装、品牌或吊牌

可接受	不可接受

表 4-12　不得包含可见人体模型

可接受	不可接受

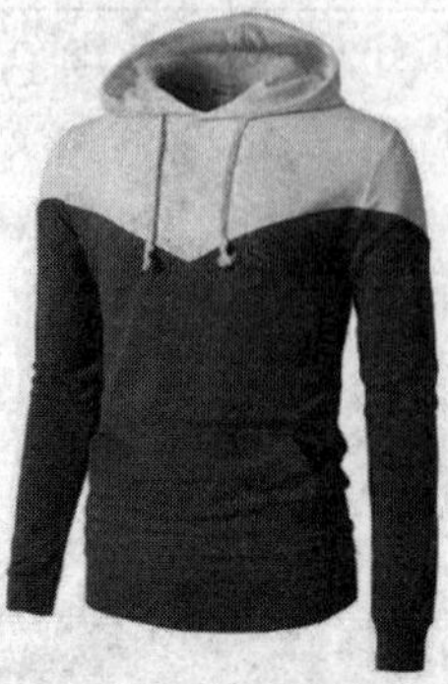	

表 4-13　不得将儿童和婴儿内衣或泳衣穿戴在模特身上

可授受	不可授受

【案例】

Nadia 学习了 Amazon 平台的产品图规则之后，发现在 Amazon 上有很多产品的主图都不符合规则，但是为什么这些产品图还能正常展示呢？

【解析】

1. Amazon 会对所有的产品图进行审核，对于不符合 Amazon 规则的图片会禁止展示并要求卖家修改，但是不可避免对部分产品图监管不到的情况；

2. 对于不同类目，Amazon 对违规的产品图容忍度是不一样的，卖家可以针对具体的类目进行产品图的设计；

3. 产品的主图主要是吸引用户点击的，所以为了产品的点击率是可以适当违规的。

2. 产品图设计

用户在进入一个产品之前最先看到的就是产品的主图，所以一个产品的主图直接影响产品的点击率和流量，在 Listing 中是至关重要的一部分内容。同时，Amazon 中大多数的产品是没有图文描述(A+ 页面)的，所以产品的图片还承载着介绍产品、促进产品转化的任务。通常情况下，一个好的 Listing 图片由以下几部分构成。

(1) 主图——产品整体展示。

(2) 痛点图——产品卖点及用户痛点。

(3) 尺寸图——让卖家直观地了解产品的大小。

(4) 细节图——充分展示产品的质感。

(5) 对比图——更加形象展示产品的特性。

(6) 应用场景图——场景展示，增强带入感。

(7) 包装图——产品清单展示。

1) 主图优化技巧

主图是出现在搜索结果首页的图片，即在搜索结果中，和产品标题同等的位置出现的图片。主图在很大程度上承担着让消费者去点击的任务。

对于主图，Amazon 要求的是真实的产品图片，不能是手绘图，也不能是渲染图。同时 Amazon 要求主图采用纯白色背景，也就是说颜色要求是 RGB(255，255，255)，如图 4-46 所示。

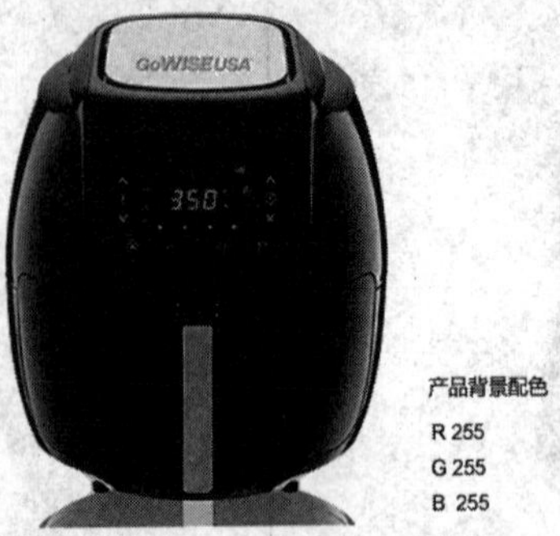

图 4-46　图片底色为白色(RGB：255，255，255)

那么这样的底色会带来一个什么样的结果呢？对于一个黑色的产品可以清晰地展示，但是如果卖家的产品正好是白色的，那该怎样去体现？建议卖家可以参考同行的做法。如果很多的竞争同行都是用黑底或其他颜色的图片，那么卖家也可以参考采用。但是严格意义上来说，非白底的图片都是 Amazon 平台不允许的，但是卖家可以为了产品的点击效果适当地违规，如图 4-47 所示。

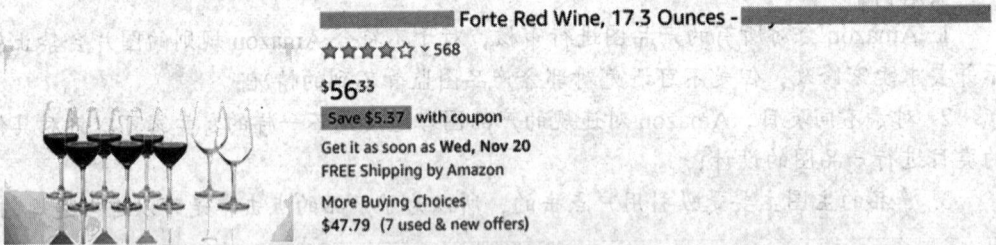

图 4-47　非白底的产品主图

主产品部分在图片中的占比空间要适中，官方规定占比为 80%以上。如果上下左右四个边都压边了，这种情况下会使整个图片显得不协调，让消费者觉得很压抑。如果图片太小，消费者可能会觉得产品很小，那么整体的感受也不会特别强，所以一般建议产品在图片中的比例大概是 85%。关于像素方面，Amazon 平台规定当单边大于 1000 像素时，这样能够让图片在展示之后有一个放大的效果，但是建议不要大于这个像素，因为太大会造成图片打开太慢而流失掉顾客，如图 4-48 所示。

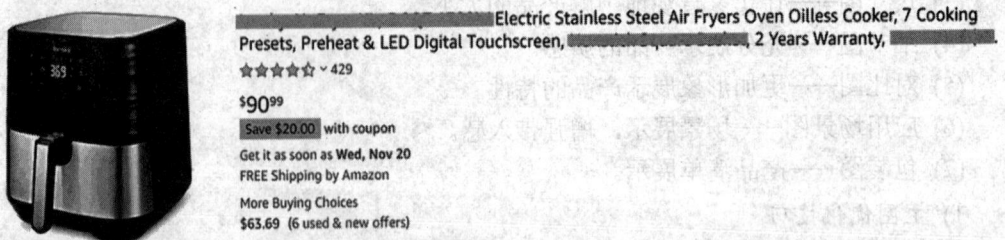

图 4-48　产品占比要适中

　　在主图及附图的拍摄过程中，需要特别注意立体感的表现。为了让图片的立体感更强，所有的图片都不要采取横平竖直的方式去体现。比如说采用 45 度角或 60 度角摆放产品，这样有了一定的角度之后，拍摄出来的图片就会更吸引人。如果用横平竖直的方式去拍摄图片，那么造成的结果是消费者看到的仿佛是一个平面图，平面图是不吸引人的，如图 4-49 所示。

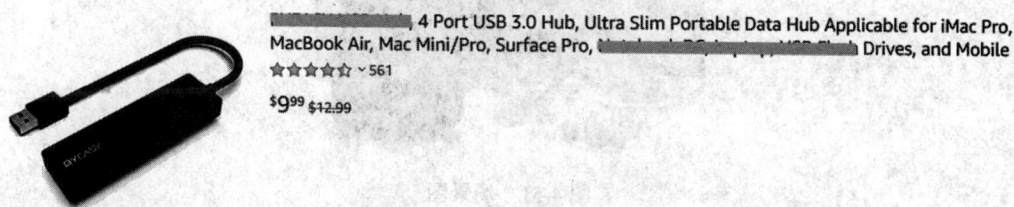

图 4-49　呈角度摆放产品

2) 附图优化技巧

(1) 避免侵权。

　　附图包含多张图片，同时从多个方面展示产品。正因为如此，在附图上也最容易发生侵权行为。比如销售手机壳时，将手机壳套在 iPhone 手机上进行拍摄，然而手机壳却是透明的，露出了 iPhone 的 Logo，这是属于侵权的行为(如图 4-50 所示)；当产品和信用卡的大小相同时，若拿一张信用卡去做对比，结果信用卡卡面上带有 VISA 标志，且带有姓名卡号，这同样是侵权的行为。

图 4-50　图片侵权

(2) 场景图应用。

　　怎样让消费者对产品理解更深刻一点？可以适当添加一些应用场景图，如添加一些生活化的应用场景。因为当一个生活化的应用场景出现在买家面前时，每个人都会习惯性地快速切入到那种生活化的场景里去。一旦带入之后，它的亲切感就来了，买家对产品的熟知程度瞬间就提升了很多，如图 4-51 所示。

图 4-51　场景图

(3) 内核拆解图。

如果产品的内部结构比较复杂，做工也精细，那么卖家可以附上一张产品的内核拆解图，如产品内核里面的线路板、CPU 等，如图 4-52 所示。

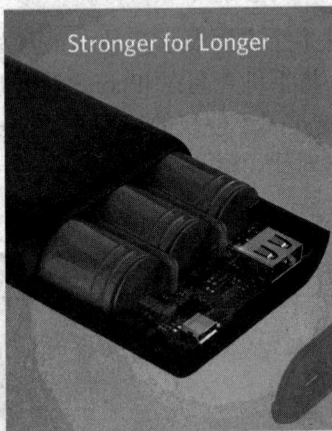

图 4-52　内核拆解图

(4) 包装图片。

对于精心设计过包装的产品，可以适当地配一张包装图，产品包装细节图能够大幅度地提升产品的质感和品牌印象。但并不是每个产品都适合配包装图，如果包装是一个气泡袋，那么就不建议配包装图。另外，在附图里也可以适当地插入一些文字，使消费者可以更好地理解产品。

4.5　产 品 上 架

任务分析

在准备好产品上架需要的所有资料之后便开始产品的上架工作。产品上架时填写的信息不仅会影响产品属性信息的准确度，同时还会影响产品的运费以及权重。本节将介绍产品上架的两种方式，最终完成产品的上架。

任务实施

1. Amazon 前台产品页面介绍

在完成店铺产品上架之前，首先需要熟悉掌握 Amazon 前台产品的展示页面(如图 4-53 所示)各个板块的内容。

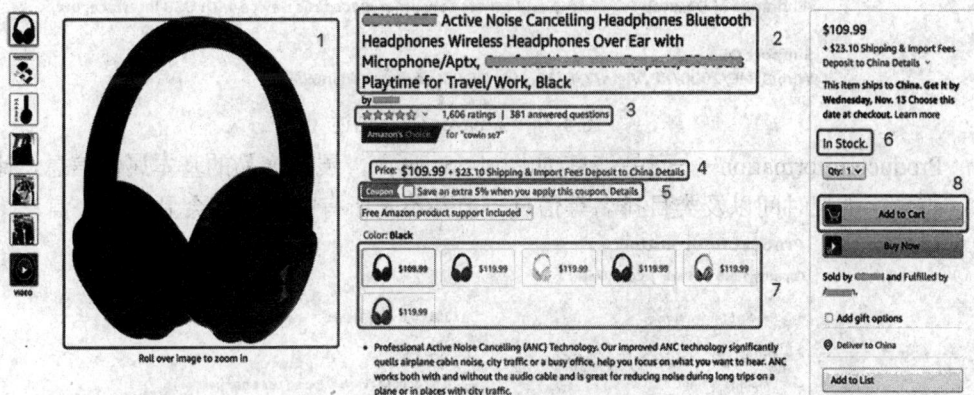

图 4-53　Amazon 产品基本信息

每个板块的内容如下：

内容 1——商品图片，用于展示产品，一般情况下第一张图要求为白底；

内容 2——商品标题，所涉及的关键词会被加入到索引中；

内容 3——商品反馈信息，如商品评分、商品评价数和商品问答；

内容 4——商品价格，当产品有促销或秒杀折扣时会显示出折扣价格；

内容 5——促销活动，为卖家自定义的店铺或商品活动；

内容 6——库存情况，当产品库存较少时会显示为 "Only left in stock"，当库存充足时则显示为 "In Stock"；

内容 7——Variation(变体)产品信息，如果产品不存在变体则没有这部分信息；

内容 8——加入购物车、心愿单、婚礼清单。

【案例】

在学习 Amazon 产品页面的过程中，Nadia 团队发现几乎所有的产品标题前面都是产品的品牌名，而这个现象在其他平台却是很少见的，Amazon 平台为什么会有这种现象呢？

【解析】

1. Amazon 是一个重产品轻店铺的平台，更是一个注重品牌的平台，所以在标题前加入品牌名可以让 Amazon 认为我们的产品是比较优质的，从而得到更多的展现机会；

2. Amazon 优质的用户群体在选择产品时，品牌也是其中的一个因素。

Product description——商品描述，也称为产品长描述，如图 4-54 所示。如果有图文的页面则称为 A+ 页面。

Product description

Capacity:16GB - 4 Pack ｜ Color:Black

Joiot USB Flash Driver Feature:
Swivel thumb and key chain design and fashionable style.
Light weight and foldable, easy to carry.
Excellent quality, easy to use, no need extra software to drive it,only plug in.

Tech Specification:
Support PC Mode
All brands of Desktop PC, Laptop and others consumer electronic device with USB interface, etc.

Support OS
Win98/ME/2000/XP/Vista/7/8/10, Mac OS 9.X above and Linux.

图 4-54　Amazon 产品描述

　　Product information——商品信息(如图 4-55 所示)，展示产品的基本属性信息，比如尺寸、重量、上架时间以及类目排名等信息。但并不是所有的产品都会显示这些信息。

Product information

Capacity:16GB - 4 Pack ｜ Color:Black

Product Dimensions	3.2 x 0.5 x 0.7 inches
Item Weight	0.32 ounces
Shipping Weight	0.32 ounces (View shipping rates and policies)
Manufacturer	Joiot
ASIN	B01E8M24Q8
Domestic Shipping	Currently, item can be shipped only within the U.S. and to APO/FPO addresses. For APO/FPO shipments, please check with the manufacturer regarding warranty and support issues.
International Shipping	This item can be shipped to select countries outside of the U.S. Learn More
Item model number	SU3-S16B-04L
Customer Reviews	★★★★☆ ▾　346 customer reviews 4.3 out of 5 stars
Best Sellers Rank	#23 in Computers & Accessories > Data Storage

图 4-55　Amazon 商品信息

　　Customer questions & answers——商品问答(如图 4-56 所示)，简称 Q&A，有买家提出问题后，Amazon 会用邮件通知卖家回答问题。

Customer questions & answers

Q Have a question? Search for answers

▲
1
vote
▼
| **Question:** | is customized printing available on these flash drives? non-profit looking for eve |
| **Answer:** | Yes, we can do it for your requirement case by case. Please send your needs to By Joiot SELLER on November 9, 2016 |

▲
0
votes
▼
| **Question:** | Can i view hdmi videos (movies) using usb 2 thumb drive. |
| **Answer:** | yes By Donald Wells on October 16, 2017 ⩔ See more answers (2) |

▲
0
votes
| **Question:** | Is this a 16 gb? i recently purchased another product that stated it was 16gb, or 16gb? |
| **Answer:** | Yes |

图 4-56　Amazon 产品 Q&A

Customer Reviews——用户评论(如图 4-57 所示)，含 Review 分数、数量、星级以及 Read reviews that mention(Review 内容里的关键词)。

Customer Reviews

⭐⭐⭐⭐☆ 346

4.3 out of 5 stars ▾

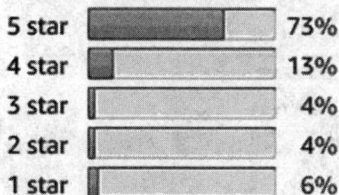

5 star	73%
4 star	13%
3 star	4%
2 star	4%
1 star	6%

See all 346 customer reviews ›

Share your thoughts with other customers

Write a customer review

Read reviews that mention

files	transfer	speed	slow	value	computer
write	lanyards	photos	handy	pay	testing
windows	important	tested	pictures	vendor	name

图 4-57　Amazon 产品 Reviews

【案例】

　　在学习 Amazon 产品页面的过程中，Nadia 团队发现 Amazon 平台上有很多产品的详情页面是没有图片介绍的，他们想知道为什么这些卖家不为自己的产品制作图文并茂的产品描述呢？

【解析】

　　1. 并不是所有的账号都可以在 Amazon 平台上为产品上架添加图文描述，上文中已经对账号类型进行了详细的说明；

　　2. 图文描述可以大幅度地提升产品的转化率，只有当店铺通过品牌备案以后，才可以制作图文描述。

2. 产品上架之表格批量上传

　　目前 Amazon 的产品发布方式主要有三种，分别是通过表格批量上传、后台单个上传以及第三方工具上传。其中通过第三方工具上传由于工具不同，所以上传时的流程和方法也有所差异，本书不做介绍。

　　通过表格的方法进行产品发布比较方便和迅速，但是操作起来会稍微复杂一些。在店铺初开或是有很多产品需要上架时一般会采用表格的方式进行操作。同时，对于一些特殊情况需要对 Listing 修改时也通过表格实现，比如为 Listing 修改变体主题。

通过表格批量上传产品的操作步骤如下：

(1) 进入卖家后台，将鼠标移到【库存】菜单，点击【批量上传商品】选项，如图 4-58 所示。

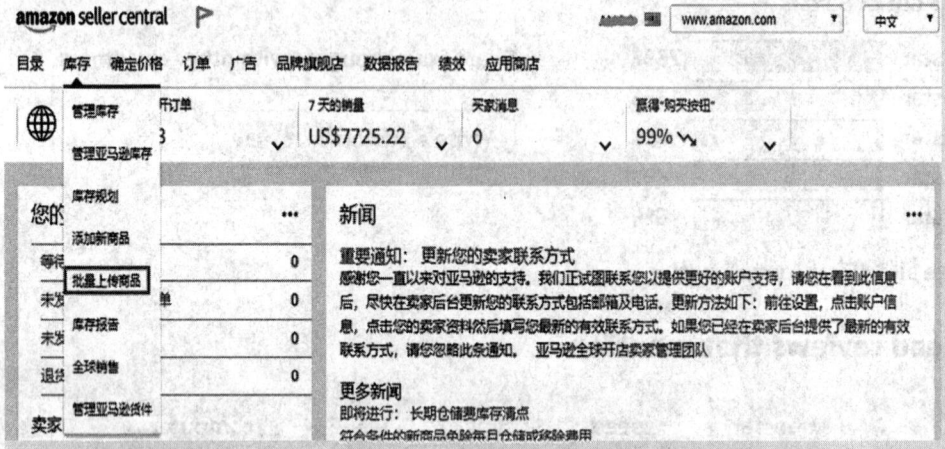

图 4-58　点击批量上传产品

(2) 下载库存文件，点击【库存文件】选项，找到要上传类目所对应的模板(如图 4-59 所示)。然后将模板下载到电脑上(如图 4-60 所示)。下载下来的模板一般是 Excel 格式，一共包含 6 个文档，分别是 Instructions、Images、Data Definitions、Template、Example 和 Valid Values。

图 4-59　类目选择

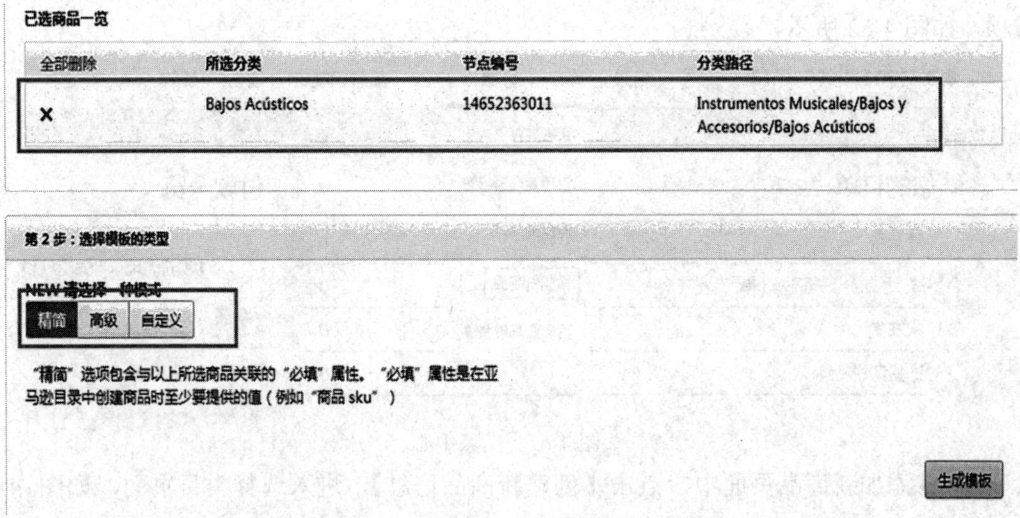

已选商品一览

全部删除	所选分类	节点编号	分类路径
✕	Bajos Acústicos	14652363011	Instrumentos Musicales/Bajos y Accesorios/Bajos Acústicos

第 2 步：选择模板的类型

NEW 请选择一种模式

| 精简 | 高级 | 自定义 |

"精简"选项包含与以上所选商品关联的"必填"属性。"必填"属性是在亚马逊目录中创建商品时至少要提供的值（例如"商品 sku"）

生成模板

图 4-60　下载表格

· Data Definitions 表格将表格分为 A(Group Name)、B(Field Name)、C(Local Label Name)、D(Definition and Use)、E(Accepted Values)、F(Example)和 G(Required)七列，详细地介绍了表格填写的规范。

· Template (批量上传模板)，即上传产品需要填写的内容，需要注意的是品类不同，Template 的格式和要填写的内容也是不一样的。另外下载的模板类型不同，表格里面的具体内容也是不一样的。其中"main_image_url"一栏里面需要填写主图图片地址。需要注意的是，这里填写的图片地址必须是图片的网络地址。

(3) 经初步检查无误后，卖家继续在上传您的库存文件页面上上传表格，如图 4-61 所示。

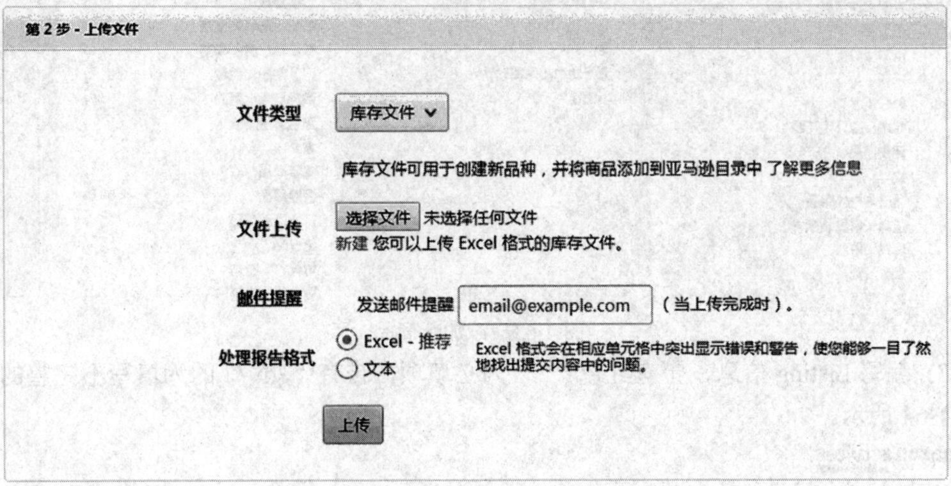

第 2 步 - 上传文件

文件类型　　　库存文件 ∨

库存文件可用于创建新品种，并将商品添加到亚马逊目录中 了解更多信息

文件上传　　　选择文件 未选择任何文件
新建 您可以上传 Excel 格式的库存文件。

邮件提醒　　　发送邮件提醒 email@example.com　（当上传完成时）。

处理报告格式　◉ Excel - 推荐　　Excel 格式会在相应单元格中突出显示错误和警告，使您能够一目了然
　　　　　　　○ 文本　　　　　地找出提交内容中的问题。

上传

图 4-61　上传表格

3. 产品上架之单个上传

单个产品上架的操作步骤如下：

(1) 进入卖家中心(seller central)，点击屏幕左上角【库存】菜单下面的【添加新商品】选项，如图 4-62 所示。

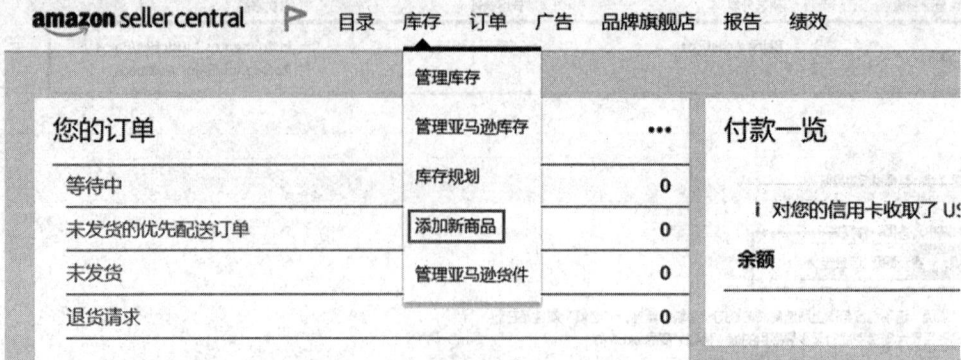

图 4-62　卖家中心

(2) 在添加新商品页面中，点击【创建新商品信息】，进入选择类目页面，如图 4-63所示。

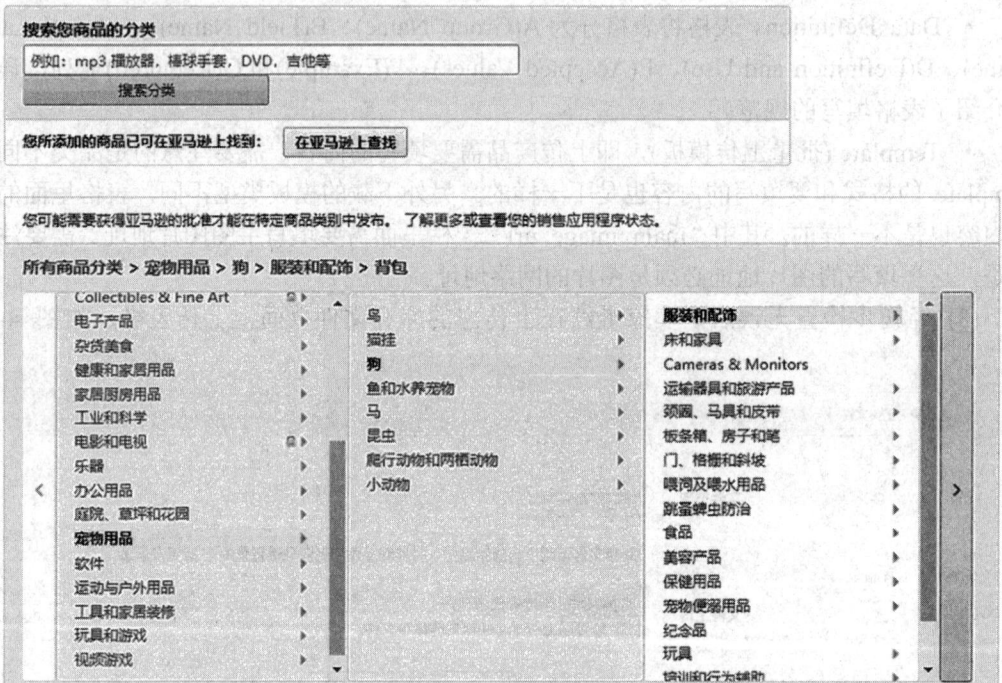

图 4-63　添加新商品

(3) 编写 Listing 信息，带有红色 "*" 为必填项，带有 "⚠" 的为填写不完整的项，如图 4-64 所示。

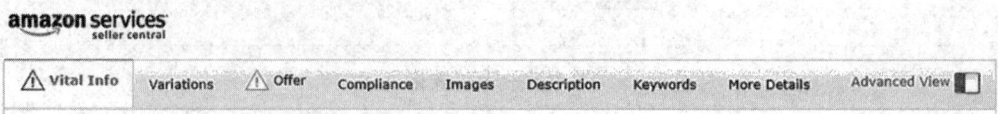

图 4-64　Listing 填写项目

- Vital Info 选项中主要包含商品 ID、商品名称、品牌、生产厂家等信息，如图 4-65

所示。Product Name 为产品的标题，需保持在 200 个字符以内，推荐不要超过 80 个字符。

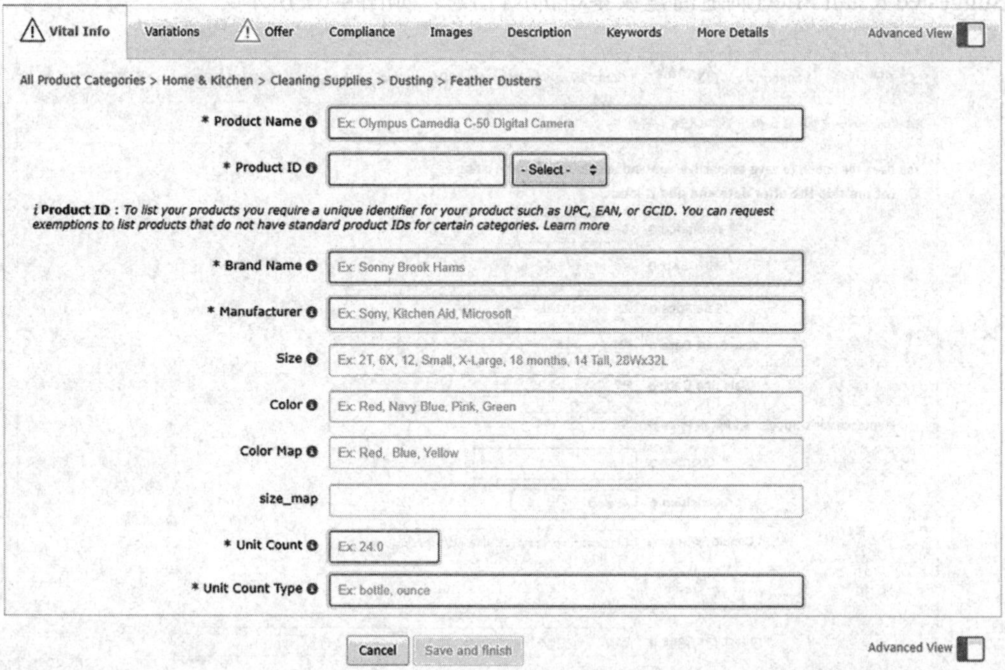

图 4-65　Listing Vital Info

· Variations 选项中并不是所有的类目都支持变体，主要填写的内容包含变体主题、变体元素以及基础信息，如图 4-66 所示。

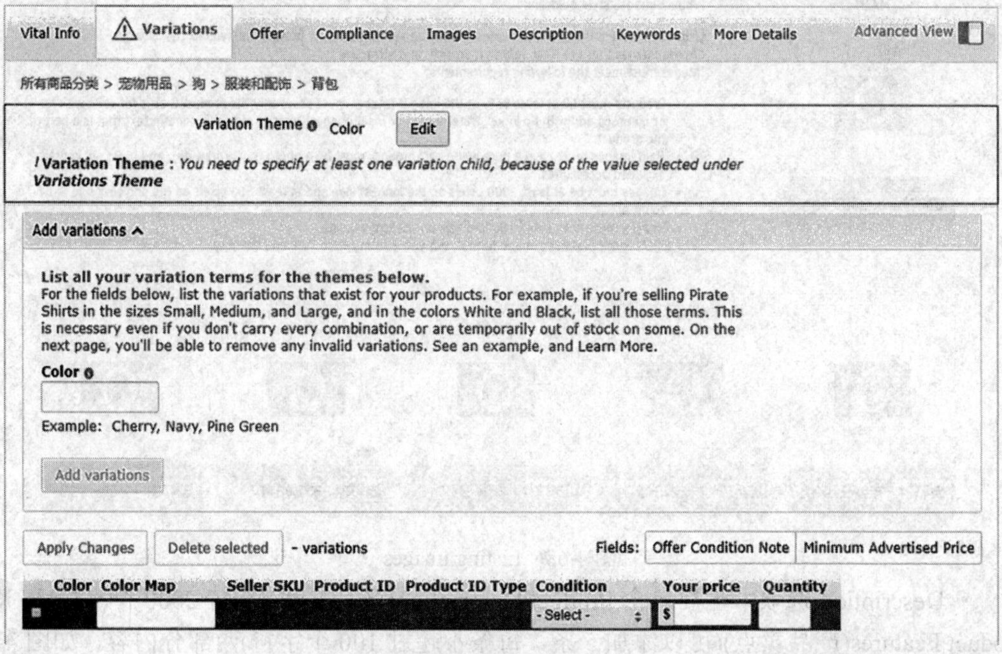

图 4-66　Listing Variations

• Offer 选项中主要包含 Your price(你的价格)、Sale Price(折扣价)、Manufacturer's Suggested Retail Price(制造商建议零售价)等信息，如图 4-67 所示。

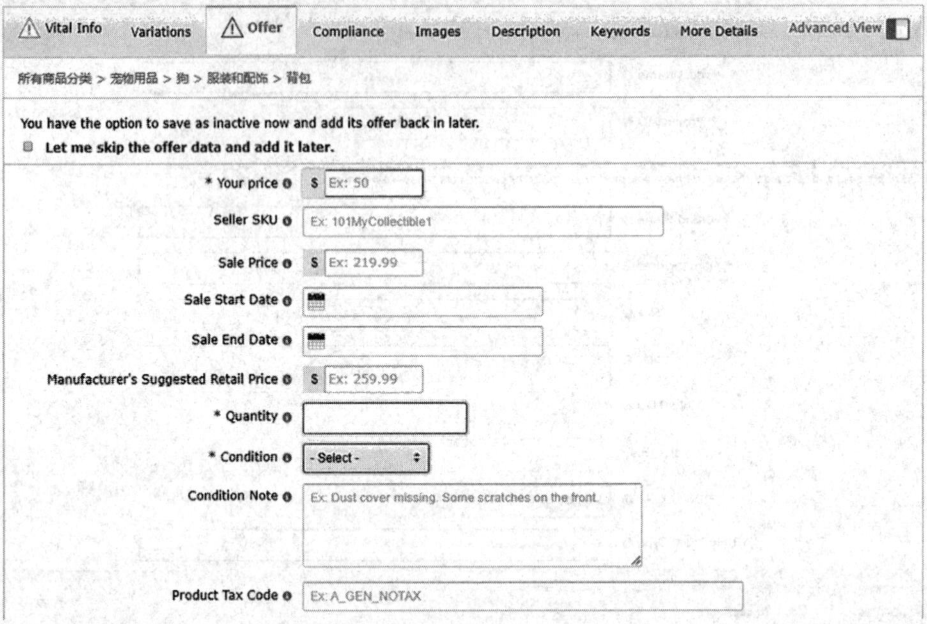

图 4-67　Listing Offer

• Images 选项中，第一张为主图，其余为附图，一共可以上传 9 张图片，推荐使用 JPEG 格式的图片，如图 4-68 所示。

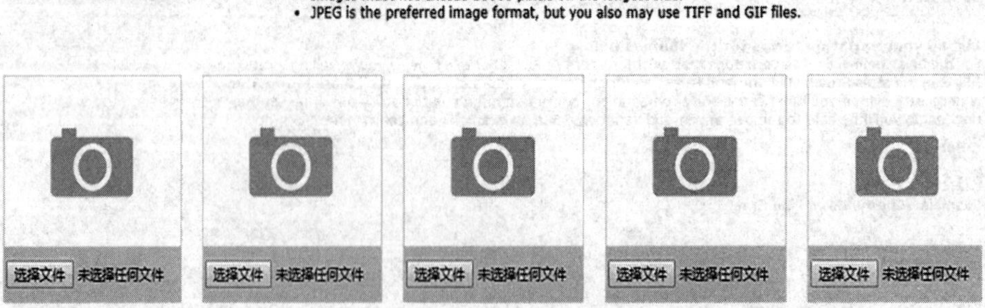

图 4-68　Listing Images

• Description 选项中主要包含 Product Description(产品描述)(支持 2000 个字符)和 Key Product Features(产品卖点)(可以添加 5 条，每条不超过 100 个字符)两部分内容，如图 4-69 所示。

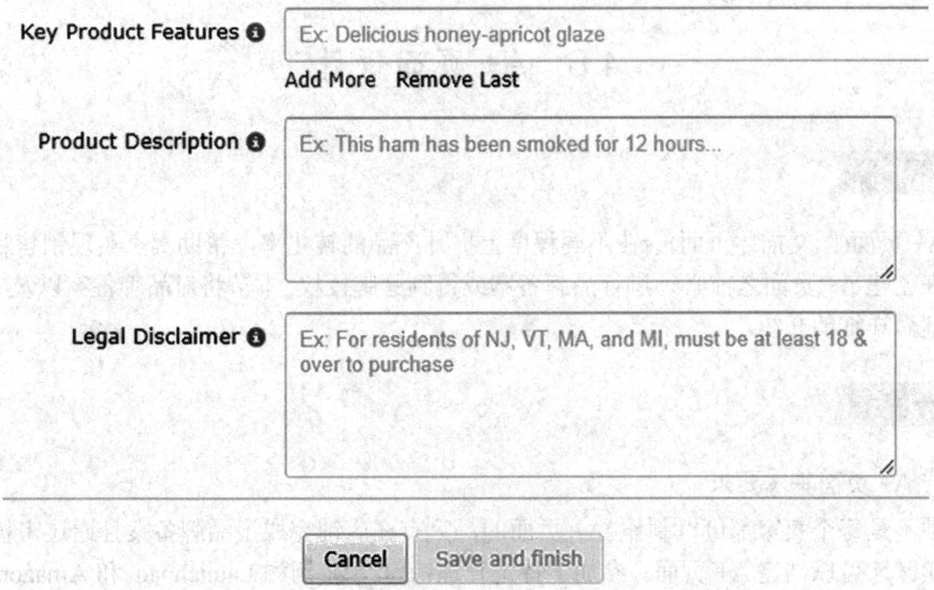

Key Product Features ❶　Ex: Delicious honey-apricot glaze

Add More　**Remove Last**

Product Description ❶　Ex: This ham has been smoked for 12 hours...

Legal Disclaimer ❶　Ex: For residents of NJ, VT, MA, and MI, must be at least 18 & over to purchase

Cancel　**Save and finish**

图 4-69　Listing Description

Product Description 需要使用 HTML 语言进行编写，目前只支持换行、加粗和倾斜三种方式。换行使用
标签或</p> 标签，加粗使用<b></b>标签，倾斜使用<i></i>标签，如图 4-70 所示。

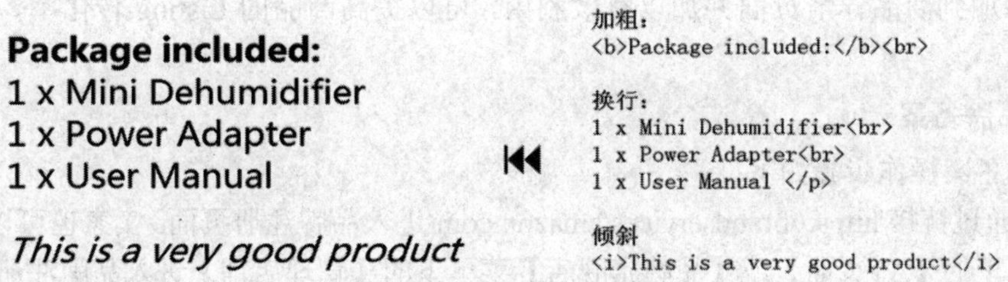

Package included:
1 x Mini Dehumidifier
1 x Power Adapter
1 x User Manual

This is a very good product

◀◀

加粗：
<b>Package included:</b>

换行：
1 x Mini Dehumidifier
1 x Power Adapter
1 x User Manual </p>

倾斜
<i>This is a very good product</i>

图 4-70　HTML 编辑效果

【案例】

通过 Amazon 平台刊登产品共有两种方式，这两种方式分别适用于什么情况？在产品刊登时如何选择？

【解析】

1. 选择产品的刊登方式可以依据上架的产品类型决定；

2. 一般情况下，后台直接进行产品上传适用于产品数以及单品 SKU(Stock Keeping Unit，库存量单位)数量比较少的情况，比如店铺里只有 10 款哑铃产品；

3. 用表格刊登产品适用于一次上架产品的数量比较多、单品 SKU 数量比较多的情况，比如服饰类的产品；

4. 在一些特殊情况下编辑产品必须通过表格才能实现，比如需要拆分变体或修改变体主题时就必须通过表格才能实现。

4.6　A+ 页面设计

任务分析

　　A+ 页面(图文描述页面)会在不同程度上提升产品的转化率，帮助卖家实现销售目标，但是在创建 A+ 页面之前必须进行品牌备案或得到品牌授权。本节将对品牌备案以及 A+ 页面创建做详细的介绍。

任务实施

1. A+ 页面基本要求

　　并不是每个卖家都可以制作 A+ 页面的，只有在店铺完成了品牌备案且通过审核后的专业卖家才可以创建 A+ 页面。参加了特定管理销售计划(例如 Launchpad 和 Amazon 独家计划)的卖家也可以创建 A+ 页面(日本站点除外)。当然，市面上也有不少服务商通过收费方式帮卖家制作 A+ 页面。

　　A+ 页面可让品牌所有者更改品牌 ASIN 的商品描述。借助此工具，卖家可以使用不同的方法描述自己的商品特性，如添加独特的品牌故事、增强版图片和文本等。将 A+ 页面内容添加到商品详情页面并加以有效利用，可以提高商品的 Listing 转化率、浏览量和销量。

2. 品牌备案

　　品牌备案操作步骤如下：

　　(1) 通过链接 https://brandservices.amazon.com/进入品牌注册页面。卖家也可以通过【广告】菜单下的【A+页面】或【品牌旗舰店】菜单下的【管理店铺】进入品牌注册页面，如图 4-71 所示。通过右上角的语言设置可以切换语言。

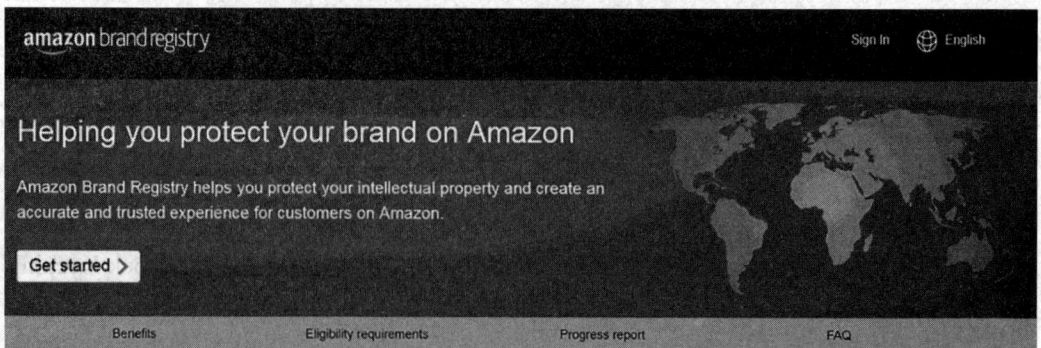

图 4-71　品牌注册页面

　　(2) 点击【Get started】按钮，进入注册流程页面。在页面中点击【Enroll now】按钮，选择注册的站点开始注册，如图 4-72 所示。

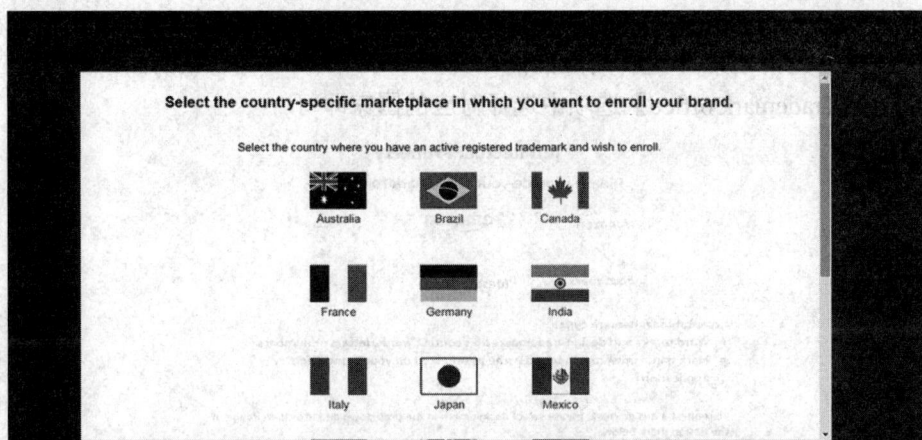

图 4-72　选择注册站点

(3) 进入品牌管理页面，如图 4-73 所示，点击【Enroll a new brand】按钮开始填写品牌信息。若是第一次使用品牌管理页面，则会提示用户注册，卖家可以选择对应站点的注册邮箱和密码登录。

图 4-73　品牌管理页面

(4) 填写品牌资格信息，如图 4-74 所示。品牌名称需要和卖家在商标局备案的品牌名称完全相同。此外，Amazon 要求卖家的产品和包装必须突出显示注册的品牌名称或徽标。

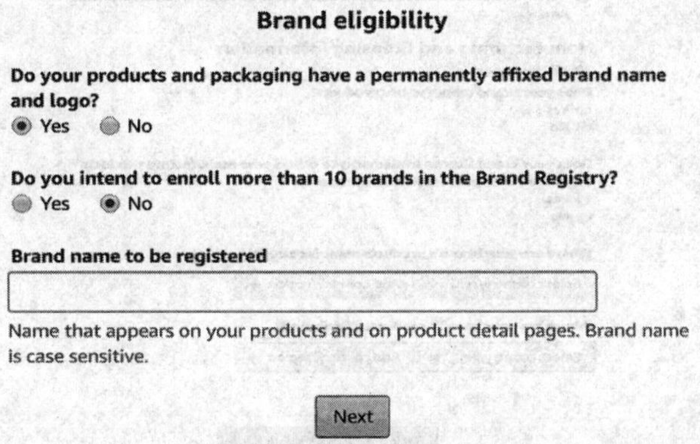

图 4-74　填写品牌资格信息

(5) 填写知识产权信息，如图 4-75 所示。Amazon 只支持文字商标和图文商标，在【Trademark type】下拉框中选择对应的商标类型即可；填写商标备案的国家以及对应的商标编号，在【Trademark office】选项中选择对应的国家即可。

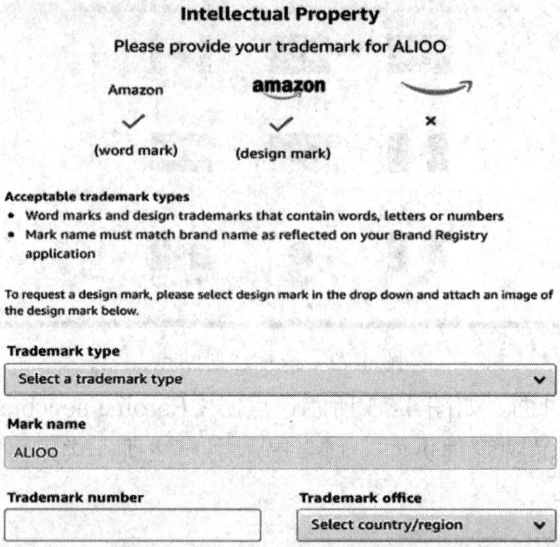

图 4-75　填写知识产权信息

(6) 填写商标详细信息，如图 4-76 所示。它包含了商标的授权信息、商品编码、产品制造地址等。完成所有信息填写后点击下方的【Submit application】按钮，提交申请。

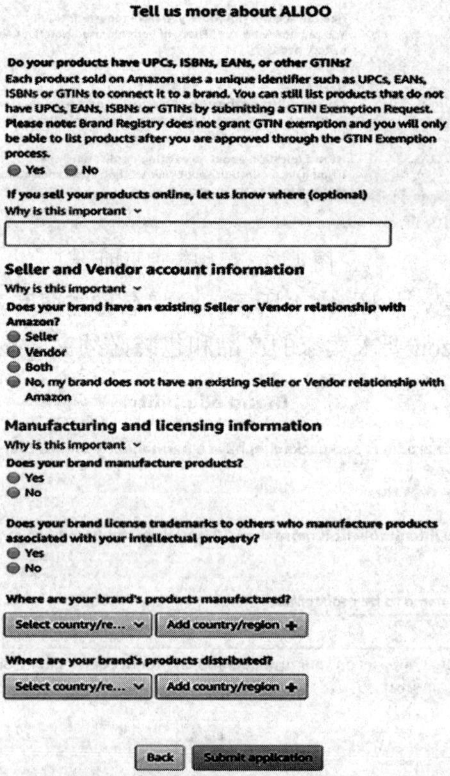

图 4-76　填写商标详细信息

【案例】

　　Nadia 注册 Amazon 店铺的公司并没有注册商标，但是其中的一家子公司在美国注册过商标。请问：Nadia 可不可以用这个商标给自己的店铺进行备案呢？之后这家子公司所注册的店铺还能不能使用该商标进行备案呢？

【解析】

　　1. 进行品牌备案时只需要品牌的注册号以及对应的验证密钥就可以了，和品牌的注册主体没有关系，所以 Nadia 的店铺是可以使用子公司的商标进行备案的；

　　2. 一个品牌只能在一个店铺进行备案，否则会引起关联，所以这家子公司以后不能再使用该品牌进行备案；

　　3. 在 Amazon 平台上完成品牌备案之后，可以通过该店铺将品牌授权给其他店铺使用，所以子公司注册的店铺如果要销售该品牌的产品，可以通过授权的形式实现。

3. 创建 A+ 页面

创建 A+ 页面的操作步骤如下：

(1) 点击【广告】菜单下方的【A+】按钮进入 A+ 管理页面，如图 4-77 所示。

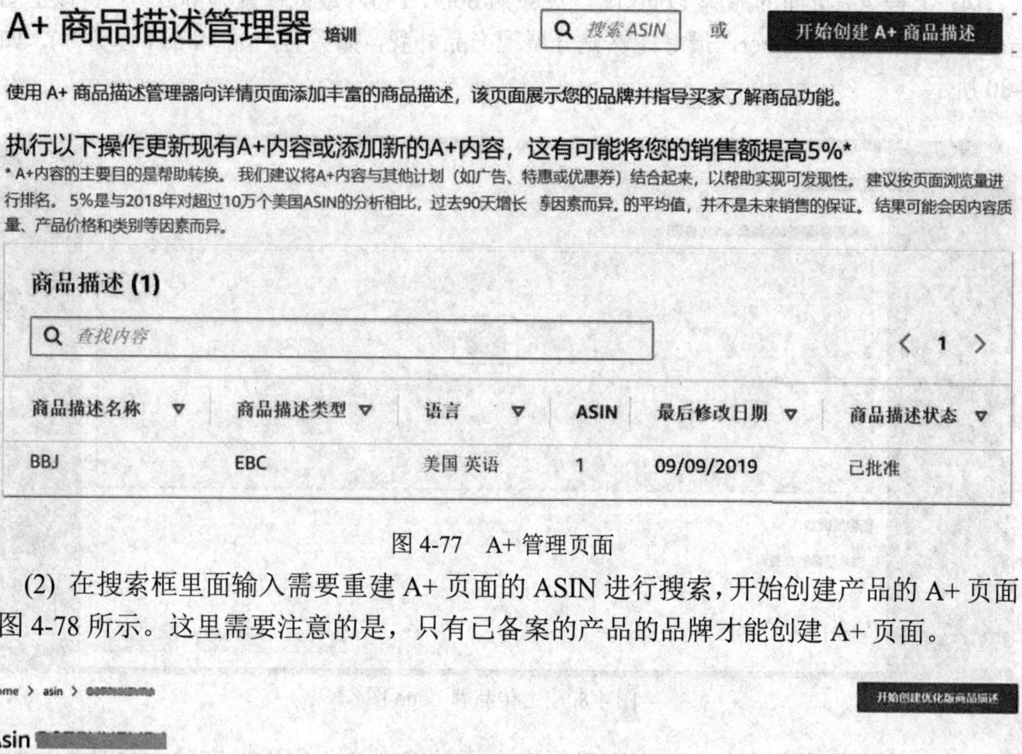

图 4-77　A+ 管理页面

　　(2) 在搜索框里面输入需要重建 A+ 页面的 ASIN 进行搜索，开始创建产品的 A+ 页面，如图 4-78 所示。这里需要注意的是，只有已备案的产品的品牌才能创建 A+ 页面。

图 4-78　选择需要创建的 ASIN

(3) 点击右侧的【开始创建优化版商品描述】按钮，开始创建 A+ 页面，如图 4-79 所示。

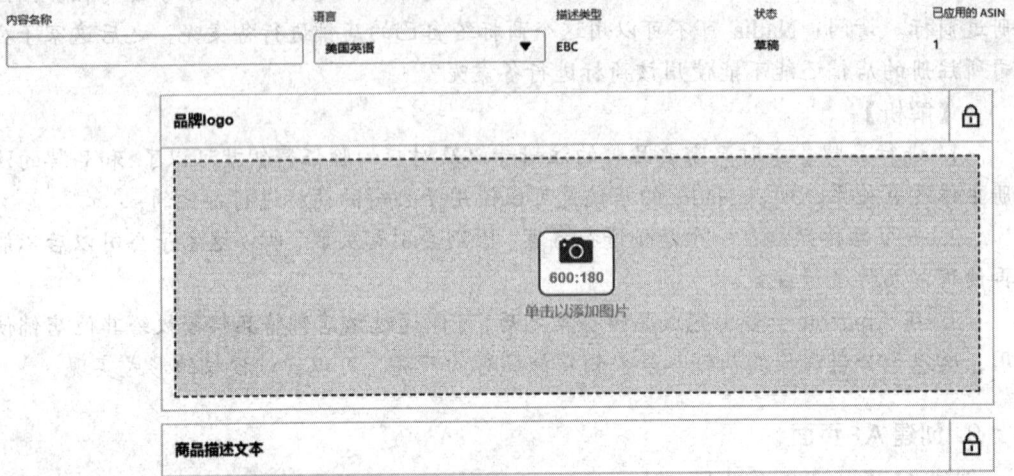

图 4-79　开始创建 A+ 页面

(4) 上传 A+ 页面的品牌 Logo 图，尺寸为 600∶180，最低像素为 600 × 180(该主图相当于一个产品的主 banner，最好能够充分展现产品外观，如果有产品 slogan 会更好)，如图 4-80 所示。

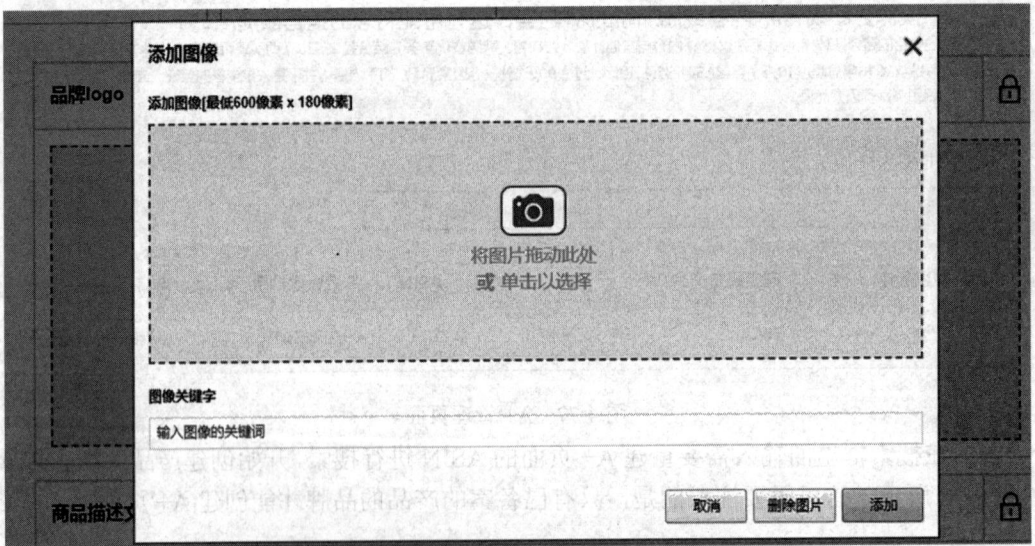

图 4-80　上传品牌 Logo 图

(5) 填写商品描述文本。它可以用来介绍品牌理念内容以及产品主要功能概括，可以尽可能地描写详细，也可以设置字体，卖家可以根据内容进行主次设计，如图 4-81 所示。

图 4-81　填写商品描述文本

(6) 添加模块。可以添加 5 个不同的模块内容，卖家可以根据参考的案例，然后结合自己准备的内容去选择模块(Amazon 提供了可供选择的模板)，以能够充分展示自己产品特点为宜。点击页面中的【添加模块】添加内容，如图 4-82、图 4-83 所示。

图 4-82　填写模块

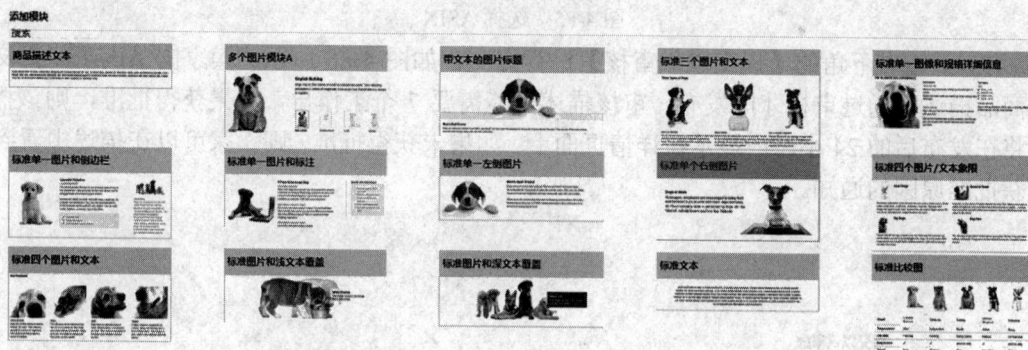

图 4-83　选择模块

(7) 录入完模块中的内容之后，点击【下一步：应用 ASIN】，如图 4-84 所示。

图 4-84　应用 ASIN

(8) 选择应用的 ASIN，点击右上角的【下一步：查看并提交】进行提交，如图 4-85 所示。

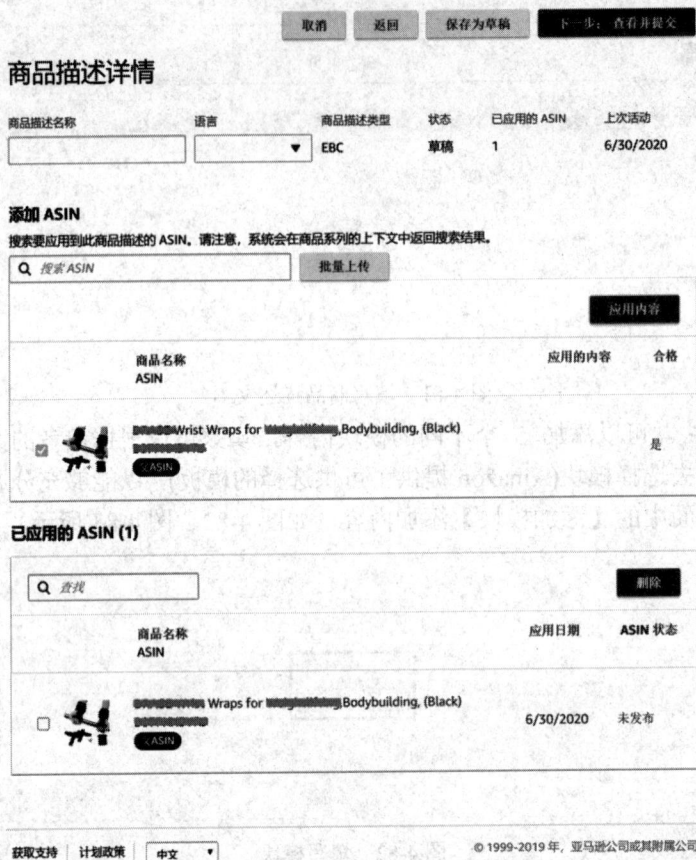

图 4-85   选择 ASIN

（9）点击右下角的【提交以供审核】进行提交，如图 4-86 所示。卖家向 Amazon 提交的商品描述需通过审核才能发布。审核描述可能需要 7 个工作日，如果获得批准，则该描述将在发布后的 24 小时内显示在详情页面上；如果未获得批准，则卖家可以在描述中看到未获批准原因的通知。

图 4-86   提交审核

制作 A+ 页面的步骤其实非常简单，最难的是准备内容。A+ 页面提供给卖家更好的展示平台，而拥有良好 A+ 页面的 Listing 转化率也会高于其他竞争对手。所以，卖家在制作 A+ 页面前务必做好市场调研，找到行业的标杆。自己也要对产品有充分的了解，毕竟 A+ 页面能够展示的内容还是有限的，卖家需要将产品最具优势的内容展示给买家，让他们更快地做出购买决定才是卖家的终极目的。

> 【案例】
> 　　创建 A+ 页面的门槛比较高，同时页面设计的难度也比较大，那么为什么要创建
> A+ 页面呢？
> 　【解析】
> 　　1. 买家在阅读图片时所带来的感受和体验往往要大于文字的描述；
> 　　2. 相对于文字，用户更愿意阅读图片；
> 　　3. 图片相对于文字更能吸引用户，给用户留下的印象会更深。
> 　　综上原因，使用 A+ 页面可以大大地提升产品的转化率，从而带来收益。

4.7　合并变体

任务分析

　　很多产品在销售时并不是只有一个颜色或尺码，对于这些产品卖家可以在后台单独上传，然后通过合并变体的方式将其归整在一个 Listing 中，这样买家在进入产品页面之后就可以有更多的选择。本节将详细介绍合并变体的相关知识。

任务实施

1. 变体关系

1) 什么是变体关系

　　变体关系(又称父/子关系)是彼此关联的一组商品。良好的变体关系可让买家根据商品不同的属性(包括尺寸、颜色或其他特性)，通过商品详情页面中提供的选项比较并选择商品。例如，想要搜索短袖 T 恤的买家可能会在商品详情页面中点击查看具有三种尺寸(小号、中号、大号)和三种颜色(蓝色、红色、黑色)的 T 恤。买家不需要查看所有可能的颜色和尺寸组合，而可以先选择想要的尺寸，然后从所提供的三种颜色变体中选择所需的颜色，如图 4-87 所示。

图 4-87　变体产品

2) 变体关系的要素

(1) 父商品：用于关联子商品的商品，不可以被购买，等同于 SPU(Standard Product Unit，标准产品单位)，是商品信息聚合的最小单位，是一组可复用、易检索的标准化信息的集合，该集合描述了一个产品的特性。通俗点讲，属性值、特性相同的商品就可以称为一个 SPU。例如 iPhone10 就是一个 SPU，与商家，与颜色、款式、套餐等都无关。

在 Amazon 平台上，父商品(也称作父变体)仅显示在卖家平台的搜索结果中，不可直接被购买。Amazon 系统通过使用父商品建立子商品之间的关系。例如，有一款衬衣有两种颜色、五种尺码，对于这些不同颜色和尺码的衬衣就需要用一个父商品进行整合，这些不同颜色和尺码的衬衣就是一个个子变体。

(2) 子商品：与每个父商品关联的商品，等同于 SKU(Stock Keeping Unit，库存量单位)，即库存进出计量的单位，可以以件、盒、托盘等为单位，是物理上不可分割的最小存货单元。在使用时要根据不同业态、不同管理模式来处理。在服装、鞋类商品中使用最普遍。例如，纺织品中一个 SKU 通常表示规格、颜色、款式。

在 Amazon 平台上，子商品(也称作子变体)是父商品的实例。一个父商品可以关联多个子商品。每个子商品都会在某个方面有所不同，例如尺寸或颜色。

(3) 变体主题：父商品与子商品之间的关系。

变体主题用于界定关联商品之间的不同之处。根据卖家为发布商品选择的分类，变体主题也会有所不同。例如，在"服装、配饰和箱包"分类中，子商品因尺寸、颜色或包装数量不同而相互区别；"宠物用品"分类中的子商品在口味、气味、数量等方面也有所不同。

图 4-88、图 4-89、图 4-90 显示了不同商品分类中的商品关系。

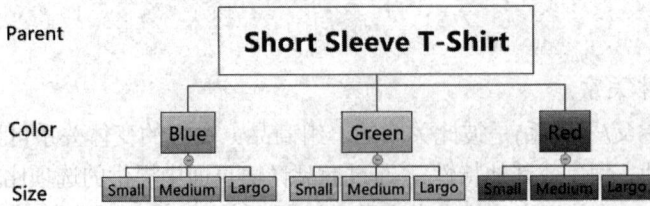

图 4-88　Apparel 类目变体关系

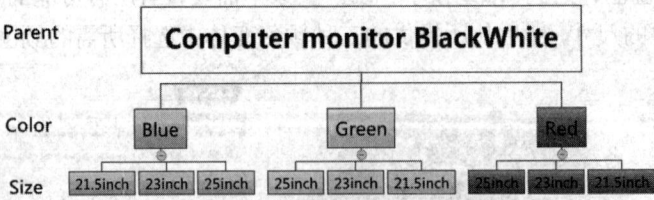

图 4-89　Electronics & Computers 类目变体关系

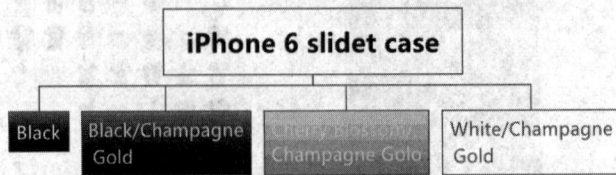

图 4-90　Cell Phones & Accessories 类目变体关系

2. 合并变体操作

在 Amazon 中进行变体合并的方法有很多，主要方式有产品刊登时直接选择变体进行刊登、表格方式、后台先上架子变体再进行合并。这里针对后台先上架子变体再进行合并的方法进行介绍。

(1) 在库存管理页面，针对想要进行合并的任一产品，在右侧的【编辑】菜单下选择【复制到新商品】，如图 4-91 所示。

图 4-91　Cell Phones & Accessories 类目变体关系

(2) 进入产品编辑页面之后选择【Variations】模块。在【Variation Theme】选项中选择相应的变体主题，如图 4-92 所示。

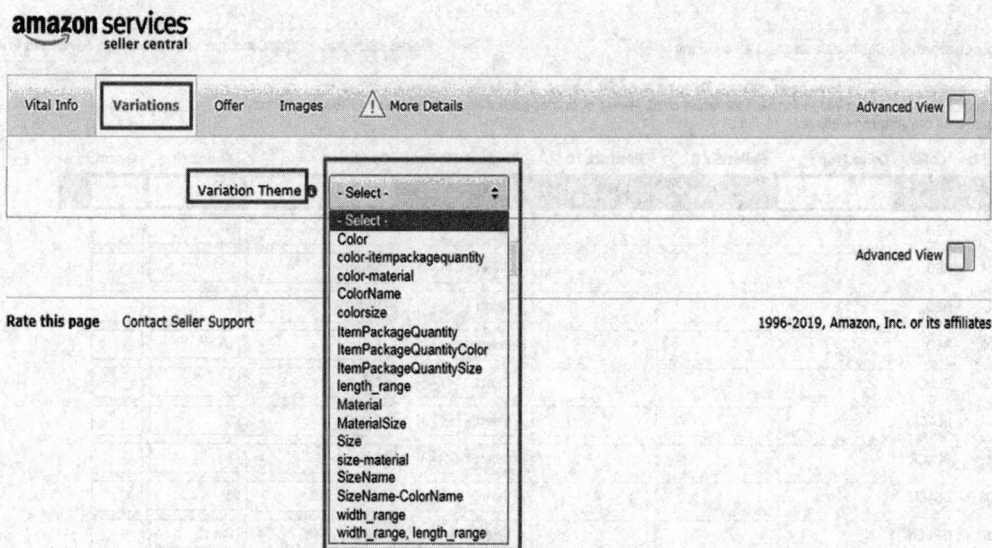

图 4-92　选择变体主题

(3) 列出所有的变体形式，如图 4-93 所示。在上一步中因为选择的变体主题为"SizeName-ColorName"，所以这里需要填写 Size 和 Color 两个变体形式。完成填写之后点击【Add variations】按钮将变体信息添加到列表中。

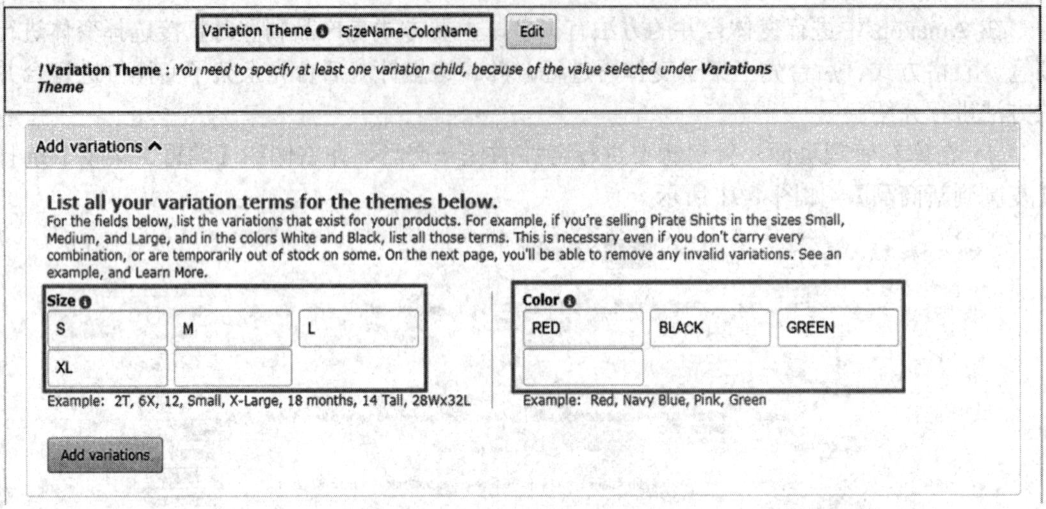

图 4-93　列出所有的变体形式

(4) 编写子标题信息，如图 4-94 所示。Color Map 选项需要在下拉框进行选择。Seller SKU 以及 Product ID 选项，选择已上架的产品，一一对应的填入，并完成其他必填选项。完成填写之后点击【Save and finish】按钮进行提交。

(5) 完成上述所有内容，即可完成变体的合并。在 15 分钟之内合并的变体将会被显示出来，如图 4-95 所示。

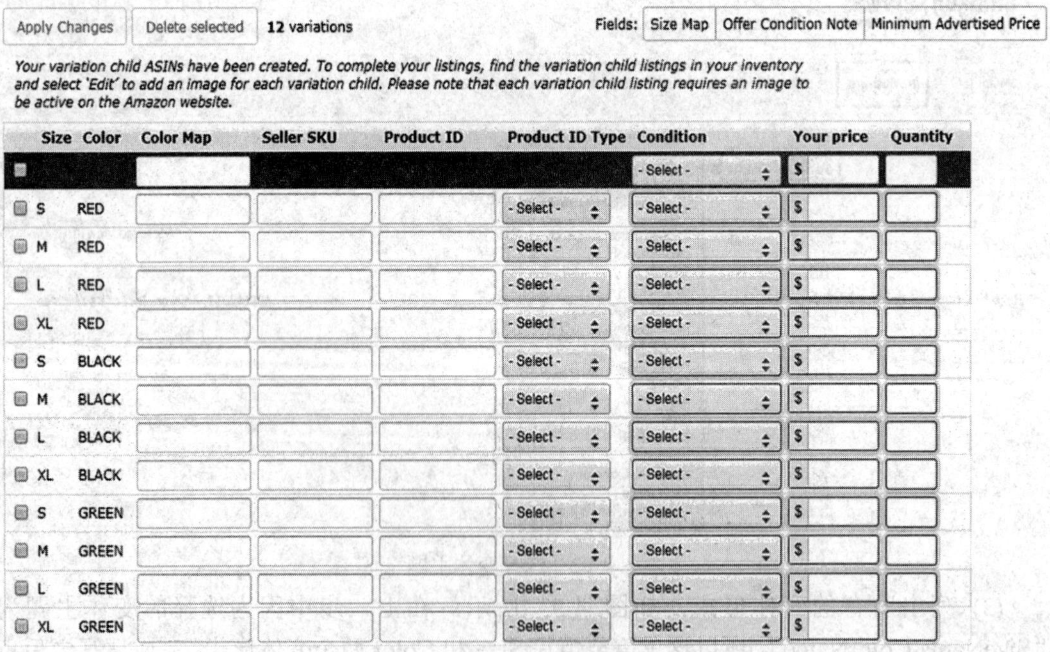

图 4-94　填写子变体信息

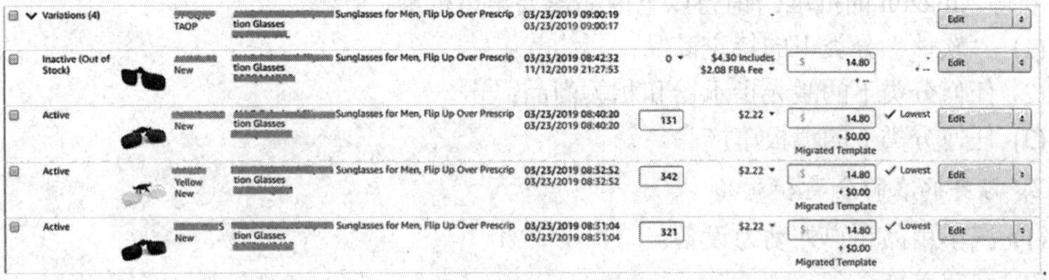

图 4-95　多变体商品

【案例】

公司最新研发了一款打孔机，共有三种规格，公司计划将该产品上架到 Nadia 所负责的 Amazon 店铺中销售。针对这款打孔机 Nadia 应该将三种规格的打孔机整合在一个父变体下销售还是拆开上架单独销售？

【解析】

1. 一个 Listing 无论是有多个变体还是只有一个变体，在用户搜索后展示到搜索页面的都只是具体的一种规格的产品(子商品)，且权重也是单独计算的，所以是否合并变体对于搜索没有任何影响；

2. 将子变体合并之后，各个子变体的评价也同时会被合并，包含差评；

3. 对于有多变体的 Listing，买家进入页面之后可以有更多的选择，会在一定程度上提升产品的转化率。

综上原因，建议将这三种不同规格的打孔机合并在一起销售。

4.8　类　目　审　核

任务分析

在 Amazon 平台上，专业销售计划比个人销售计划的店铺可以销售的类目会多一些，但是依然有部分的类目和产品需要批准之后才能销售。本节将对需要批准销售的类目和产品进行说明，并对提交类目审核进行介绍。

任务实施

1. 类目审核基本要求

Amazon 对于销售的部分商品和分类会提出额外的绩效检查和附加资格要求。把针对这类产品或分类的销售申请称作为"类目审核"。

1) 需要批准的商品

即使在某个分类下销售商品不需要获得 Amazon 的批准，但销售其中某些商品仍可能需要获得 Amazon 的批准。销售以下商品需要申请批准：

(1) "软件"分类下的特定商品；

(2) 任何分类下的激光指示器和相关商品；

(3) 任何分类下的滑板车产品。

2) 需要批准的分类和商品

(1) 汽车用品和户外动力设备；

(2) 珠宝首饰；

(3) "玩具和游戏"假日销售要求；

(4) 钟表；

(5) 音乐和 DVD；

(6) 加入 Amazon 手工艺品市场；

(7) 体育收藏品　；

(8) 视频、DVD 和蓝光光盘；

(9) 硬币收藏品；

(10) 娱乐收藏品；

(11) 艺术品；

(12) 服务；

(13) 流媒体播放器；

(14) 加入 Amazon 订阅箱。

2. 提交类目审核

提交类目审核的操作步骤如下：

(1) 在产品刊登过程中，如果发现类目标签上带有小锁的标识，则代表当前类目商品需要先提交审核，如图 4-96 所示。点击【了解更多信息】按钮即可进入类目审核帮助页面。

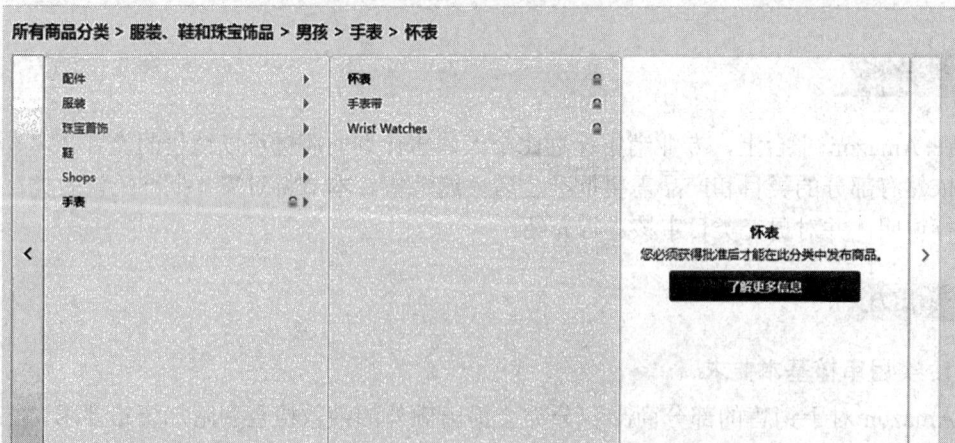

图 4-96　发布受限

(2) 在帮助页面中选择对应的产品类目，即可进入该类目的审核说明页面。以下为钟表类目的审核要求。

① 经认证的二手钟表。卖家需要获得批准才能在 Amazon 上销售经认证的二手(CPO)钟表。目前，Amazon 尚不接受经认证的二手钟表店铺的申请。

除了钟表分类的要求之外，销售经认证的二手钟表的卖家还必须符合以下要求：必须能够测试防水性和准时性；必须拥有信誉良好的专业销售账户；必须符合由 Amazon 确定的第三方钟表认证机构规定的所有要求。

② 卖家必须达到最低卖家绩效指标：配送前取消率不超过 2.5%；ODR(订单缺陷率)不超过 1%；迟发率不超过 4%。

③ 卖家必须拥有信誉良好的专业销售账户。

④ 卖家必须使用制造商的 UPC 代码发布钟表和钟表类商品。

⑤ 所有商品都必须是全新的，不允许在钟表分类中发布任何其他二手商品。

⑥ 所有商品都必须是正品，请勿发布或销售任何假冒、复制或仿制商品。

⑦ 卖家必须出售多件商品，包括颜色和变体；卖家必须实施质量控制和检验流程。

⑧ 所有商品都必须符合北美商品安全标准。

⑨ 卖家必须说明是否为钟表提供制造商保修服务。

⑩ 所有商品信息数据和图片必须适合所有年龄段。商品数据和图片不得描绘或包含裸体或色情、淫秽或低俗内容。

⑪ 卖家在 Amazon 上销售的任何商品都必须符合 Amazon 商品发布标准。

⑫ 卖家必须阅读卖家平台发布指南，并同意以恰当、准确的方式对其商品进行分类。

⑬ 卖家提交的商品名称、要点和商品描述必须清楚无误，并有助于买家了解商品。

⑭ 所有商品必须按发布的信息出售。

⑮ 必须是让买家只使用 Amazon 网站就能完成下单和购买的商品。

⑯ 对于定制商品，如果买家需要在购买之前或之后与卖家沟通才能收到想要的商品，那么不允许发布此类定制商品。

(3) 在类目审核要求页面最下方点击【请求批准】按钮即可进入审核信息填写页面，如图 4-97 所示。

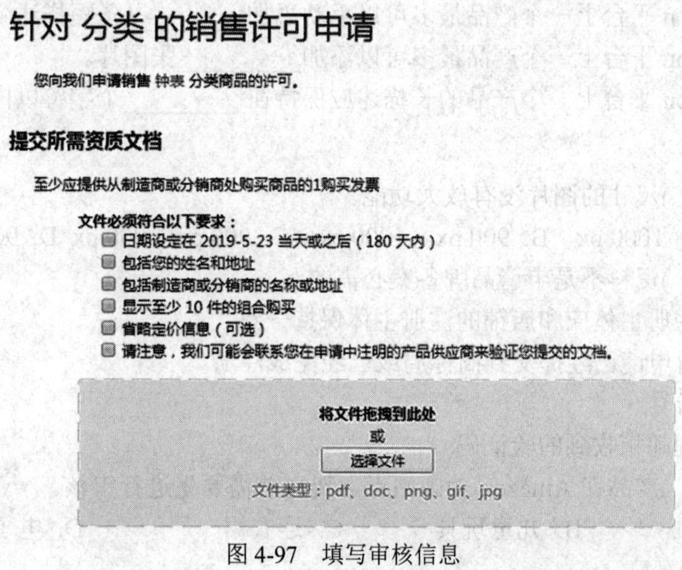

图 4-97　填写审核信息

　　(4) 完成所有信息的填写之后点击页面下方的【同意并提交】按钮提交审核, 如图 4-98 所示。

查看并同意销售条件

我同意在此分类中销售的商品:
- 我的商品具有 UPC, 或已在"亚马逊品牌注册"计划中注册。
- 我要销售的所有商品均为新品。
- 我要销售的所有商品均为正品。亚马逊禁止销售赝品、复制品或假冒伪劣商品。

点击"同意并提交",即表示我同意这些销售条件。　　　　　　　保存草稿　　同意并提交

图 4-98　提交审核

本 章 小 结

　　本章对撰写产品标题、产品描述, 合并变体、类目审核等进行了全面的介绍。同时针对工作中常见的一些问题作出了解释, 帮助卖家更好地理解和使用知识点。产品上架是最基础的工作, 产品上架前期的准备工作(产品标题、卖点、描述以及图片)是至关重要的, 并且需要在之后的产品运营中进行不断地优化。同时, 这些准备也需要卖家在日常的工作中不断地进行总结和归纳。

课 后 思 考

一、填空题

1. 在 Amazon 平台上一个产品的标题应保持在_____个字符以内。

2. 在 Amazon 平台上一个产品的单条短描述应保持在_____个字符以内。

3. 在 Amazon 平台上一个产品最多可以手动添加_____条短描述。

4. 在 Amazon 平台上一个产品最多可以添加_____张图片。

5. 在 Amazon 平台上一个产品的长描述应保持在_____个字符以内。

二、单选题

1. 下列(　　)尺寸的图片没有放大功能。

A. 1000 px × 1000 px　　B. 900 px × 1000 px　　C. 900 px × 900 px　　D. 900 px × 1001 px

2. 下列(　　)资料不是申请品牌备案必需的。

A. 商标的注册主体应和店铺的注册主体保持一致

B. 品牌注册申请已经提交到商标局或已经完成注册

C. 品牌注册号

D. 品牌管理邮箱收到的验证码

3. 下列(　　)产品在 Amazon 美国站点上架之前需要先进行审核。

A. 蓝牙耳机　　　　B. 儿童玩具　　　　C. 连衣裙　　　　D. 电子烟

4. 下列(　　)操作是不被允许的。

A. 现在销售的产品新增加了一个颜色，将该颜色合并在现有的 Listing 中。

B. 将店铺里销售的不同颜色但属于同一款式的手提包进行合并。

C. 将店铺里销售的一款鼠标和鼠标垫进行合并。

D. 在产品上架的过程中直接添加变体。

5. 下列关于 A+ 页面说法正确的是(　　)。

A. Amazon 所有的账号都可以创建 A+ 页面

B. 店铺进行了品牌备案之后，就可以为店铺里面所有的产品创建 A+ 页面

C. 只有个人销售计划的账号才能创建 A+ 页面

D. 只能为已完成品牌备案的品牌对应的产品创建 A+ 页面

三、能力拓展题

1. 简述在撰写产品短描述时需要注意的事项。

2. 简述可以从哪些渠道获取关键词。

第5章　Amazon 物流

项目介绍

　　Nadia 带领团队经过认真的学习，顺利地完成了产品上架工作。在对产品和用户进行研究之后写出的 Listing 是非常优质的，店铺很快就有了订单。但是针对这些订单 Nadia 并不太清楚如何将产品运送到买家手上，他们现在急需了解 Amazon 的物流方式。

　　在 Amazon 平台销售的产品有两种发货方式，分别是 FBM(卖家自己选择物流进行配送)和 FBA(采用 Amazon 的物流方式进行配送)。两种发货方式在 Amazon 店铺的运营中各有优势，适用于不同的卖家和产品。

　　Nadia 和她的团队需要在对发货方式进行了解后，选择合适的物流方式将产品成功运送到买家手上。

　　本章所涉及任务：
　　※ 工作任务一：采用 FBM 的方式完成一次发货。
　　※ 工作任务二：采用 FBA 的方式完成一次补发货。

　　【知识点】

　　1. 国际快递以及费用；
　　2. FBA 以及相关费用。

　　【技能点】

　　1. 使用中国邮政完成一次发货；
　　2. 完成一次 FBA 补/发货操作。

5.1　FBM 发货

任务分析

　　FBM 发货即卖家自己选择物流进行发货，卖家可以选择直接从国内进行发货也可以选择从国外仓库(海外仓)进行发货。FBM 的发货方式相对比较灵活，更适合于新手卖家。本节将介绍 FBM 的物流方式以及通过邮政 e 邮宝发货的流程。

任务实施

1. FBM 简介

FBM 全称是 Fulfillment by merchant，是卖家自发货的一种模式，是指卖家仅把 Amazon 作为销售平台，需要借助如国际邮政、国际快递、国际专线等第三方快递服务完成从中国将货物送至买家手上的一种发货方式。

> **【案例】**
> 使用 Amazon 物流进行发货的方式叫做 FBA，那么卖家自己从国内直接发货给买家的运输方式又叫什么呢？如果从美国本地发货又叫什么呢？
>
> **【解析】**
> 通过 Amazon 平台成交的订单，卖家可以选择 FBA 配送，由 Amazon 平台来完成订单分拣与配送。也可以由卖家自行完成发货，不管是从国内直发，还是从美国海外仓进行配送，统称为 FBM(Fulfillment by merchant)，即卖家自发货。

自发货物流方式包括国际快递、国际专线、海外仓储派送和邮政包裹。

国际快递可做到 "门对门" 的服务，主要由四大商业快递巨头，即 DHL、TNT、FedEx 和 UPS 完成。这四家快递公司在全球已经形成较为完善的物流体系，几乎覆盖全球的各个重点区域，可通过其自有的货机团队，实现本地化派送服务，为买家和卖家提供良好的服务体验。然而，优质的服务体验也意味着高昂的运费成本。相比邮政渠道，国际快递报关程序复杂、查验严格，关税征收概率较高。一般高货值、高时效要求、2 千克以上的大包或重货等可以选择这种物流方式。

国际专线物流服务主要是依托在发件地和收件地之间的业务量规模，通过整合全球资源，与海外快递公司合作，将货物在国内分拣，批量直接发往特定的国家或地区的物流服务。专线物流的优势在于能够集中大批量的货物到某一特定国家或地区，从而有效地降低物流成本。专线物流的价格较国际快递低，时效方面慢于国际快递，但比邮政包裹快很多。

海外仓储派送模式是指为卖家在销售目的地进行货物仓储、分拣、包装和派送的一站式控制与管理服务，包括头程运输、仓储管理和本地配送三个部分。

邮政包裹模式属于邮政航空小包的范畴，是一项经济实惠的国际快件服务项目，也是目前广大中小电商企业选择最多的跨境购物物流渠道。归属邮政小包业务的有中国邮政小包、国际 e 邮宝、香港邮政小包、新加坡邮政小包等。

综上几种自发货模式，对于派送时间及价格比较为：

派送时长：海外仓储派送＜国际快递＜国际专线＜国际小包。

价格：国际小包＜海外仓储派送＜国际专线＜国际快递。

2. FBM 发货优劣势

1) FBM 发货优势

(1) 自发货模式常与 "铺货" 相关联，前期对于选品的要求也没有 FBA 那么高，对于刚入行的新手来说，FBM 是最好的选择，风险小，可以通过这种物流方式对目标市场进行测品。当测出哪款产品在目标市场比较畅销时，可以先做半精品模式，然后一步一步转精品，风险很小，最后专做精品，比直接做精品的成功率要高很多。

(2) 可以使用定制包装，与竞争对手区分开来，并且可以在包裹中加上写给顾客的亲笔感谢信。

(3) 自发货模式多用于刚刚进入 Amazon 平台的卖家，相比于 FBA，自发货产品的库存压力会小很多，且无需担心 Amazon 仓储费及长期仓储费的问题。对于初期进入这个行业且资金流转量不大的卖家来说，FBM 是一个不错的选择。

2) FBM 发货劣势

(1) 在 Amazon A9 算法下，自发货相比于 FBA 在算法的权重上存在巨大的劣势，不仅在关键词的搜索排名上无法挤占靠前的位置，甚至无法快速取得 Buy Box(黄金购物车)，继而在跟卖，站内广告活动等方面也都处于劣势，因而自发货打造爆款仍然是任重而道远。

(2) 由于自发货的发货距离和时间都比较长，在客户体验上存在较大的隐患，往往很容易引来客户的差评，A-to-Z Guarantee(Amazon 商城交易保障索赔)投诉和退货，对产品转化率及账户安全都会带来不小的负面影响，因而需要卖家投入更大的人力、财力去解决客户服务和退货的问题。

3. 中国邮政账号注册

以 e 邮宝对 Amazon 订单发货为例，卖家首先需要在中国邮政网站申请成为 e 邮宝这一产品类型的使用用户。账号注册具体步骤如下：

(1) 登录中国邮政网站，网址：http://shipping.ems.com.cn/index，点击页面右上角的【注册】按钮，如图 5-1 所示。

图 5-1　中国邮政速递物流官网

(2) 进入国际在线发运系统用户注册页面，分别填写基本信息、发货城市及公司信息，勾选"我已查看并同意国际在线发运系统电子协议书"，填写完成后点击【注册】按钮，等待审核。主要申请产品类型一列需选择 e 邮宝。需要填写的基本信息如图 5-2 所示。

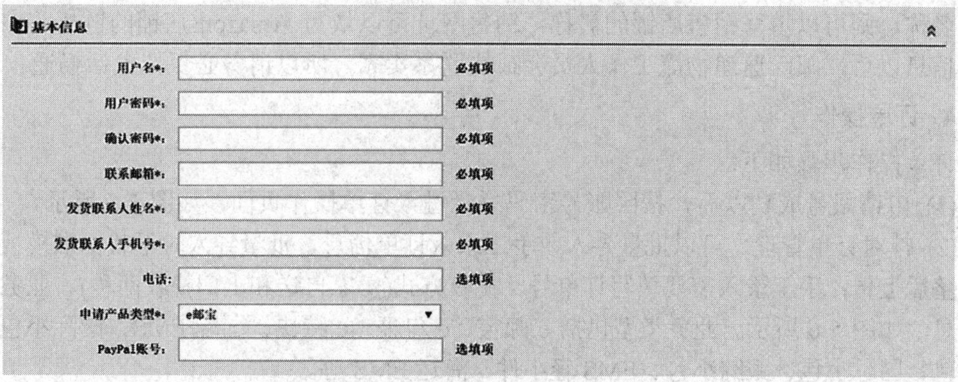

图 5-2　用户注册—基本信息

需要填写的发货城市如图 5-3 所示。请务必根据发货地点或提货地点如实填写，以方便当地邮政人员和卖家取得联系，安排后续事宜。

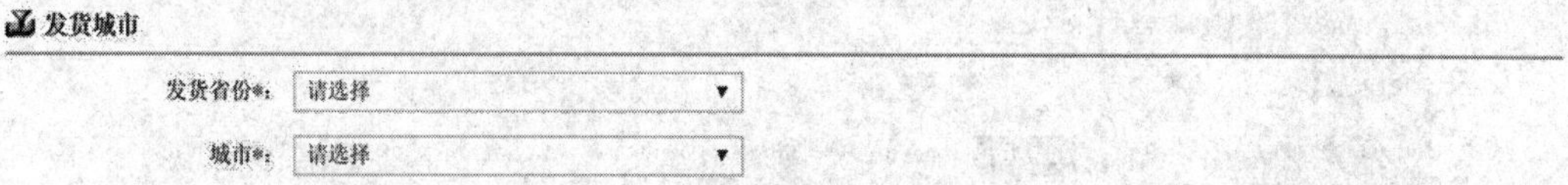

图 5-3　用户注册—发货城市

需要填写的公司信息如图 5-4 所示。

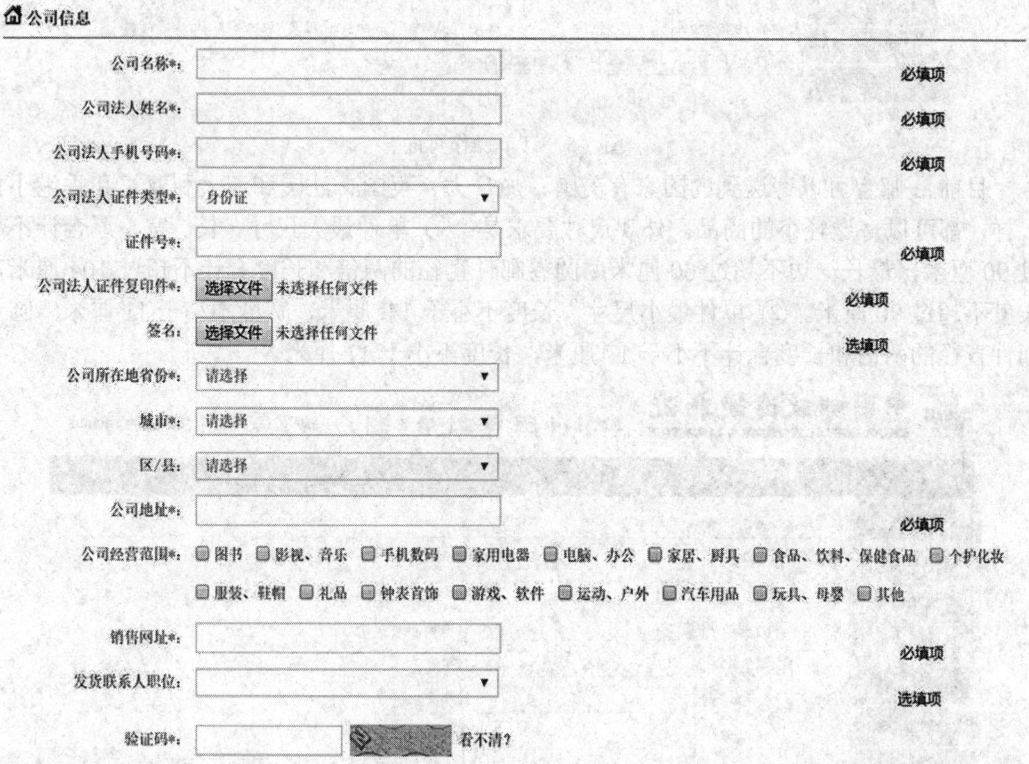

图 5-4　用户注册—公司信息

填写过程中需要注意的是，所有带"*"号的选项均为必填项。在公司信息列，如没有公司名称，则可以填写销售店铺的名称，销售网址可以填写 Amazon 店铺的链接。在提交注册信息以后，邮政速递物流工作人员会很快联系卖家，所以请务必保持电话畅通。

4. 订单操作

订单操作步骤如下：

(1) 申请账号成功以后，按照账号密码登录进入订单操作页面，如图 5-5 所示。

(2) 针对订单管理，可以批量导入或手工录入订单信息，批量导入时下载标准模板，填写完整后上传；手工录入需要填写订单号、揽收方式(卖家自送和上门揽收两种)、业务类型等信息，如图 5-6 所示。业务类型包括 e 邮宝、e 包裹、e 特快、国际 EMS、国际小包—挂号小包、国际小包、跟踪小包、EMS 轻小件、海运 EMS 等。

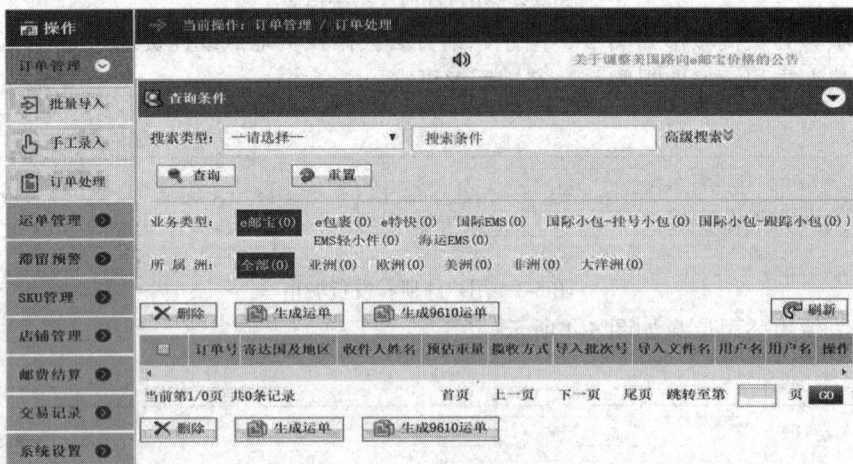

图 5-5　订单操作页面

目前 e 邮宝可以寄送到的国家有美国、加拿大、英国、法国和澳大利亚，和香港小包一样，都可以寄送轻小的商品。外观尺寸要求是：① 单件最大尺寸，长、宽、厚合计不超过 90 厘米，最长一边不超过 60 厘米。圆卷邮件直径的两倍和长度合计不超过 104 厘米，长度不超过 90 厘米。② 单件最小尺寸，长度不小于 14 厘米，宽度不小于 11 厘米。圆卷邮件直径的两倍和长度合计不小于 17 厘米，长度不小于 11 厘米。

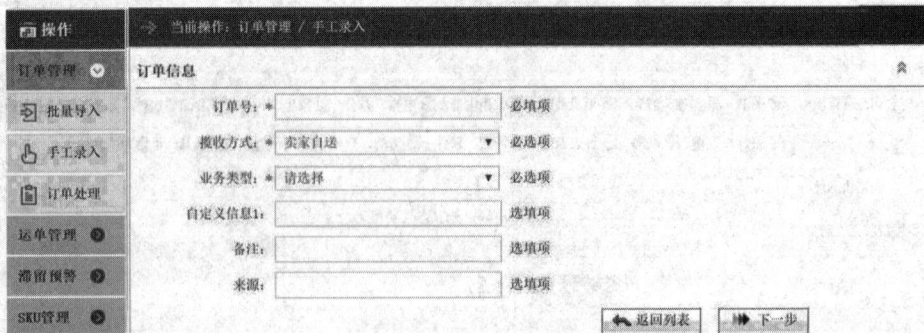

图 5-6　手工录入信息

点击【下一步】按钮，进入填写收件人信息页面，如图 5-7 所示。

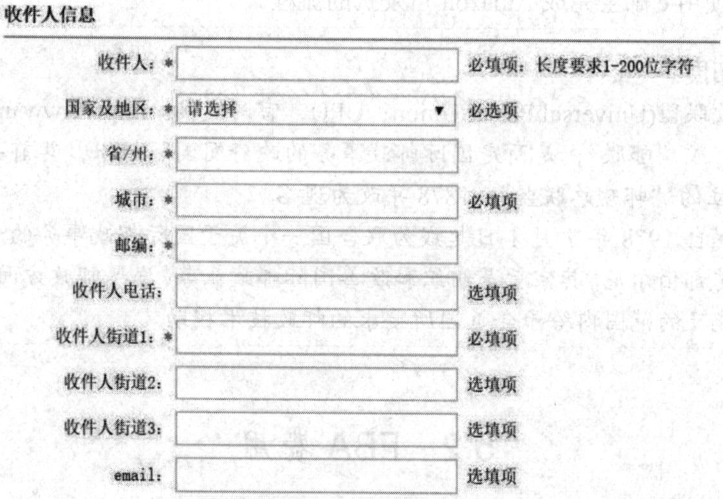
收件人信息
收件人：*
必填项：长度要求1-200位字符
国家及地区：*
请选择
必选项
省/州：*
城市：*
必填项
邮编：*
收件人电话：
选填项
收件人街道1：*
必填项
收件人街道2：
选填项
收件人街道3：
选填项
email：
选填项

图 5-7　填写收件人信息

收件人信息填写完毕后，进入填写商品信息页面，如图 5-8 所示。该信息主要是申报时使用的，VAT 税号可以根据商品的品类去 HS 编码查询中寻找符合的号码，填写完成后提交。

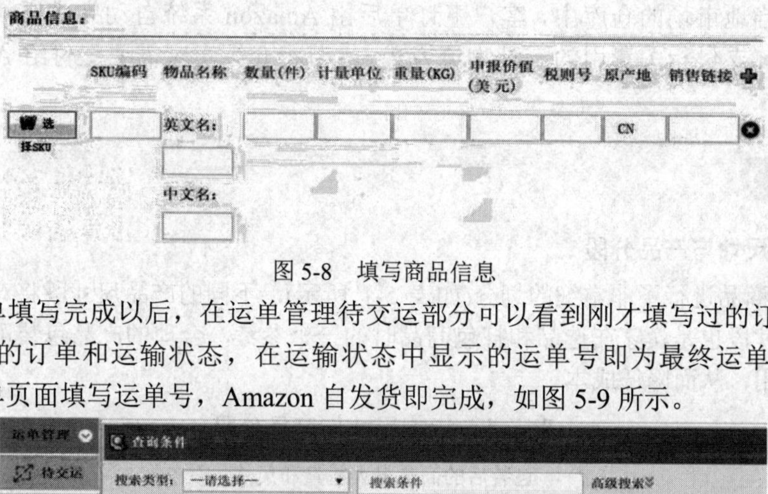
商品信息：
SKU编码
物品名称
数量(件)
计量单位
重量(KG)
申报价值(美元)
税则号
原产地
销售链接
选择SKU
英文名：
CN
中文名：

图 5-8　填写商品信息

(3) 订单填写完成以后，在运单管理待交运部分可以看到刚才填写过的订单，也可以看到已交运的订单和运输状态，在运输状态中显示的运单号即为最终运单号，可以在 Amazon 订单页面填写运单号，Amazon 自发货即完成，如图 5-9 所示。

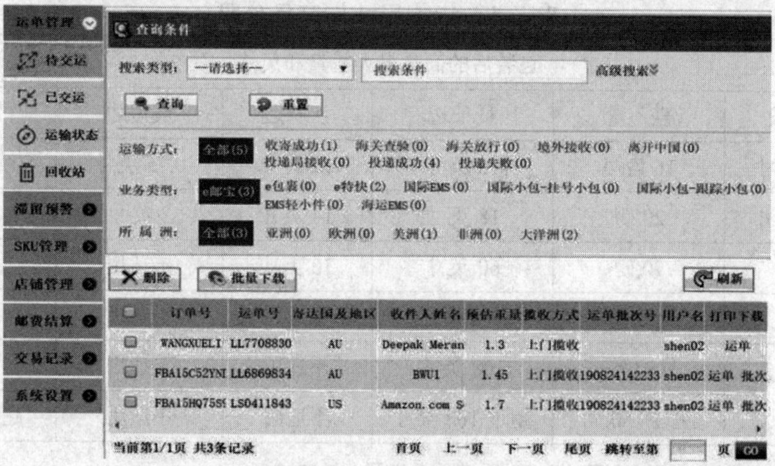
运单管理
待交运
已交运
运输状态
回收站
滞留预警
SKU管理
店铺管理
邮资结算
交易记录
系统设置
查询条件
搜索类型：
搜索条件
高级搜索
查询
重置
运输方式：
业务类型：
所属洲：
删除
批量下载
刷新
订单号
运单号
寄达国及地区
收件人姓名
预估重量
揽收方式
运单批次号
用户名
打印下载
当前第1/1页 共3条记录
首页
上一页
下一页
尾页
跳转至第
页

图 5-9　运单管理

(4) 操作部分还可以进行店铺管理、邮费结算、交易记录查询、系统设置等工作。

以上便是使用 e 邮宝完成 Amazon 自发货的流程。

> **【知识拓展】**
>
> 　　万国邮政联盟(Universal Postal Union，UPU，官网链接：http://www.upu.int)，简称"万国邮联"或"邮联"，是商定国际邮政事务的政府间国际组织，其前身是 1874 年 10 月 9 日成立的"邮政总联盟"，1878 年改为现名。
>
> 　　万国邮联自 1978 年 7 月 1 日起成为联合国一个关于国际邮政事务的专门机构，总部设在瑞士首都伯尔尼。其宗旨是组织和改善国际邮政业务，发展邮政方面的国际合作，以及在力所能及的范围内给予会员国所要求的邮政技术援助。

5.2　FBA 费用

任务分析

　　FBA(Fulfillment by Amazon)是指卖家把自己在 Amazon 上销售的产品库存直接送到 Amazon 当地市场的仓库中，客户下订单后由 Amazon 系统自动完成后续的发货，卖家向 Amazon 支付相关费用的一种物流方式。本节将介绍卖家需要支付给 Amazon 的有关费用。

任务实施

1. 货物尺寸与产品分段

　　FBA 对商品进行了非常细的划分(如表 5-1 所示)，不同的产品尺寸段将对应不同的费用。商品尺寸段也是卖家在选品和打包商品时的一个参考，合理的产品包装可以有效地降低相关的费用，从而降低成本。

表 5-1　货物尺寸与产品分段

包装后的商品最大重量和尺寸					
商品尺寸段	重　量	最长边	次长边	最短边	长度+周长
小号标准尺寸	16 盎司	15 英寸	12 英寸	0.75 英寸	不适用
大号标准尺寸	20 磅	18 英寸	14 英寸	8 英寸	不适用
小号大件	70 磅	60 英寸	30 英寸	不适用	130 英寸
中号大件	150 磅	108 英寸	不适用	不适用	130 英寸
大号大件	150 磅	108 英寸	不适用	不适用	165 英寸
特殊大件	超过 150 磅	超过 108 英寸	不适用	不适用	超过 165 英寸

　　注：1 英寸 = 2.54 厘米；1 磅 = 0.454 千克；1 盎司 = 0.0283 千克

对于重量不超过 1 磅的标准尺寸商品以及特殊超大件商品，Amazon 将采用商品重量作为计费依据。对于所有其他商品，Amazon 将采用单件商品重量与体积重量中的较大者作为计费依据。体积重量等于商品体积(长 × 宽 × 高)除以 139。长度和周长总和的计算方法如下：

(1) 测量包裹的长度、高度和宽度；

(2) 将最短边和次长边相加，然后乘以 2 得出周长；

(3) 将最长边和周长相加。

特殊大件分段适用于尺寸、重量、特殊处理要求或其他限制，必须使用特殊配送方式配送的商品。如果满足以下任意条件之一，则商品将被划分为特殊大件并据此收费：

(1) 商品的最长边尺寸超过 108 英寸；

(2) 商品重量或体积重量超过 150 磅；

(3) 长度 + 周长总和超过 165 英寸。

2. FBA 配送费

FBA 配送费用的计算模型共分为小号标准尺寸(如表 5-2 所示)和大号标准尺寸(如表 5-3 所示)两种，并且针对不同的商品尺寸段其费用也是不一样的，同时计算的重量若是实重和体积重，则选其中较大的进行计算。需要特殊注意的是，所有服装商品每件加收 0.4 美元的配送费用。

表 5-2　Amazon 物流配送费用(标准尺寸)　　　　单位：美元

	小号标准尺寸 不超过 10 盎司	小号标准尺寸 (10~16 盎司)	大号标准尺寸 (不超过 10 盎司)	大号标准尺寸 (10~16 盎司)	大号标准尺寸 (1~2 磅)	大号标准尺寸 (2~3 磅)	大号标准尺寸 (3~20 磅)
配送费用	2.41	2.48	3.19	3.28	4.76	5.26	5.26 美元 + 超出首重(3 磅)的部分 0.38 美元/磅

注：1 盎司 = 0.0283 千克；1 磅 = 0.454 千克

表 5-3　Amazon 物流配送费用(大件商品)　　　　单元：美元

	小号大件 (小于或等于 70 磅)	中号大件 (小于或等于 150 磅)	大号大件 (小于或等于 150 磅)	特殊大件
配送费用	8.26 美元 + 超出首重(2磅)的部分 0.38 美元/磅	9.79美元 + 超出首重(2 磅)的部分 0.39 美元/磅	75.78 美元 + 超出首重(90 磅)的部分 0.79 美元/磅	137.32 美元 + 超出首重(90磅)的部分 0.91 美元/磅

注：1 磅 = 0.454 千克

3. FBA 仓储费

1) 月度库存仓储费

Amazon 一般会在次月的 7 日—15 日收取上个月的库存仓储费。例如，要查看 1 月的库存仓储费，需要在 2 月的付款报告中查看。同时费用因商品尺寸分段和一年中的不同时间而异。虽然标准尺寸商品小于大件商品，但其在储存时需要经过更复杂且更高成本的装架、装柜和装箱工作，所以会看到标准尺寸的费用要比大件的贵一些。因为按立方英尺收取费用，所以标准尺寸商品的总仓储费可能会低于大件商品(基于体积)，如表5-4 所示。

表 5-4　月度库存仓储费　　　　　　　单位：美元

月　份	标　准　尺　寸	大　件
1 月—9 月	每立方英尺 0.69	每立方英尺 0.48
10 月—12 月	每立方英尺 2.40	每立方英尺 1.20

注：1 立方英尺 = 0.0283 立方米

2) 危险品的月度库存仓储费

仅可通过 Amazon 物流危险品计划销售的商品需要进行特殊处理和按危险物品(危险品)储存。表 5-5 显示了通过该计划销售的危险品的月度库存仓储费。卖家可以通过查找 ASIN 工具检查 ASIN 的分类状态，以及是否需要加入 Amazon 物流危险品计划才能销售此类商品。

表 5-5　危险品月度库存仓储费　　　　单位：美元

月　份	标　准　尺　寸	大　件
1 月—9 月	每立方英尺 0.99	每立方英尺 0.78
10 月—12 月	每立方英尺 3.63	每立方英尺 2.43

注：1 立方英尺 = 0.0283 立方米

3) 长期库存仓储费

每月 15 日，Amazon 物流(FBA)会进行库存清点。截止此日期，Amazon 将按每立方英尺 6.90 美元的标准对已在 Amazon 运营中心存放超过 365 天的库存收取长期仓储费 (LTSF)，或按件收取长期仓储费(以两个费用中的较高者为准)，如表 5-6 所示。

表 5-6　长期库存仓储费

库存清点日	在运营中心存放超过 365 天的商品
每月 15 日	每立方英尺 6.90

4) 每件商品的最低长期仓储费

对于在 Amazon 运营中心存放超过 365 天的商品，每月需按件支付长期仓储费。在 2019 年 2 月 15 日之前，对于在运营中心存放超过 365 天的商品，每件商品的最低长期仓储费为 0.50 美元。自 2019 年 2 月 15 日起，每件商品的最低长期仓储费为 0.15 美元，如表 5-7 所示。

表 5-7　最低长期仓储费　　　　　　　单位：美元

库存清点日	已在运营中心存放超过 365 天的商品
每月 15 日	每件商品 0.15

5) 长期仓储费用示例

表 5-8、表 5-9 分别介绍了玩具和图书的长期仓储费用。

表 5-8 长期仓储费用示例 1   单位：美元

玩具：11×8×2 英寸	储存期限	适用的每立方英尺 LTSF	适用的每件商品 LTSF	计费的长期仓储费（取两个费用中的较高者）
1 件商品	超过 365 天	0.70	0.15	0.70
2 件商品	超过 365 天	1.41	0.30	1.41
10 件商品	超过 365 天	7.03	1.50	7.03

注：1 英寸 = 2.54 厘米；1 立方英尺 = 0.0283 立方米

表 5-9 长期仓储费用示例 2   单位：美元

图书：8×6×0.5 英寸	储存期限	适用的每立方英尺 LTSF	适用的每件商品 LTSF	计费的长期仓储费（取两个费用中的较高者）
1 件商品	超过 365 天	0.10	0.15	0.15
2 件商品	超过 365 天	0.19	0.30	0.30
10 件商品	超过 365 天	0.96	1.50	1.50

注：1 英寸 = 2.54 厘米；1 立方英尺 = 0.0283 立方米

6) 如何避免产生长期仓储费

主动管理超龄库存可帮助卖家避免产生长期仓储费。要在下一个库存清点日之前移除超龄库存，卖家可以执行以下操作来避免产生长期仓储费：

(1) 提交移除订单，如果卖家在清点日之前提交了库存移除订单，这些库存将不产生长期仓储费，即使库存在清点日之前并未实质性移除也并不影响。提交移除订单的截止时间为当月 14 日晚上 11:59(太平洋时间)。

(2) 为需要支付长期仓储费的库存设置自动移除。

处于可售状况的库存在完成移除之前都可进行销售。在 Amazon 将移除的库存退还或弃置之前，不会收取移除订单费用。即使商品在支付了长期仓储费后售出，也会收到这笔费用的退款。

4. Amazon 物流移除订单费用

移除订单费用按移除的每件商品收取，如表 5-10 所示。通常情况下，移除订单会在 10～14 个工作日内处理完毕。但是，在假日季和移除高峰期(2 月、3 月、8 月和 9 月)处理移除订单可能需要长达 30 天或更长时间。

表 5-10 移除订单费   单位：美元

服　务	标准尺寸(每件商品)	超大尺寸(每件商品)
退还	0.50	0.60
弃置	0.15	0.30
清算	10% 的清算收益	10% 的清算收益

5. 退货处理费

对于在 Amazon 上出售且属于 Amazon 为其提供免费退货配送的分类的买家退货商品，Amazon 将收取 Amazon 物流退货处理费，这些分类包括服饰、钟表、珠宝首饰、鞋靴、手提包、太阳镜和箱包。

1) 计算退货处理费

退货处理费等于某个指定商品的总配送费用。在单个订单中向买家配送了多件商品时，单件商品要支付的退货处理费可能会高于总配送费用，因为 FBA 是根据一次只运送一件商品来收取退货处理费的。

2) 退货处理费示例

假设有一件出库配送重量为 1 磅且这笔交易的 Amazon 物流配送费用为 3.19 美元的商品。如果买家决定退回该商品，则需要支付 3.19 美元的退货处理费，如表 5-11 所示。

表 5-11　退货处理费示例　　　　　　　　单位：美元

大号标准尺寸(不超过 1 磅)	
	手提包 尺寸：8.5 × 5.8 × 1 英寸 商品重量：0.35 磅 出库配送重量：1 磅
配送费用(每件总计)	3.19
退货处理费	3.19

注：1 英寸 = 2.54 厘米；1 磅 = 0.454 千克。

6. 计划外服务

Amazon 除了提供配送存储服务之外还提供贴换标签、二次包装等服务，这些服务统称为计划外服务，收费标准如表 5-12 所示。

表 5-12　计划外预处理服务费　　　　　　　　单位：美元

问 题 类 型	计划外预处理服务	初次发生 对第一个货件的每件问题商品收费	后续情况 对后续所有货件的每件问题商品收费
条形码标签缺失	为商品贴标	0.20	0.40
需要标签	为商品贴标	0.20	0.40
需要使用塑料袋包装	使用塑料袋封装商品	0.70	1.40
需要使用气泡膜包装	使用气泡膜封装商品	1.00	2.00
需要使用不透明塑料袋包装	使用不透明包装袋封装商品	1.20	2.40
需要封装	使用胶带封装商品	0.20	0.40
需要附上窒息警告标签	粘贴警告标签	0.20	0.40

【案例】

FBA 的费用分得很细，那么在日常的店铺运营中如果使用 FBA 发货都会支付哪些相关的费用呢？

【解析】

1. 在完成一笔订单时只需要支付给 Amazon 配送费用；

2. 产品在每个月会产生仓储费，费用和产品的体积有关，另外长期仓储费是针对库存天数在 365 天以上的产品收取的，收费比较高；

3. FBA 的贴标以及其他费用只有在使用 Amazon 的服务发生之后才会收取。

5.3　自发货转 FBA

任务分析

在将产品发送到 FBA 仓库(FBA 头程)之前需要先将产品的物流方式转换为 Amazon 配送，如果在产品刊登时选择的是 Amazon 配送，则无需进行转换。本节将详细介绍物流方式的转换。

任务实施

1. 自发货转 FBA

自发货转 FBA 的操作步骤如下：

(1) 进入 Amazon 库存管理，登录卖家后台(如图 5-10 所示)，在【库存】菜单中点击【管理库存】选项进入库存管理界面。

图 5-10　点击管理库存

(2) 选择商品，点击【编辑】，选择【转换为"亚马逊配送"】选项，如图 5-11 所示。

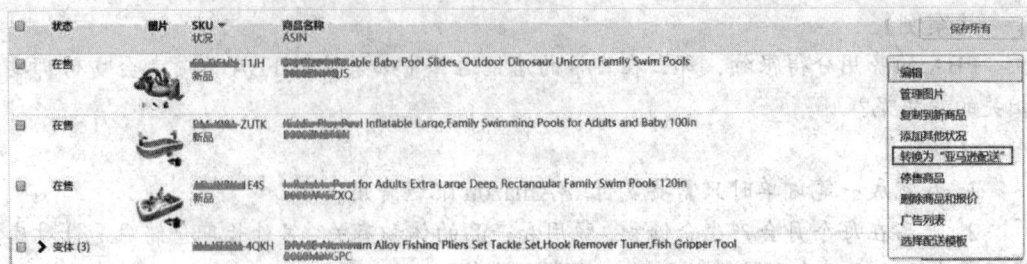

图 5-11　转换为 Amazon 配送

(3) Amazon 物流要求转换为 Amazon 配送以后仅能使用 Amazon 可读取的条形码，一种是当 ASIN 符合条件时，可使用商品上已有的制造商条形码(UPC、EAN、JAN 或 ISBN)，另一种是在卖家账户中打印的 Amazon 条形码(FNSKU)，这种条码由卖家自己粘贴。如图 5-12 所示，点击【只转换】按钮进入下一个页面。

图 5-12　只转换页面

在只转换页面中，有的产品可以参加 Amazon 物流轻小商品计划，如图 5-13 所示。

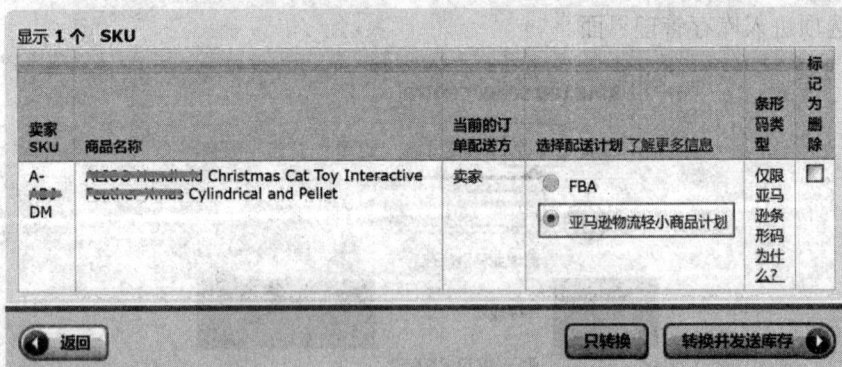

图 5-13　Amazon 物流轻小商品计划

(4) 为所选商品添加危险品信息，如图 5-14 所示。当卖家选择转换新商品信息时，Amazon 物流要求卖家提供有关商品的更多信息，以确保合规性。卖家需要提供商品信息，说明商品是否使用电池，是否被视为危险品，是否受运输、储存、废弃物或其他标准的管制。危险品存在于多种消费品类中，包括个护用品(如易燃香氛)、食品(如含气溶胶的烹饪喷雾)、家居用品(如腐蚀性浴室清洁剂)以及使用电池的商品(如手机)。它不包括可能会以危险方式使用的刀具、尖锐商品、重型商品或其他商品。为商品添加危险品信息以后点击【提交】按钮，进入图 5-15 所示页面，点击【保存并继续】按钮。

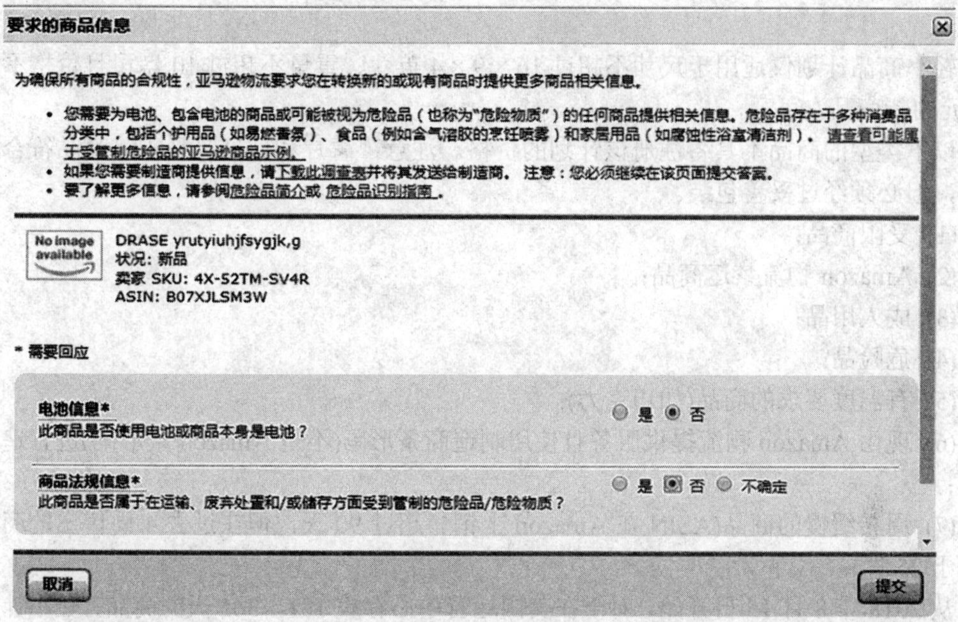

图 5-14　添加危险品信息(1)

图 5-15　添加危险品信息(2)

(5) 完成添加危险品信息以后，跳转至 Amazon 库存页面，即转换为 Amazon 配送成功，如图 5-16 所示。

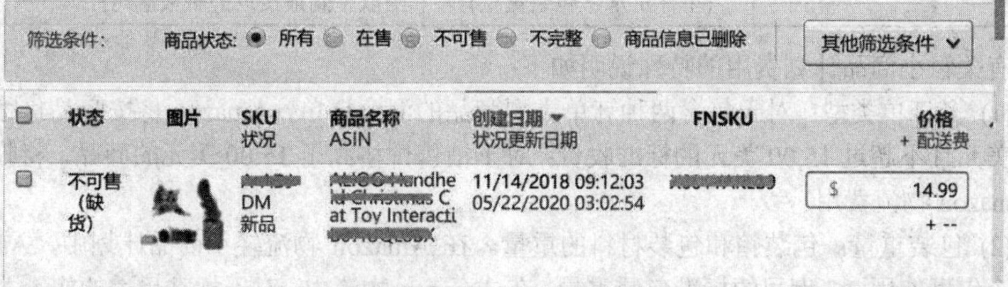

图 5-16　查看 Amazon 库存

2. 轻小计划

Amazon 物流轻小商品计划是针对流通快、价格不超过 7 美元的轻小型商品推出的配送计划。买家可享受免费配送服务，无最低订单要求，并且由卖家支付较低的配送费用。

轻小商品计划仅适用于尺寸不超过 16×9×4 英寸、重量不超过 10 盎司且价格不超过 7 美元的新商品。

以下类型的商品不具备注册该计划的资格。注意：薯片和玻璃等易压碎商品符合注册条件，但必须经过妥善包装。

(1) 受限商品；

(2) Amazon 物流禁运商品；

(3) 成人用品；

(4) 危险品；

(5) 有温度要求的商品(如巧克力)；

(6) 现由 Amazon 物流提供服务且使用制造商条形码(不是 Amazon 条形码)进行追踪的商品；

(7) 周转缓慢的商品(ASIN 在 Amazon 上销售超过 90 天，但在过去 4 周售出的商品数量少于 25 件)。

从 2018 年 8 月 15 日开始，对于在美国运营中心存放 181～365 天的商品，轻小计划商品的最低长期仓储费为每件 0.25 美元；对于在美国运营中心存放超过 365 天的商品，轻小计划商品的最低长期仓储费为每件 0.50 美元。该计划的配送费用如表 5-13 所示。

表 5-13　Amazon 轻小商品计划配送费用　　　　　单位：美元

订单类型	配送费用	轻小商品计划
商品价格低于或等于 5 美元	订单处理费	每笔订单 0.80
	取件及包装费	每件商品 0.75
	首重和续重费(单件重量 + 包装重量)	每盎司 0.11(每件不超过 15 盎司)(向上取整到最接近的整数盎司)
商品价格高于 5 美元且小于或等于 15 美元	订单处理费	每笔订单 1.00
	取件及包装费	每件商品 0.75
	首重和续重费(单件重量 + 包装重量)	每盎司 0.11(每件不超过 15 盎司)(向上取整到最接近的整数盎司)

有关轻小商品计划费用的特殊说明如下：

(1) 多订单类型：对于包含两种订单类型商品的混合订单，Amazon 将按商品价格高于 5.00 美元且不超过 15.00 美元的标准收费；对于销售价格高于 15.00 美元的商品，将收取标准 Amazon 物流费用。

(2) 包装重量：包装箱和包装材料的重量。在 Amazon 物流轻小商品计划中，Amazon 对每个包裹使用 0.7 盎司的标准包装重量。在 Amazon 物流中，对于标准尺寸的媒介类商品包裹和非媒介类商品包裹，Amazon 分别使用 2 盎司和 4 盎司的标准包装重量。

(3) 价格上限：对于在 2019 年 7 月 26 日之前注册轻小商品计划的商品，其价格上限截至 2020 年 1 月为 15.00 美元；对于在 2019 年 7 月 26 日或之后注册轻小商品计划的商品，其价格上限为 7.00 美元。

【案例】

　　Nadia 北美站点的店铺中有一款小钱包，其尺寸为 14.8 × 10 × 0.7 英寸，单件重量为 0.18 磅，发货重量为 9 盎司，售价为 14.8 美元，已经在 2019 年 1 月注册了轻小商品计划。请问：采用 FBA 标准配送和轻小商品计划配送的费用分别为多少？

　　【解析】

　　1. 标准配送：该物品为小号标准尺寸，发货重量为 9 盎司，所以 FBA 标准配送费用应为 2.41 美元。

　　2. 轻小商品计划：订单处理费为 1 美元，取件及包装费为 0.75 美元，首重和续重费为 0.99 美元，合计费用为 2.74 美元。

5.4　FBA 补/发货

任务分析

　　在完成产品物流方式转换之后就开始准备将货发往 FBA 仓库，在发货之前需要在后台创建入库计划，这样才能包装产品正常入库。同时当 FBA 仓库的库存不足需要进行补货时也是同样的操作。本节将介绍 FBA 补/发货的流程。

任务实施

　　下面介绍 FBA 补/发货的流程：

(1) 登录卖家后台，在【库存】标签中点击【管理亚马逊库存】选项，如图 5-17 所示。

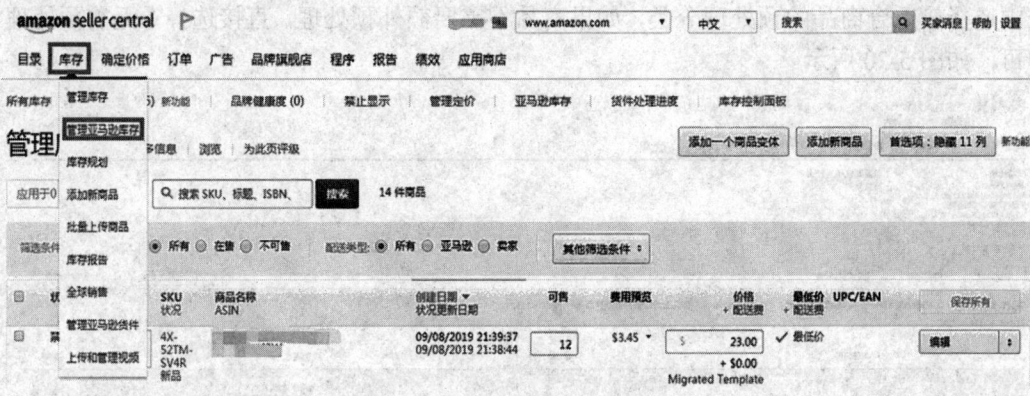

图 5-17　管理 Amazon 库存

(2) 在管理库存页面中，选择要运送的商品，从【编辑】下拉菜单中选择【发/补货】选项，如图 5-18 所示。

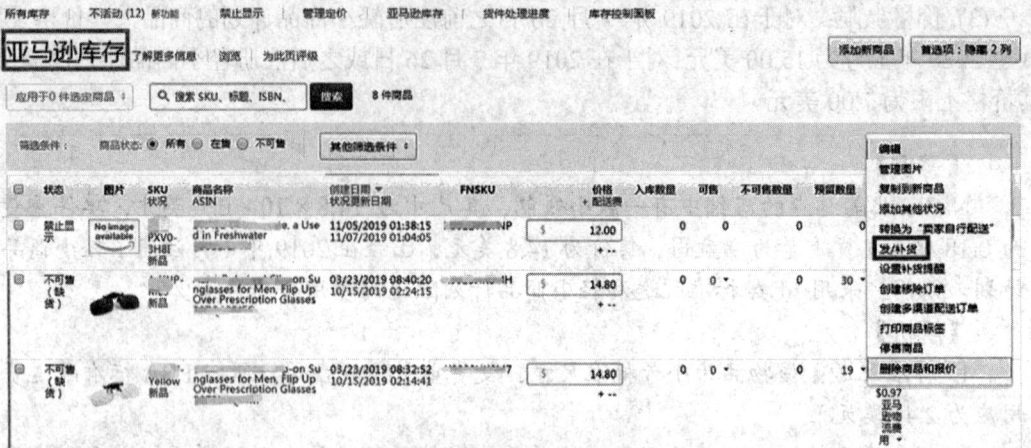

图 5-18　发/补货

(3) 在发/补货页面中，可以选择创建新的入库计划，也可以添加至现有入库计划，可以批量或单个设置发往 Amazon 的发/补货数量，如图 5-19 所示。

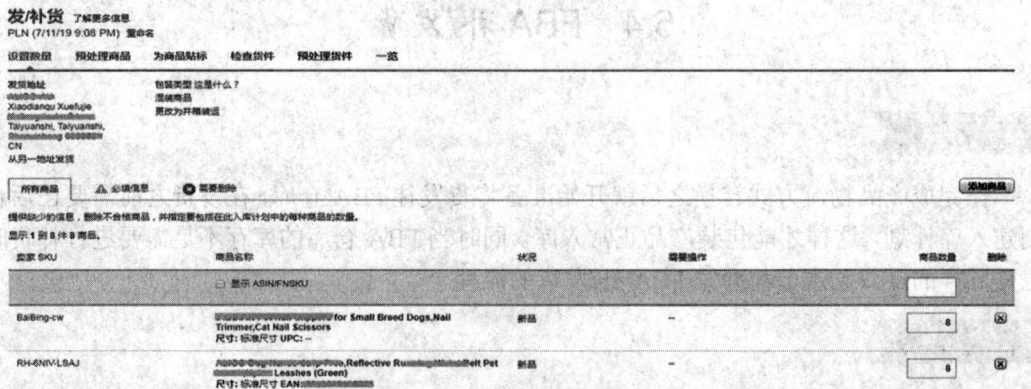

图 5-19　设置发/补货数量

(4) 对商品进行预处理设置。如果商品需要预处理，点击【适用于全部】，并从下拉列表中选择最适合商品的预处理分类，如果商品不需要额外预处理，直接选择【无需预处理】即可，如图 5-20 所示。

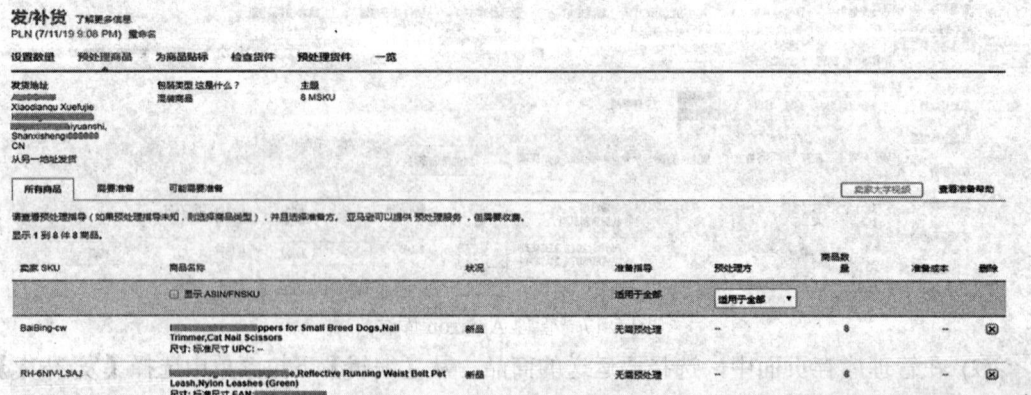

图 5-20　预处理商品

【知识拓展】

　　有些商品需要进行特定预处理，以便在送达亚马逊时商品处于最佳状态。创建货件时，卖家可以在预处理商品下找到许多商品的预处理指导，卖家也可以请亚马逊代为进行预处理，但亚马逊会按件收费。

　　预处理分类包括(但不限于)如下：

　　1. 母婴用品：毛绒玩具或 3 岁及以下婴幼儿商品(如泰迪熊、安抚奶嘴和婴儿奶瓶)以及开口大于 7.6 厘米的商品。预处理指导为将商品放在透明袋中；袋子必须有窒息警告；袋子必须牢固；条形码必须可扫描。

　　2. 尖利商品：尖锐物品或带有锋利边缘的商品(如剪刀、工具、金属原材料)。

　　3. 易碎品/玻璃制品：易断裂或破碎的商品，如玻璃器皿、瓷器和相框、时钟、镜子、瓶装橄榄油等。预处理指导为将商品放在保护性泡沫包装或气泡袋中，也可以将商品放在保护性套箱中；商品的袋子或箱子必须牢固或封紧；商品的坚硬面可以通过跌落测试而且不会断裂；条形码必须可扫描。

　　4. 服装、面料、毛绒玩具和纺织品：用可能被污垢、灰尘、湿气或液体损坏的布料或织物制成的商品(如衬衫、箱包、皮带、毛绒玩具等)。预处理指导为将商品放在透明袋中；包装袋上必须有窒息危险警示信息；袋子必须牢固；条形码必须可扫描。

　　5. 小件：最长边小于 5 厘米的商品(如珠宝首饰、钥匙扣、闪存盘等)。预处理指导为将商品放在透明袋中；袋子必须有窒息警告；袋子必须牢固；条形码必须可扫描。

　　6. 成人用品：显示有潜在低俗内容的商品(成人杂志和电影)。预处理指导为将商品放在黑色或不透明的袋子中；袋子必须有窒息警告；袋子必须牢固；条形码必须可扫描。

　　7. 液体(非玻璃瓶装)：未存放在玻璃容器中的液体，或盛放在塑料瓶或塑料罐中的液体或胶剂(洗手液、喷雾、乳液)。存放在玻璃瓶或玻璃罐中的液体应视为易碎品。预处理指导为将商品放在透明袋中，仅适用于不带双层密封的液体；袋子必须有窒息警告；袋子必须牢固；条形码必须可扫描。

　　8. 无需预处理的商品：无打孔包装且整箱销售的原厂包装发货商品。

　　(5) 为商品贴标，Amazon 所有商品都必须具有条形码。如果卖家的商品有资格使用制造商条形码进行追踪，则无需打印 Amazon 标签，只需将制造商条形码粘贴到商品上即可；如果卖家的商品没有资格使用制造商条形码进行追踪，则它必须具有 Amazon 条形码。要自行打印和粘贴 Amazon 条形码标签，在【贴标方】下拉菜单中选择【卖家】，然后点击【为此页面打印标签】按钮；或者卖家可以选择支付费用让 Amazon 来执行此操作，方法是在【贴标方】下选择【Amazon】，如图 5-21 所示，选择贴标方为卖家，选择【为此页面打印标签】按钮，然后点击【继续】按钮。

　　(6) 检查货件，这里可以对货件进行再次核对(如图 5-22 所示)。在 FBA 操作过程中，常见的分仓和合仓操作就是在这一步进行处理的。

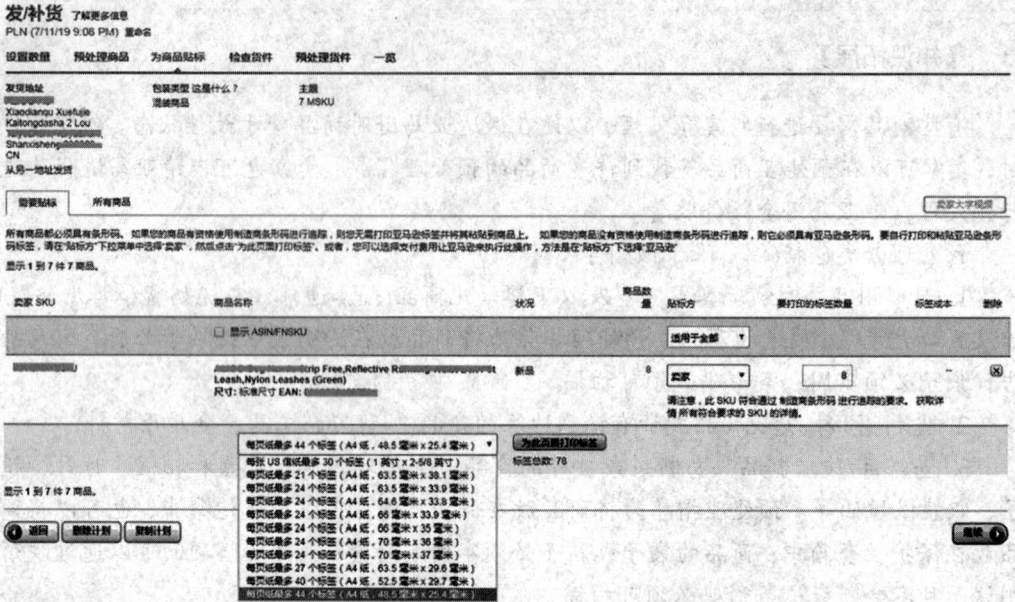

图 5-21　为商品贴标

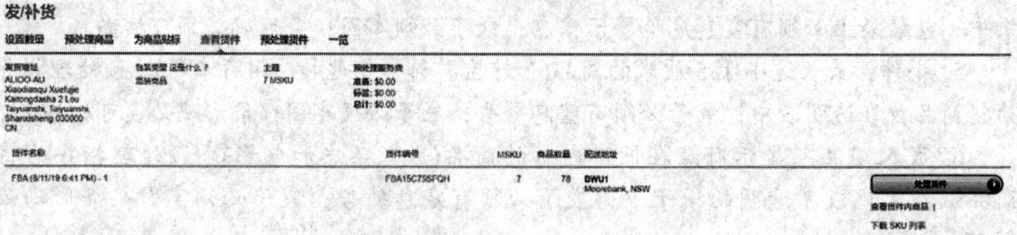

图 5-22　检查货件

(7) 查看预处理货件。

· 检查货件内容，点击【检查并修改商品】按钮(如图 5-23 所示)可以进入商品管理页面，在这里可以对发货的产品数量进行核对和修改，但是只能更改 5%的数量或 6 件商品。如果想要增加发货产品的数量或者增发其他产品，必须创建新的货件。

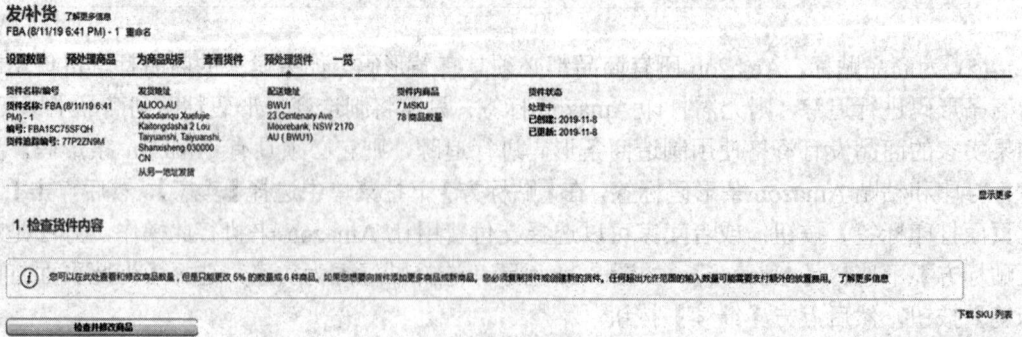

图 5-23　检查货件内容

· 配送服务，选择配送方式和配送商，如图 5-24 所示。

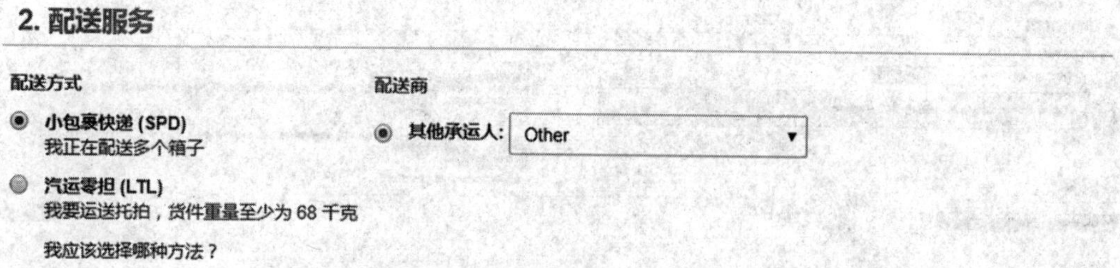

2. 配送服务

配送方式

- ⦿ 小包裹快递 (SPD)
  我正在配送多个箱子
- ○ 汽运零担 (LTL)
  我要运送托拍，货件重量至少为 68 千克

  我应该选择哪种方法？

配送商

○ 其他承运人：　[Other　　　　　　　　　▼]

图 5-24　配送服务

- 货件包装，设置箱子信息，这里只设置箱子的数量(如图 5-25 所示)。卖家创建的一批货件中，如果数量比较多，则需要使用多个外箱来发货，在【箱子总数】选项中如实填写箱子数量。如果是用多个箱子一起发货的，则选择"多个箱子"；如果是用单个箱子发货的，就将"多个箱子"更改为"所有物品装于一个箱子"。

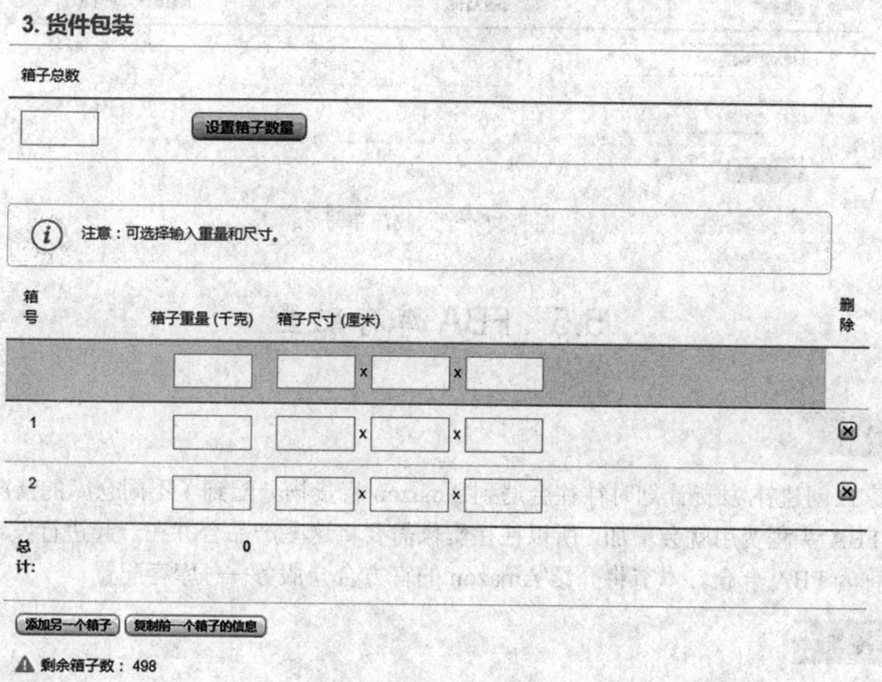

3. 货件包装

箱子总数

[　　　　　]　[设置箱子数量]

ⓘ 注意：可选择输入重量和尺寸。

箱号	箱子重量 (千克)	箱子尺寸 (厘米)			删除
	[　　]	[　　] x	[　　] x	[　　]	
1	[　　]	[　　] x	[　　] x	[　　]	☒
2	[　　]	[　　] x	[　　] x	[　　]	☒
总计：	0				

[添加另一个箱子]　[复制前一个箱子的信息]

⚠ 剩余箱子数：498

图 5-25　货件包装

此处所讲的箱子数量，是指发货时的外包装箱子的数量。比如某产品比较特殊，需要用多个小箱子包装，然后再将这些小箱子套入大箱里，那么这里的箱子的数量是指所有大箱的数量，并不包括小箱子数量。

在 Amazon 开店的卖家可以使用 Web 表单和上传文件两种形式自行提供箱内商品信息；也可以选择【跳过箱子信息并收取手动处理费用】选项让 Amazon 帮助处理，但是需要支付手动处理费用。

- 货件标签。需要使用不干胶打印外箱标签并贴在外箱上，每个箱子的标签都是唯一的，并且必须打印所有箱子的标签，如图 5-26 所示。如果没有不干胶贴纸，则可以使用 A4 纸打印，裁剪好用透明胶带贴在箱子上。

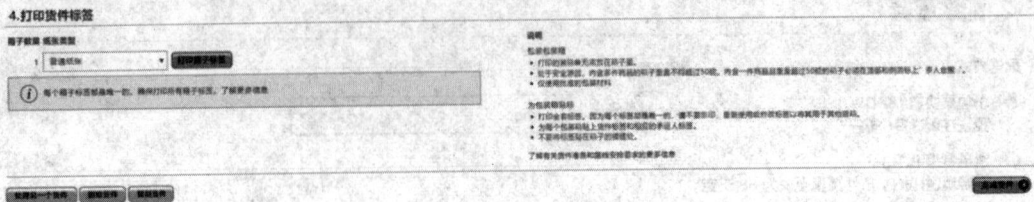

图 5-26　货件标签

(8) 录入物流单号，如图 5-27 所示。

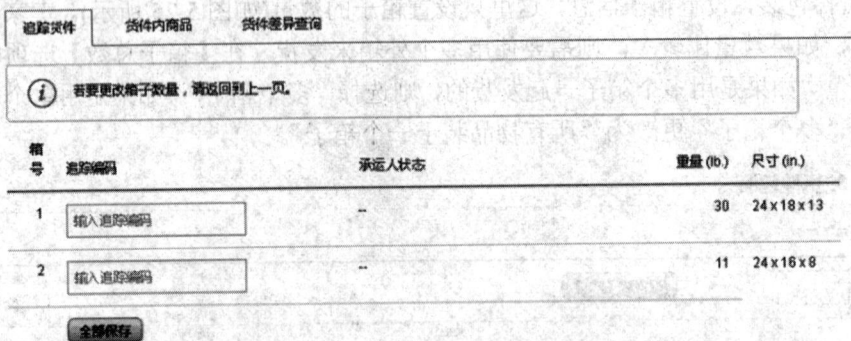

图 5-27　录入物流单号

5.5　FBA 库存配置

任务分析

　　卖家在创建补/发货计划时往往会遇到 Amazon 将货物分配到了不同仓库的情况，这样卖家的 FBA 头程费用就会增加，所以往往卖家需要将这些产品合并在一起进行发送，这个过程被称为 FBA 合仓。本节将介绍 Amazon 的官方合仓服务——库存配置。

任务实施

1. 分布式库存配置介绍

　　分布式库存配置是指在默认情况下，卖家创建入库计划后，货件可能会被拆分为多个货件，每个货件发往不同的收货中心或 Amazon 运营中心。Amazon 将根据卖家要配送的商品和发货地来选择 Amazon 运营中心，将卖家的库存分布到全国的多个 Amazon 运营中心之后，相比库存距离较远的情况，购买卖家商品的买家可以更快收到商品。

　　卖家可以注册"库存配置服务"，并将所有符合条件的库存发送到同一个收货中心或 Amazon 运营中心，货件抵达后，Amazon 将对货件进行拆分并将其发往不同的 Amazon 运营中心。此项服务按件收取费用。在卖家使用库存配置服务时，目的地收货中心或 Amazon 运营中心由 Amazon 来决定。卖家无法选择把货件发往哪个收货中心或 Amazon 运营中心。Amazon 可能会针对不同的货件选择不同的目的地。

在卖家注册完"库存配置服务"后，Amazon 会将卖家的大多数标准尺寸商品发往同一个收货中心或 Amazon 运营中心。但是，即使卖家使用"库存配置服务"，Amazon 仍可能会将属于以下分类的商品发送到不同的收货中心或 Amazon 运营中心：

(1) 服装；

(2) 珠宝首饰；

(3) 鞋靴；

(4) 媒介类商品；

(5) 使用制造商条形码追踪的库存；

(6) 大件商品；

(7) 需要 Amazon 准备的商品；

(8) 需要 Amazon 贴标的商品；

(9) 危险品。

2. 库存配置服务费

标准尺寸库存配置服务费如表 5-14 所示，大件商品库存配置服务费如表 5-15 所示。

表 5-14　标准尺寸库存配置服务费　　　　　　　单位：美元

标准尺寸(每件商品)	收 费 标 准
小于或等于 1 磅	0.30
1～2 磅	0.40
超过 2 磅	0.40 美元＋(超出首重 2 磅的部分)0.10 美元/磅

注：1 磅 = 0.454 千克

表 5-15　大件商品库存配置服务费　　　　　　　单位：美元

大件商品(每件商品)	收 费 标 准
小于或等于 5 磅	1.30
超过 5 磅	1.30 美元＋(超出首重 5 磅的部分)0.20 美元/磅

注：1 磅 = 0.454 千克

3. 库存配置操作

(1) 登录卖家后台，在【设置】菜单下选择【亚马逊物流】选项，如图 5-28 所示。

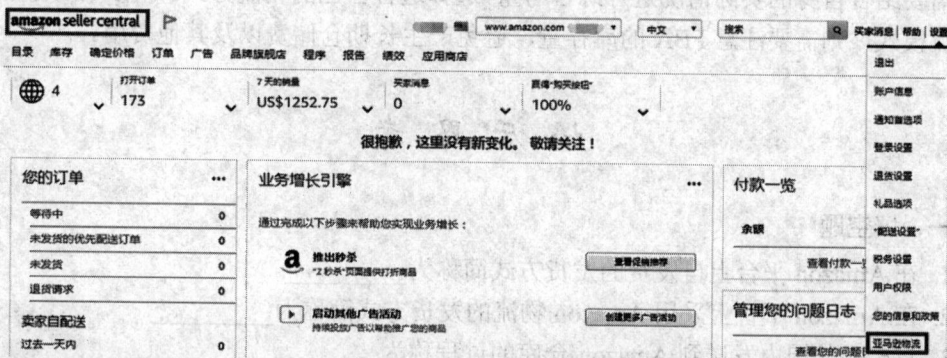

图 5-28　Amazon 物流页面

(2) 进入亚马逊物流设置页面，在【入库设置】中点击【编辑】按钮，如图 5-29 所示。

图 5-29　入库设置页面

(3) 在【库存配置】选项下，选择【库存配置服务】，然后点击【更新】按钮，如图 5-30 所示。

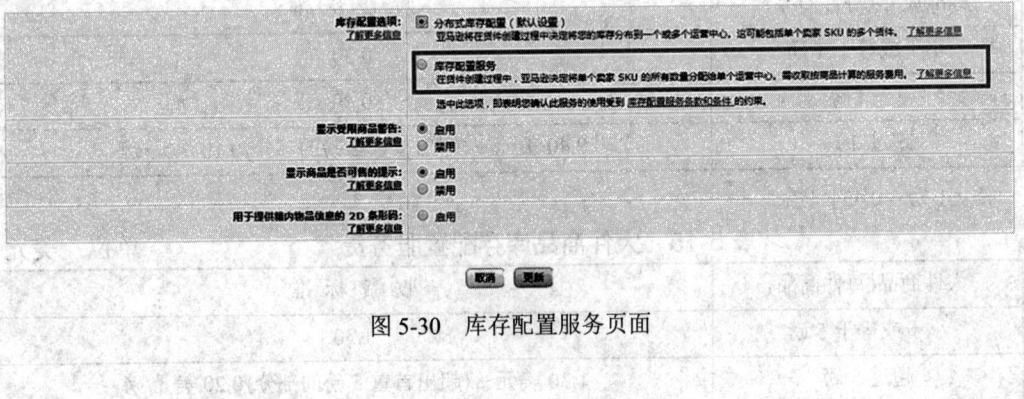

图 5-30　库存配置服务页面

本 章 小 结

　　本章详细介绍了 Amazon 发货的两种物流模式(FBM 和 FBA)。两种物流模式各有优劣，卖家需要结合自身的实际情况进行综合考量，选择适合自己的物流方式。如果卖家采用 FBA 的物流模式，则需要注意 FBA 的库存量，避免产生长期仓储费以及其他费用。

课 后 思 考

一、填空题

1. 在 Amazon 平台上自发货的发货方式简称为_____。
2. 在 Amazon 平台上采用 Amazon 物流的发货方式简称为_____。
3. 将产品从国内发送到 Amazon 仓库的过程称为_____。
4. 注册轻小计划的产品每次最低发货数量为_____。

5. Amazon 仓库中的产品库存天数大于_____天开始收取长期仓储费。

二、单选题

1. 下列(　　)不是 FBA 的费用。

A. 仓储费　　　　　B. 拆包费　　　　　C. 配送费　　　　　D. 移仓费

2. 下列(　　)不属于中国邮政的服务。

A. DHL　　　　　B. e 邮宝　　　　　C. e 特快　　　　　D. EMS

3. 下列(　　)不是标准货物尺寸的要求。

A. 重量小于 70 磅

B. 最短边 8 英寸以内

C. 最长边 18 英寸以内

D. 长度 + 周长无限制

4. FBA 发货时产品标签不支持的类型是(　　)。

A. UPC　　　　　B. EAN　　　　　C. AISN　　　　　D. FNSKU

5. 轻小计划产品在进行 FBA 发货时产品标签支持的类型是(　　)。

A. UPC　　　　　B. EAN　　　　　C. AISN　　　　　D. FNSKU

三、能力拓展题

1. 请简述 FBA 轻小计划的要求。

2. 请简述 FBA 计划创建流程。

第6章　Amazon 站内营销推广

项目介绍

　　Nadia 带领团队经过认真的学习，顺利地完成了订单的发货，并将一批有竞争优势的产品发往了 Amazon 仓库，准备做重点打造。针对这些 FBA 的产品应该通过何种营销方式将其打造成爆款是他们现在考虑的问题。

　　营销与推广是促进产品成长的催化剂，当店铺运营一段时间后，卖家就会发现店铺的销售开始停滞不前，这时就需要利用平台的营销工具来催化。同时，店铺清理库存、老用户维护等工作也离不开营销工具。

　　Amazon 平台可以将营销推广方式分为站内和站外两种，当依托该平台销售产品时通常推荐优先采用站内的推广方式，效果明显，操作难度也比较小。

　　Nadia 和她的团队需要先了解站内的营销推广方式，然后制订店铺的营销推广计划。

本章所涉及任务：

※ 工作任务一：创建 Amazon PPC 广告。
※ 工作任务二：创建 Coupons 活动。
※ 工作任务三：创建店铺促销活动。
※ 工作任务四：创建 Prime 专享折扣活动。

【知识点】

1. Amazon PPC 广告创建流程与扣费标准；
2. 店铺促销活动创建流程与相关费用；
3. Coupons 活动创建流程与相关费用；
4. Deals 活动类型和申请条件；
5. Prime 专享折扣创建流程与费用。

【技能点】

1. Amazon PPC 广告创建与优化；
2. 店铺促销活动创建与管理；
3. Coupons 活动创建与优化；
4. Prime 专享折扣创建与优化。

6.1　创建 Amazon PPC 自动广告

任务分析

在 Amazon 店铺的运营中，投放站内广告是不可或缺的一个环节，投放广告不仅能促进商品的曝光，而且也能推动商品自然排名的增长。Amazon 的广告分为自动广告和手动广告两种形式。本节将介绍 Amazon 的自动广告形式。

任务实施

1. PPC 广告理论基础

PPC(Pay-Per-Click)：每次点击付费，亦被称作按业绩付费(Pay-For-Performance，PFP)，即是根据点击广告或电子邮件信息的用户数量来付费的一种网络广告定价模式。

CPC(Cost-Per-Click)：每次点击成本，网络广告每次点击的费用，是作为网络广告投放效果的重要参考数据。

PPC 是针对广告主而言的一种付费方式，也就是通过访客的每次点击来付费。CPC 是针对广告发布者，也是对 Publisher 而言的一种产生收入的方式，也就是通过访客的每次点击来产生收入。PPC 针对广告主，CPC 针对发布者。

PPC 广告服务的最大特色就在于卖家只需为实际的访问付钱。也就是说，只有当卖家的网站广告链接被实际点击后才会产生费用，因而保证了访问量的高度目标性。

PPC 广告服务的第二个特色就是网站排名的可操控性，即客户可以通过调整每次点击付费价格来控制自己在特定关键字搜索结果中的网站排名。

同时，PPC 搜索引擎的前 3～5 页搜索结果往往也会被其搜索合作伙伴站点引用。例如，Overture 广告服务的前三个客户的网站也会同时出现在 MSN、Yahoo 等著名站点的首页位置。

此外，较一些大型搜索引擎的付费收录服务和全页广告而言，PPC 广告的费用要低一些。因而该服务不失为一项既能够为网站带来目标访问量，同时又规避了投资的风险性的有效途径。其不足之处在于：对一些中小型公司来说其费用还是有些偏高，且管理上有一定难度。

2. Amazon PPC 广告展示位置

PPC 广告展示位置主要包括搜索结果页面广告展示、分类浏览页面广告展示和产品详情页面广告展示，分别如图 6-1、图 6-2、图 6-3 所示。

> **【案例】**
> 在对 Amazon PPC 广告有了初步了解之后，Nadia 团队决定为自己的店铺做 PPC 推广，但是他们现在担心，PPC 广告费太贵会导致入不敷出，并且他们应该为哪些产品做 PPC 广告推广？

【解析】

1. Amazon PPC 广告是按照点击次数进行收费的，但是 Amazon 针对关键词的扣费并不是你出多少就扣多少，而是根据市场环境计算的，所以费用会由关键词的出价以及市场环境共同决定；

2. 实际的扣费虽然和市场有关，但是不会和卖家的出价偏差太大，所以在进行投产比核算时按照出价进行核算即可；

3. 为了避免 PPC 账号亏损，可以依据店铺和行业的转化率数据以及自己产品的利润核算出可以承受的出价；

4. 单价过低的产品不建议做 PPC 推广；

5. 产品只是临时、不计划长期运营的不建议做 PPC 推广。

图 6-1　搜索结果页面广告展示

图 6-2　分类浏览页面广告展示

图 6-3　产品详情页面广告展示

3. 创建 PPC 自动广告

创建 PPC 自动广告的操作步骤如下：

(1) 进入广告设置页面，点击【广告】菜单下的【广告活动管理】选项，如图 6-4 所示。

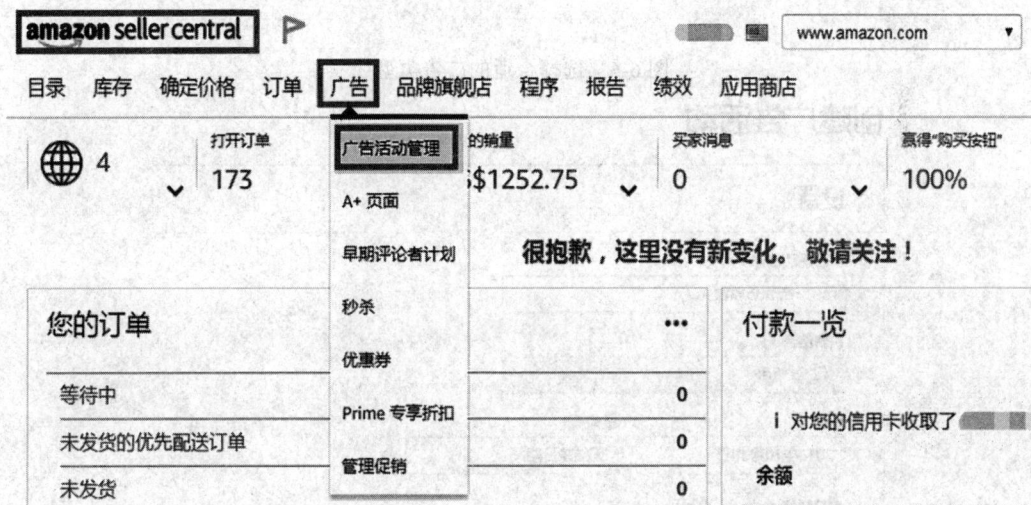

图 6-4　点击广告活动管理

(2) 点击【创建广告活动】选项进入创建流程，如图 6-5 所示。

图 6-5　创建广告活动

(3) 选择适合自己的广告活动类型，如图 6-6 所示。

(4) 进入创建广告活动页面，设置广告活动名称、广告组合、广告开始和结束时间、每日预算以及选择自动投放或手动投放，此处选择自动投放，如图 6-7 所示。

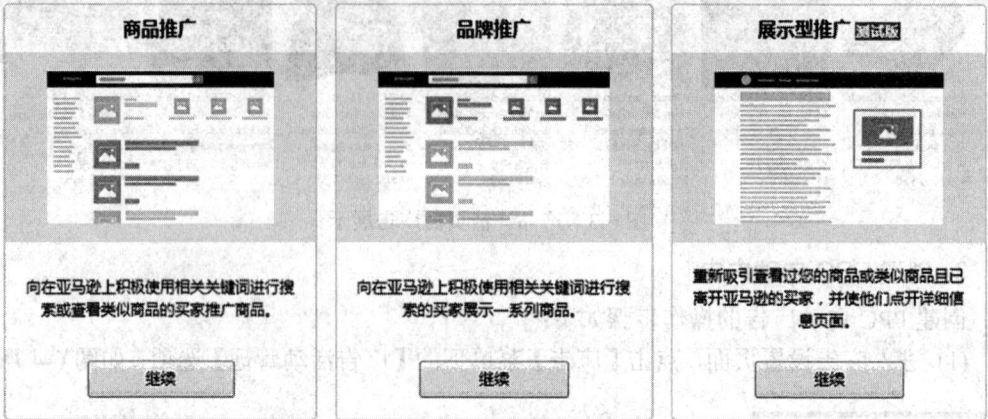

图 6-6　选择合适的广告类型

图 6-7　填写活动信息

· 广告活动名称：只有卖家自己可以看见，不会在前端显示。

· 广告组合：卖家可以选择最能满足自己营销需求的广告组合。

· 广告开始和结束日期：通常为确保广告始终投放而不错过曝光或点击机会，可以选择无结束日期。卖家可以在广告活动开展期间随时延长、缩短或结束广告活动，确定广告投放，广告将会在 4 小时后生效，可在前台显示。

· 每日预算：每天愿意为广告花费的金额，预算超过 30 美元的大多数广告活动将全天开展，广告预算最低为 1 美元。

·定位：使用关键词和商品在搜索结果页面和商品详情页面中向相关买家展示的广告。对于商品推广活动，卖家可以创建两种类型的定位，自动投放和手动投放。自动投放不需要卖家选择关键词，手动投放需要卖家对关键词单独出价。

(5) 填写广告组名称信息，这里的名称只作为区分广告活动用，仅在管理广告时可见，如图 6-8 所示。

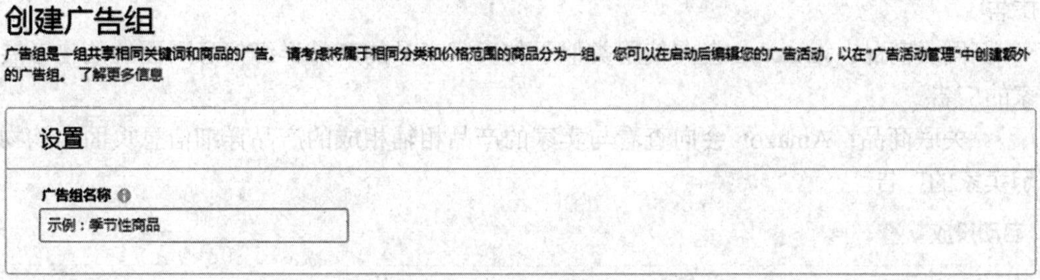

创建广告组

广告组是一组共享相同关键词和商品的广告。请考虑将属于相同分类和价格范围的商品分为一组。您可以在启动后编辑您的广告活动，以在"广告活动管理"中创建额外的广告组。 了解更多信息

设置
广告组名称 ⓘ
示例：季节性商品

图 6-8　设置广告组名称

(6) 在广告活动中添加卖家要推广的产品，可以根据商品名称、ASIN 或 SKU 搜索产品，也可以按照添加商品的日期排序搜索产品。找出要做广告的产品，点击【添加】按钮即可，如图 6-9 所示。

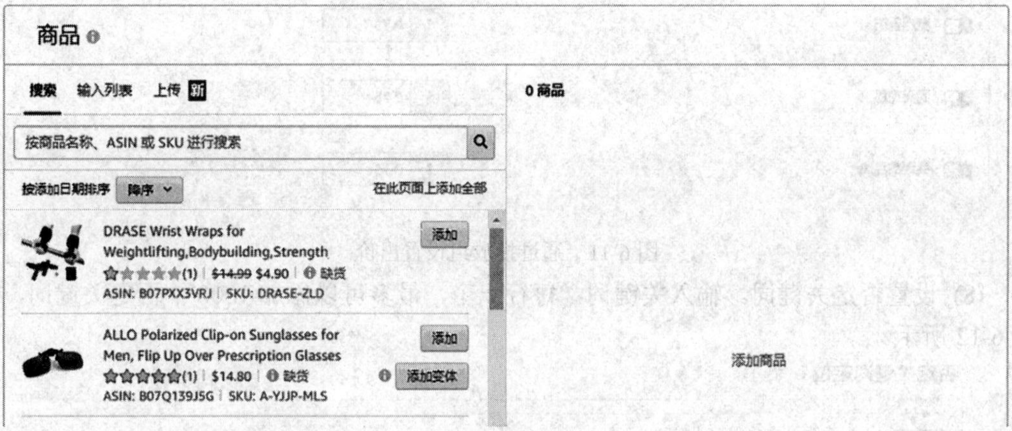

图 6-9　添加商品

(7) 在自动投放中可以设置默认出价，默认竞价适用于所有点击，除非卖家为关键词设置不同的竞价。卖家的竞价可能会发生变化，具体取决于卖家选择的竞价策略和广告位涨幅，默认出价的区间是 0.02～1000 美元，如图 6-10 所示。

图 6-10　设置默认出价

可以通过投放组设置出价，投放组使用多种策略将卖家的广告与寻找卖家产品的购物者进行匹配，如图 6-11 所示。投放组类型分为：

· 紧密匹配：Amazon 会向使用与卖家的产品密切相关的搜索字词的购物者展示卖家的广告。

· 宽泛匹配：Amazon 会向使用与卖家的产品松散相关的搜索字词的购物者展示卖家的广告。

· 同类商品：Amazon 会向使用类似于与卖家产品的产品详细信息页面的购物者展示卖家的广告。

· 关联商品：Amazon 会向查看与卖家的产品相辅相成的产品详细信息页面的购物者展示卖家的广告

图 6-11　通过投放组设置出价

(8) 设置否定关键词。输入关键词，每行一个，最多可以添加 1000 个否定关键词，如图 6-12 所示。

图 6-12　设定否定关键词

否定关键词会在买家的搜索词与卖家的否定关键词匹配时阻止卖家的广告展示，卖家可以排除不相关搜索，从而降低广告费用。

否定关键词可与短语和精准匹配类型结合使用，以阻止广告展示。

短语匹配：包含特定精准短语或关键词序列。

精确匹配：精准匹配特定关键词或关键词序列。

(9) 检查所有信息，确认无误后，点击【启动广告活动】按钮，自动广告便投放成功，如图 6-13 所示。

图 6-13　启动广告活动

6.2　创建 Amazon PPC 手动广告

任务分析

手动广告相对于自动广告需要更多的精力来进行管理，针对店铺里需要作为主推的产品建议选择手动广告以便做更精细地推广。本节将介绍手动广告的操作。

任务实施

创建 Amazon PPC 手动广告和 PPC 自动广告的流程是相似的。在设置广告计划时，先将定位选择为【手动投放】，然后在创建广告组时，投放部分有别于手动广告，如图 6-14 所示。

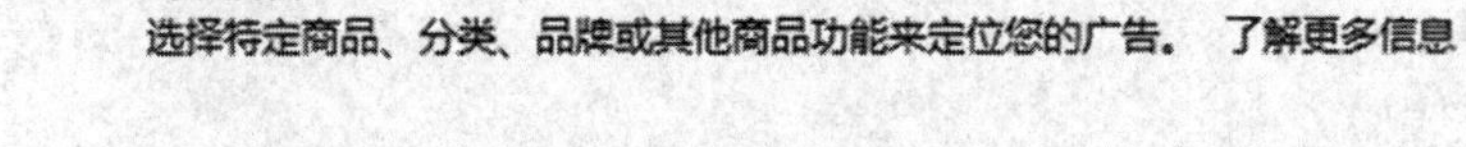

投放 ⓘ

您可以向广告活动添加多个广告组，但只能为每个广告组选择一种投放类型。

○ 关键词投放
　　选择有助于您的商品针对买家搜索展示的关键词。　了解更多信息

○ 商品投放
　　选择特定商品、分类、品牌或其他商品功能来定位您的广告。　了解更多信息

图 6-14　选择投放类型

Amazon 广告手动投放方式的投放类型分为关键词投放和商品投放两种。通过关键词投放的产品将展示在关键词的搜索结果页面中，通过商品投放的产品将展示在商品页面中。

1. 关键词投放

1) 选择关键词

选择关键词的方式共有三种，分别为建议关键词、直接输入关键词和上传关键词文件。

(1) 建议关键词。此关键词是根据卖家推广的商品生成的关键词，卖家可以添加自己所需的关键词，也可以在添加关键词和竞价后对其进行编辑。如图 6-15 所示，在添加商品以后，在关键词定位中建议关键词会自动显示出来，包括匹配类型，随后可以选择需要添

加的关键词。

关键词定位 ⓘ

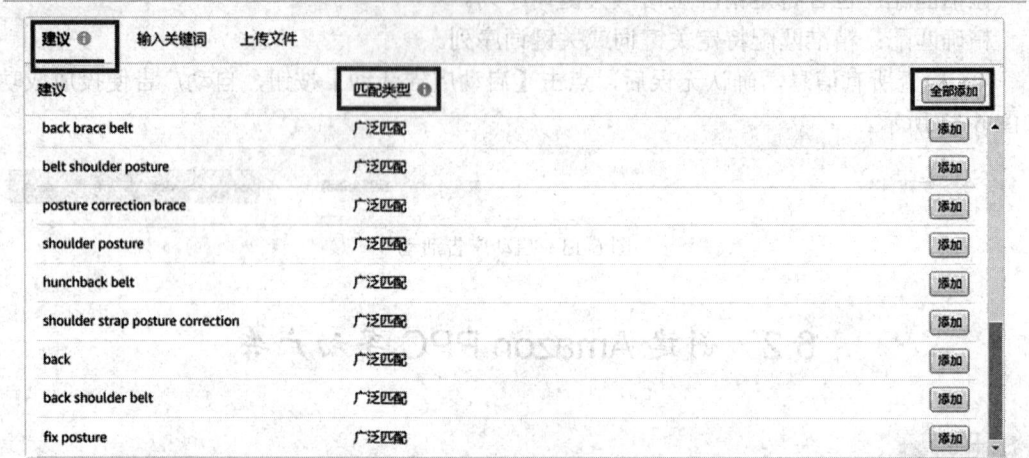

图 6-15　建议关键词

【知识拓展】

关键词的匹配类型有三种:

广泛匹配: 包含以任意顺序排列的所有关键词, 也包括复数、变体和相关关键词;

词组匹配: 包含特定精准短语或关键词序列;

精确匹配: 精准匹配特定关键词或关键词序列。

---

(2) 直接输入关键词。输入关键词之后需要选择匹配类型, 每行一个关键词, 最多可以添加 1000 个关键词, 如图 6-16 所示。

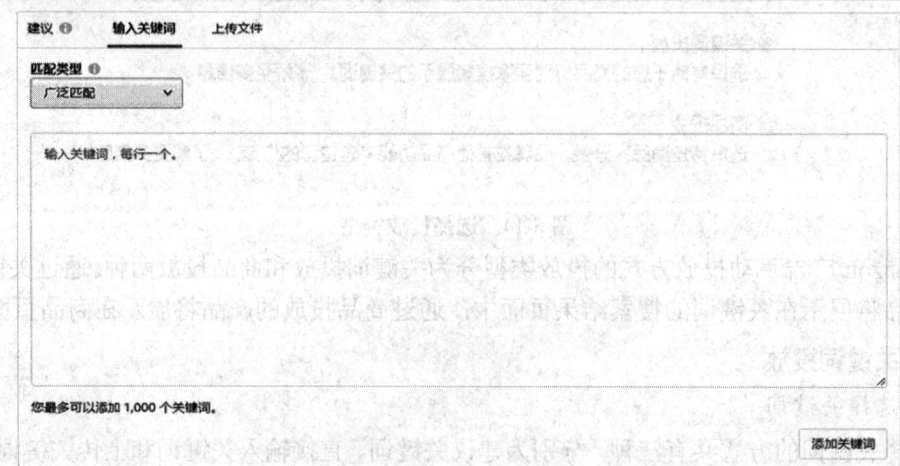

图 6-16　直接输入关键词

(3) 上传关键词文件。首先需要下载模板, 然后按照模板要求完成填写之后上传。系统可以接受 CSV、TSV 和 XLSX 三种格式的文件，按照规定上传表格即可，如图 6-17 所示。

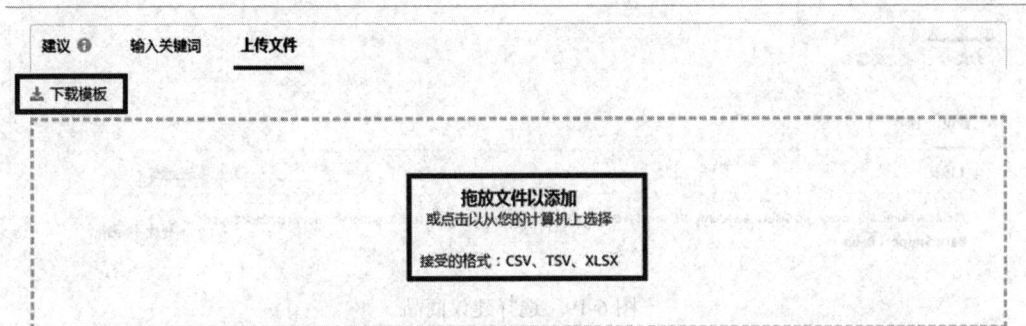

图 6-17　上传关键词文件

2) 关键词出价

完成关键词添加之后，可以为关键词设置出价(竞价)，如图 6-18 所示。对于部分的关键词 Amazon 会给出建议出价(竞价)，卖家在第一次确定出价时可以参考。

图 6-18　添加关键词和竞价

如果是通过表格上传的关键词，则无需对关键词出价进行设置，在上传的表格中已经完成了出价设置；如果添加的是推荐关键词，则默认出价为推荐的出价；如果是通过手动输入添加的关键词，则默认出价为创建广告活动时所设置的默认出价。

2. 商品投放

商品投放可以帮助卖家更准确地将产品推送到用户面前，形成高转化。但是如果推送的商品选择不恰当，那么推广效果也会大打折扣。所以，在采用商品投放的方式进行产品投放时需要对自己的产品和竞品进行深入的研究，找到差异化和优势。

1) 选择投放目标

投放目标的选择分为类目选择和商品选择两种形式。选择类目投放时匹配出来的商品会更多一些，选择商品投放时可以使投放更精准一些。

(1) 按照产品分类进行投放。产品分类投放方式有建议分类和搜索分类两种，在建议分类模块下直接选择【定位】按钮即可，如图 6-19 所示。如果选择搜索分类，则需要输入类目关键词进行搜索，确定分类之后直接选择【定位】按钮即可，如图 6-20 所示。

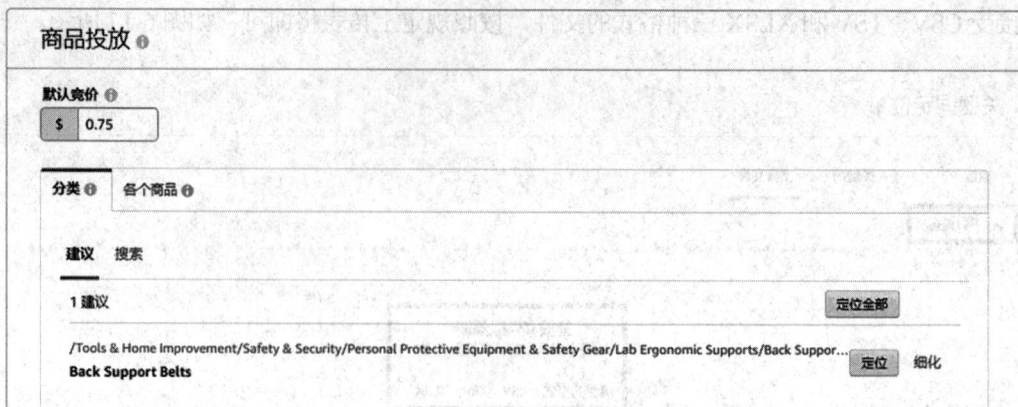

图 6-19　选择建议商品

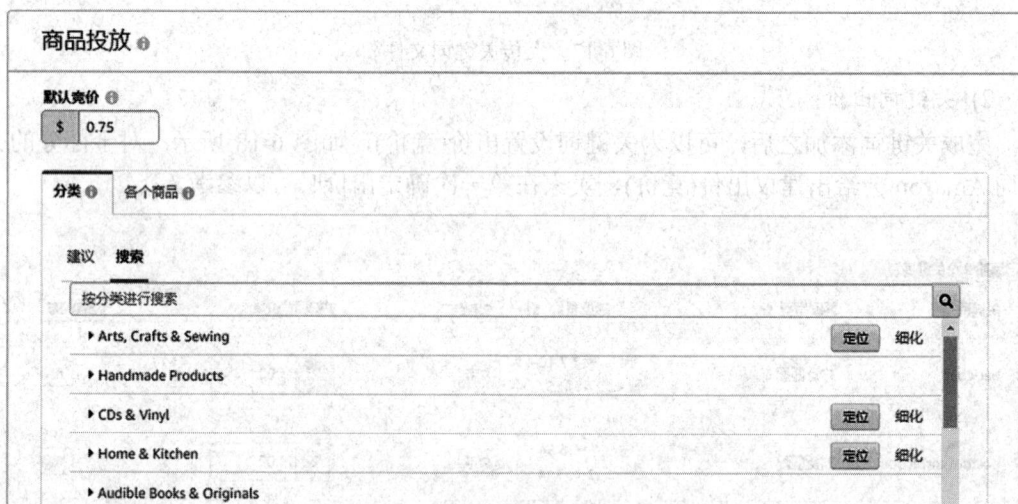

图 6-20　通过分类进行搜索

(2) 选择商品投放。选择商品投放的方式有建议商品、搜索商品、输入 ASIN 以及上传表格四种。

· 建议商品，如图 6-21 所示。所建议的商品均为与当前产品相似的产品，点击后方的【定位】按钮即可选择。

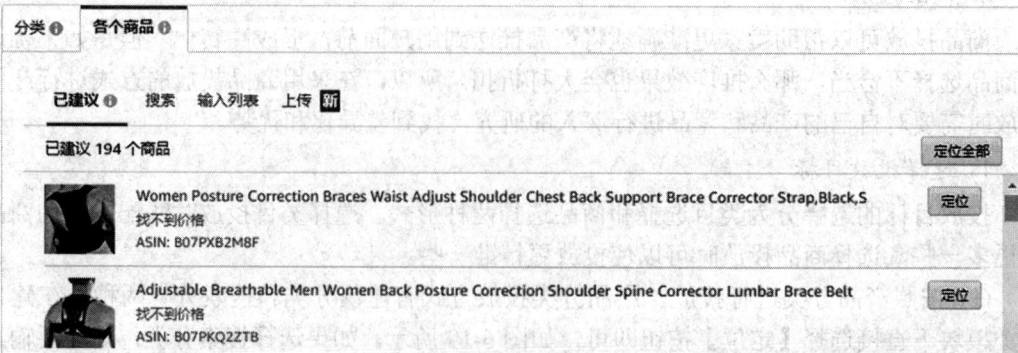

图 6-21　建议商品

• 搜索商品，如图 6-22 所示。卖家可以通过关键词、ASIN 或 SKU 进行搜索，点击商品后方的【定位】按钮即可选择。

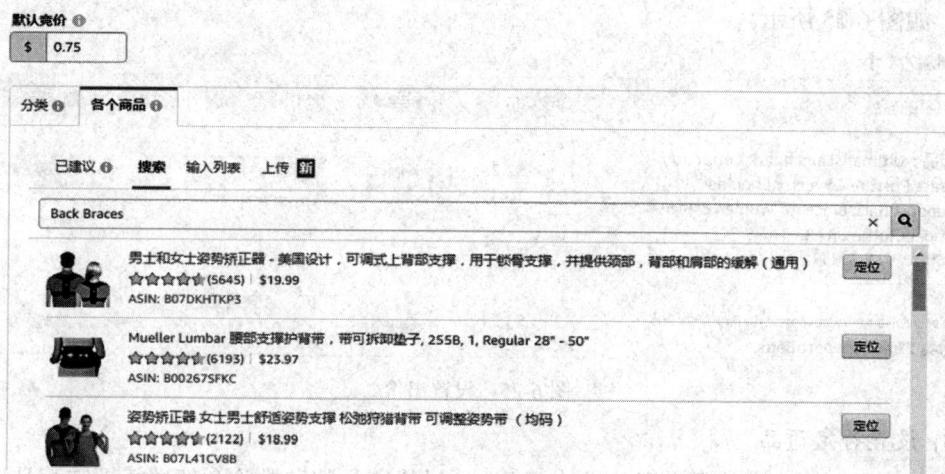

图 6-22　搜索商品

• 输入 ASIN，如图 6-23 所示。确定了目标产品之后直接输入产品的 ASIN 即可，如果有多个产品就用逗号、空格或换行将其隔开。点击【定位】按钮即可选择。

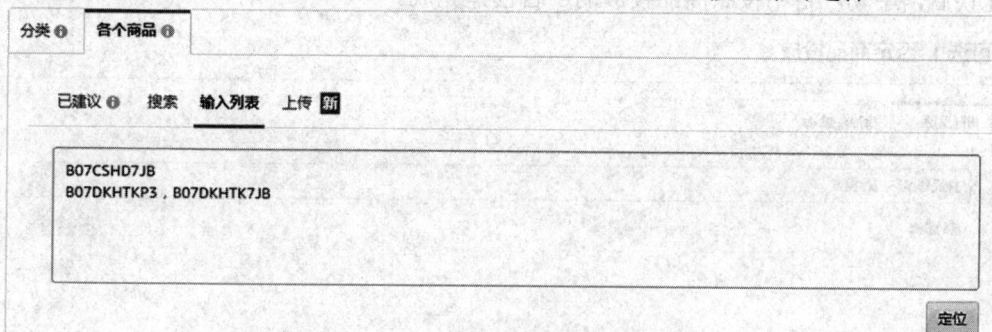

图 6-23　输入 ASIN

• 上传表格，如图 6-24 所示。下载 CSV 模板，按照模板要求正确填写完后上传到后台即可。

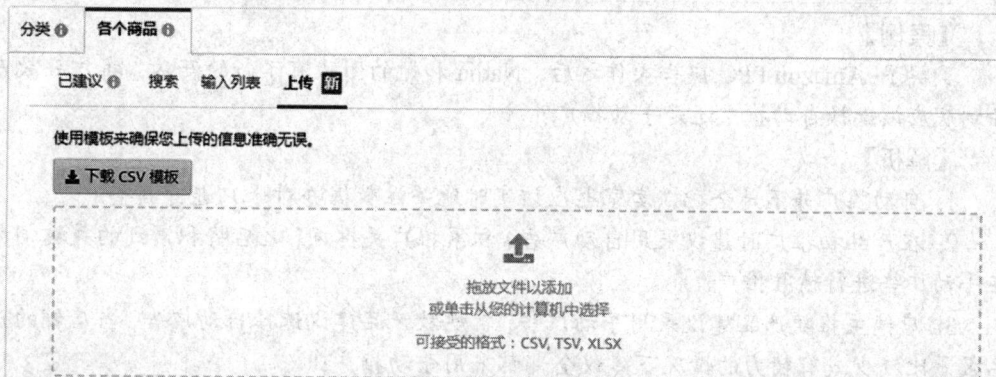

图 6-24　上传表格

2) 设置出价

默认显示出价为设置广告活动时设置的出价，对于通过表格上传的商品无需再次设置出价，如图 6-25 所示。

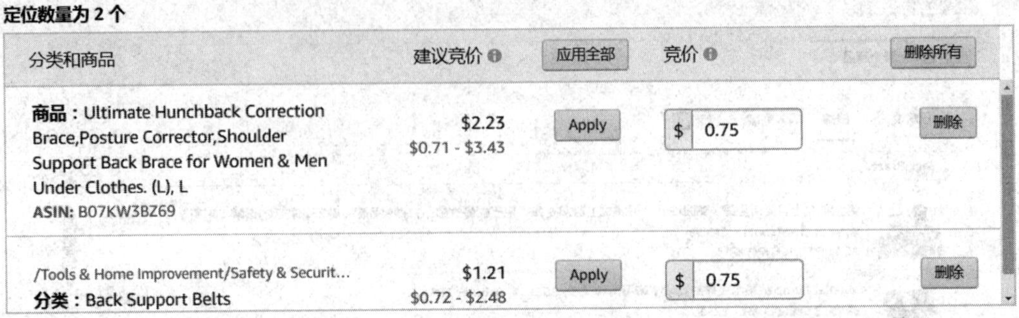

图 6-25　设置出价

3) 设置否定商品

定位产品以后，进行否定商品投放，可以通过排除品牌和排除全部进行否定商品投放。否定商品投放会阻止卖家的广告在买家的搜索内容与卖家的否定商品选择匹配时展示，这有助于排除不相关的搜索，从而减少广告费用，如图 6-26 所示。添加排除对象，在确认信息无误后，手动广告中按照商品投放的广告创建完成。

图 6-26　否定商品投放

【案例】

了解了 Amazon PPC 广告操作之后，Nadia 和她的团队有了新的疑惑，推广一款产品到底应该选择自动推广还是手动推广？

【解析】

1. 自动推广并不是全托，卖家也应该实时地关注数据并对账户进行调整；

2. 在产品初推广时建议采用自动广告，积累推广关键词，之后将积累到的关键词放在手动广告进行精准推广；

3. 店铺主推款产品建议采用手动广告，常规款产品建议选择自动广告，当店铺的产品数量比较少或有精力的情况下建议全部都采用手动推广；

4. 手动推广和自动推广的展示位置不一样，所以建议两种推广方式配合使用。

6.3　创建 Coupons 活动

任务分析

Coupons(优惠券)是在 Amazon 店铺运营中常用的一种营销方式,设置了 Coupons 的产品,其点击量得到提升的同时也会提升转化率。本节将介绍 Coupons 的收费标准以及创建流程。

任务实施

1. Coupons 是什么

Amazon 优惠券是一个功能强大、且易于使用的产品推广工具,与实体店的优惠券相似,可以用来抵扣现金,或为符合条件的产品或产品系列提供折扣。

提供优惠券让买家在购买时获得折扣,为消费者提供购买理由,有助于推动卖家销量增长。

Coupons 展示位置:优惠券会显示在详情信息页面、搜索结果页面、黄金购物车特价交易页面和单独的优惠券登录页面中。符合领取条件的客户会在产品售价旁看到橙色折扣徽章。

Coupons 申领:客户可以通过优惠券剪切功能(Coupon clipping function)申领折扣。只需点击【Clip the coupon】(领取优惠券),在付款时符合条件的产品就会享受相应折扣。

Coupons 折扣方式:优惠券可以是折扣比例或金额。无论哪种方式,折后价格必须是产品过去 30 天内最低价格的 5%～80%。

自定义 Coupons 目标人群:卖家可以从 Amazon Prime 会员、Amazon Student 会员、Amazon Mom 会员、查看特定产品客户、购买了某些产品的客户和所有客户这 6 个人群中选择,作为优惠券的目标人群。

Coupons 费用和资格:每张优惠券需支付 0.6 美元的佣金。非品牌卖家也可以使用这一功能。

Coupons 预算设置:设置每个优惠券的最大预算。当优惠券领用量达到卖家的最高预算时将自动停用。预算包含卖家所提供的折扣和需支付的佣金。

【案例】

Nadia 为店铺里的一款产品创建了 Coupons 活动,该产品的售价为 30 美元,优惠券折扣为 10%,到目前为止优惠券一共被剪切了 240 次,实现了 20 笔的转化。请问:此次活动需要向 Amazon 支付多少费用?

【解析】

1. Coupons 活动收费标准为 0.6 美元/优惠券;

2. Coupons 活动只针对赎回的优惠券收费,买家领取是免费的;

3. 合计支付费用为:0.6 × 20 = 12 美元。

2. 创建店铺 Coupons 活动

创建店铺 Coupons 活动的操作步骤如下：

(1) 进入广告设置页面，点击【广告】菜单下的【优惠券】选项，如图 6-27 所示。

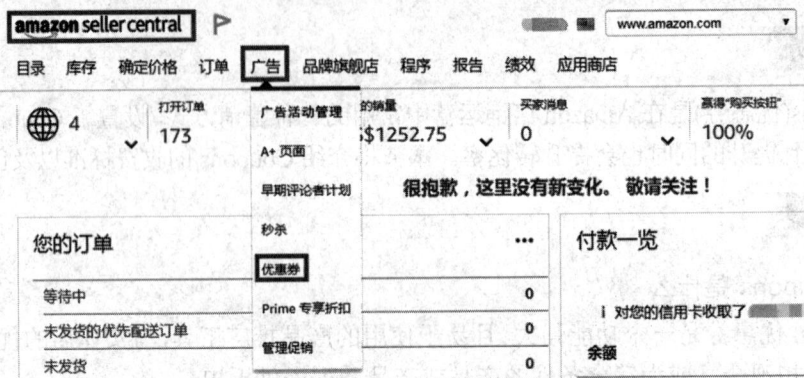

图 6-27　点击优惠券

(2) 点击【Create a new coupon】按钮创建一个新的优惠券，进入创建页面，如图 6-28 所示。

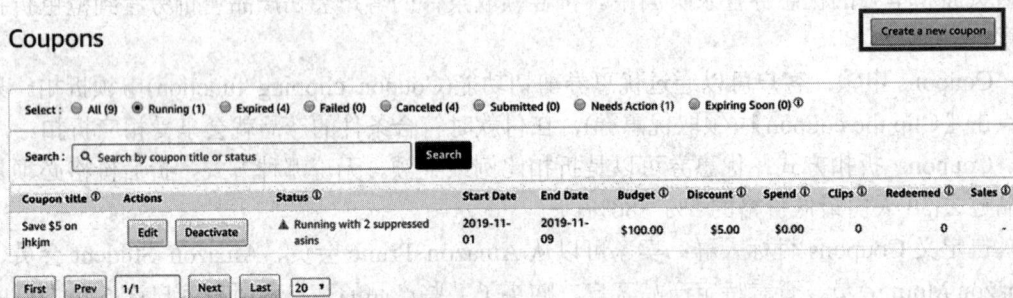

图 6-28　创建新的优惠券

(3) 根据 SKU、ASIN 或关键词搜索产品，然后添加产品到优惠券，一张 Coupon 最多可以添加 50 款产品，当要添加多个产品时，最好在同个子类别或产品组下选择，这样能为客户提供更好的使用体验，如图 6-29 所示。

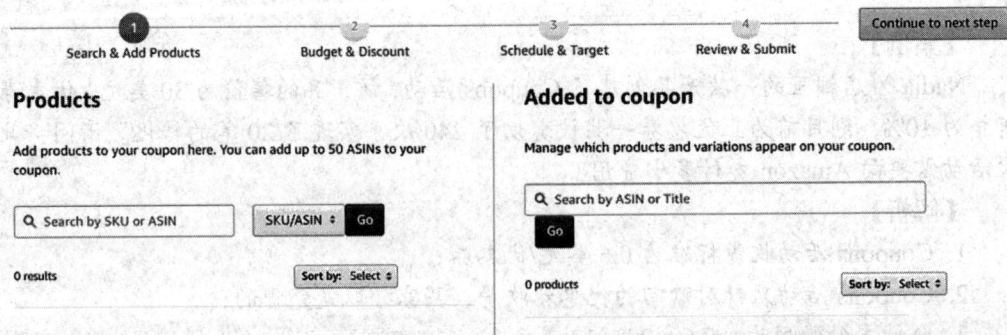

图 6-29　添加产品到优惠券

(4) 设置折扣金额和预算，Amazon 要求折扣价格必须是产品过去 30 天内最低价格的 5%～80%，预算最低是 100 美元，如图 6-30 所示。

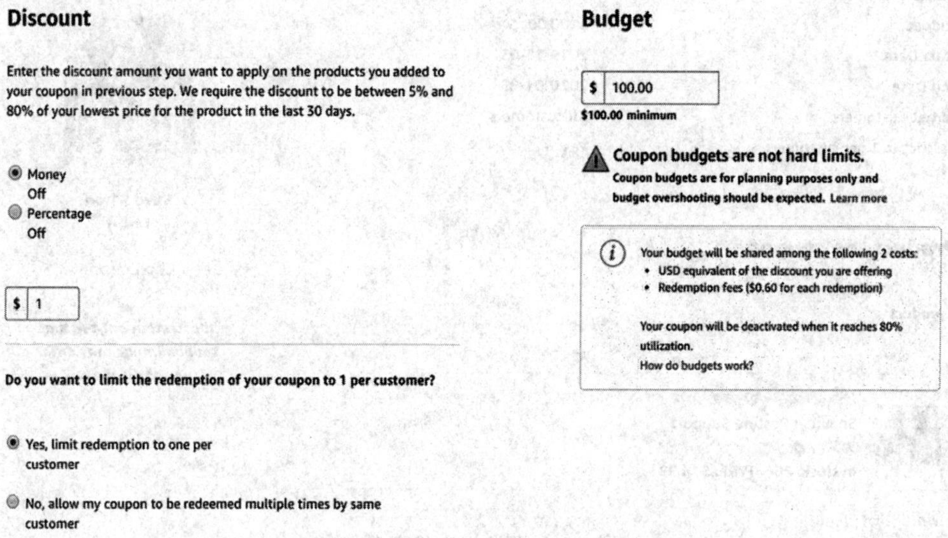

Discount

Enter the discount amount you want to apply on the products you added to your coupon in previous step. We require the discount to be between 5% and 80% of your lowest price for the product in the last 30 days.

◉ Money
　Off
◯ Percentage
　Off

$ 1

Do you want to limit the redemption of your coupon to 1 per customer?

◉ Yes, limit redemption to one per customer

◯ No, allow my coupon to be redeemed multiple times by same customer

Budget

$ 100.00
$100.00 minimum

⚠ **Coupon budgets are not hard limits.**
Coupon budgets are for planning purposes only and budget overshooting should be expected. Learn more

ⓘ Your budget will be shared among the following 2 costs:
　• USD equivalent of the discount you are offering
　• Redemption fees ($0.60 for each redemption)

Your coupon will be deactivated when it reaches 80% utilization.
How do budgets work?

图 6-30　设置折扣金额和预算

(5) 确定优惠券活动的标题、目标客户和有效期，如图 6-31 所示。Coupons 持续时间可以设置 1～90 天，卖家可以从以下 4 个目标群中任选其一：所有客户、Amazon Prime 会员、Amazon Student 会员、Amazon Mom 会员。

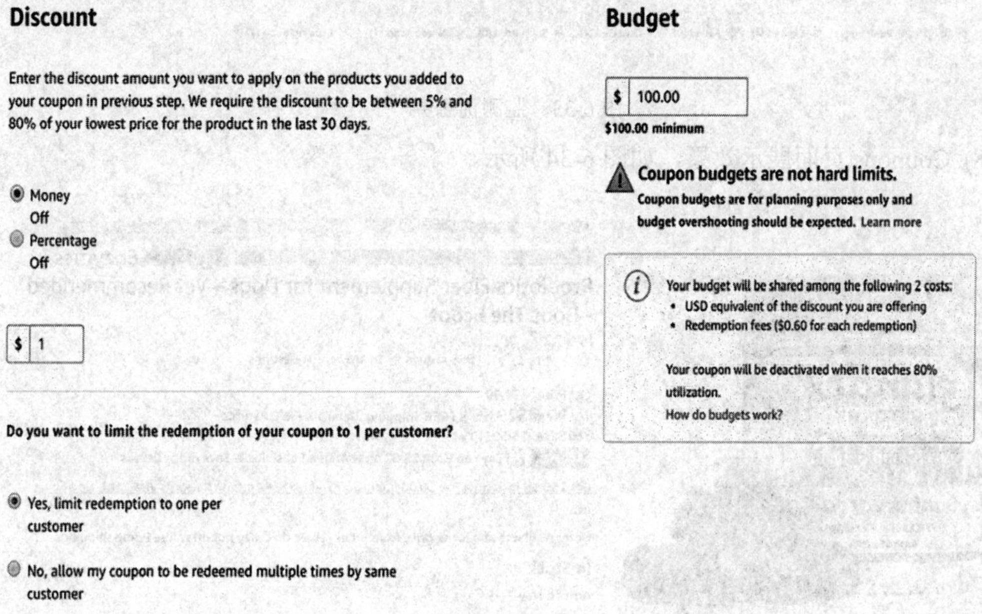

Discount

Enter the discount amount you want to apply on the products you added to your coupon in previous step. We require the discount to be between 5% and 80% of your lowest price for the product in the last 30 days.

◉ Money
　Off
◯ Percentage
　Off

$ 1

Do you want to limit the redemption of your coupon to 1 per customer?

◉ Yes, limit redemption to one per customer

◯ No, allow my coupon to be redeemed multiple times by same customer

Budget

$ 100.00
$100.00 minimum

⚠ **Coupon budgets are not hard limits.**
Coupon budgets are for planning purposes only and budget overshooting should be expected. Learn more

ⓘ Your budget will be shared among the following 2 costs:
　• USD equivalent of the discount you are offering
　• Redemption fees ($0.60 for each redemption)

Your coupon will be deactivated when it reaches 80% utilization.
How do budgets work?

图 6-31　设置标题、目标客户、有效期

(6) 预览并提交，在设置完优惠券活动以后，检查预览信息，确认无误后提交该优惠券，如图 6-32 所示。

Review and submit

			Coupon Preview
Coupon title	Save $1 on bnbn		
Budget	$100.00		
Start Date	2019-11-03		
End Date	2020-01-03		
Target Customers	All customers		Save $1 on bnbn
Restrict to 1 per customer	Yes		Clip Coupon

Illustration only. Actual coupon image may differ on the website.

Products on coupon

1 product

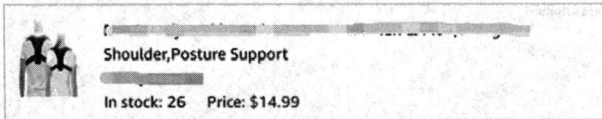

Shoulder,Posture Support

In stock: 26　　Price: $14.99

图 6-32　预览提交优惠券

(7) 监测 Coupons 表现。进入 Seller Central Coupon 页面，页面下方有一个【Running】选项，点击此处可实时监测 Coupons 的具体表现，如图 6-33 所示。

Coupons

Create a new coupon

Select: ⚪ All (9)　⚫ Running (1)　⚪ Expired (4)　⚪ Failed (0)　⚪ Canceled (4)　⚪ Submitted (0)　⚪ Needs Action (1)　⚪ Expiring Soon (1) ⓘ

图 6-33　监测优惠券

(8) Coupons 页面展示效果，如图 6-34 所示。

Enzymes, Probiotics Fiber Supplement for Dogs – Vet Recommended - Boot The Scoot

by

★★★★☆ ∨　858 ratings　|　18 answered questions

List Price: $32.99

Price: $29.69 & **FREE Shipping**. Details & FREE Returns

You Save: $3.30 (10%)

Coupon ☐ Save an extra $3.00 on your first Subscribe & Save order. Details

Get $50 off instantly: Pay $0.00 upon approval for the Amazon Rewards Visa Card. No annual fee.

Note: Available at a lower price from other sellers that may not offer free Prime shipping.

In Stock.

Arrives: Nov 7 - 9

Fastest delivery: **Tomorrow**

Order within 8 hrs 33 mins

⊘ Tim L T... - Columbus 43204

Sold by Vetnique Labs and Fulfilled by Amazon.

Roll over image to zoom in

图 6-34　优惠券展示效果

6.4　创建 Amazon 早期评论者计划

任务分析

拥有评价的产品转化率会远远高于没有评价的产品，Amazon 平台上的评价显得尤其珍贵，卖家都在想尽各种办法向买家索取评价，Amazon 的早期评论者计划就是帮助卖家获取评价的一种渠道。本节将对这一计划做详细的介绍。

任务实施

1. 什么是早期评论者计划

Amazon 会选择一些优质的买家作为早期评论家，并会给这些选中的早期评论家 1～3 美元的礼品卡作为写 Review(评论)的报酬，从而刺激这些早期评论家写真实可靠而且图文并茂的 Review。卖家不能直接和这些早期评论家取得联系，并且完全无法对其有任何影响。如果获得了早期评论，那么卖家的 Review 下面会有一个特殊的橘色标识 "Early Reviewer Rewards"，如图 6-35 所示。Amazon 在 2017 年 5 月份推出了早期评论者计划，并在 6 月份开始对卖家开放。

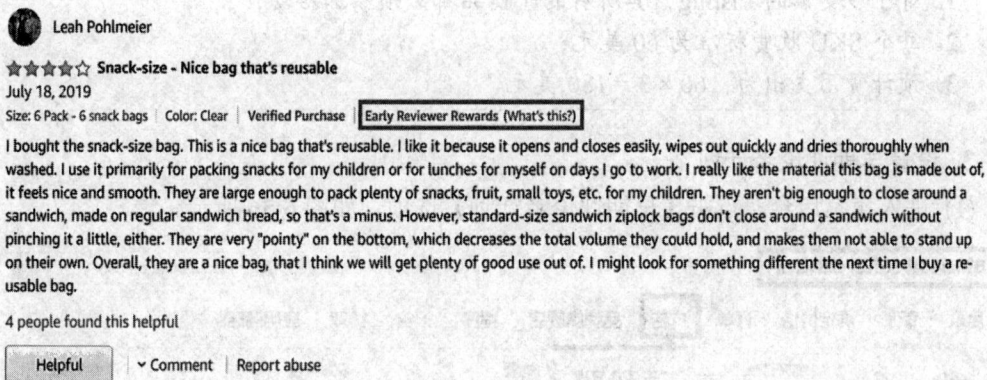

Leah Pohlmeier

★★★★☆ **Snack-size - Nice bag that's reusable**
July 18, 2019
Size: 6 Pack - 6 snack bags　|　Color: Clear　|　Verified Purchase　|　[Early Reviewer Rewards (What's this?)]

I bought the snack-size bag. This is a nice bag that's reusable. I like it because it opens and closes easily, wipes out quickly and dries thoroughly when washed. I use it primarily for packing snacks for my children or for lunches for myself on days I go to work. I really like the material this bag is made out of, it feels nice and smooth. They are large enough to pack plenty of snacks, fruit, small toys, etc. for my children. They aren't big enough to close around a sandwich, made on regular sandwich bread, so that's a minus. However, standard-size sandwich ziplock bags don't close around a sandwich without pinching it a little, either. They are very "pointy" on the bottom, which decreases the total volume they could hold, and makes them not able to stand up on their own. Overall, they are a nice bag, that I think we will get plenty of good use out of. I might look for something different the next time I buy a re-usable bag.

4 people found this helpful

[Helpful]　　ᵛ Comment　|　Report abuse

图 6-35　早期评论者显示页面

2. 早期评论者计划的背景

Amazon 从 2016 年 10 月 3 日开始禁止卖家通过任何折扣、赠予和提供奖励的方式引导买家或评论人给产品提供好评。

这虽然是 Amazon 的内部政策，但是让 Amazon 从美国法律上获得了对任何人为干预产品评价的参与者进行法律诉讼的权利。为了表明捍卫自己平台上的评价公平、公正性的决心，Amazon 在该政策公布后接连在美国起诉了多名发布虚假评价的评论人(Reviewer)和以折扣换评价的线上平台。

为了筛选所有产品的历史评价，Amazon 聘用了第三方公司筛查所有评价，并对违规评价和账号进行删除。这些审查标准包括：

(1) 留评价的账户是否通过 Amazon Gift Card 开设；

(2) 留评价的账户是否通过虚拟信用卡开设；

(3) 留评价的账户是否为 Prime 会员；

(4) 留评价的账户是否全部留下的是好评。

从 2017 年 6 月底开始，Amazon 更进一步对 Prime 账户留评进行了限制，这主要包括：

(1) 对每个 Prime 账户购买产品的订单数和评价数进行匹配，并限制留评比例；

(2) 监控每个 Prime 账户留评总数。

早期评论者计划的内容如下：

(1) 针对卖家：必须是成功完成 Amazon 品牌备案的第三方卖家；

(2) 产品限制：每个卖家可以提供最多 100 个父级产品 (Parent SKU)；

(3) 收费标准：每个 SKU 收取 60 美元的费用，如果有消费税产生也需要卖家支付；

(4) 持续时间：1 年或每个父级产品获取 5 个评价，满足任何一个条件后计划结束；

(5) 获评方式：由 Amazon 选取买家，成功参与的买家将获得由 Amazon 提供的 1～3 美元的礼品卡。

【案例】

某 Listing 有三个子商品，目前想对子商品 a 创建早期评论者计划。请问：此次活动预计会产生多少费用？

【解析】

1. 对于多变体的 Listing，其所有的子商品都必须参加活动；

2. 每个 SKU 收费标准为 60 美元；

3. 预计费用支出为：$60 \times 3 = 180$ 美元

3. 设置早期评论者计划

(1) 进入卖家后台，点击【早期评论者计划】选项，如图 6-36 所示。

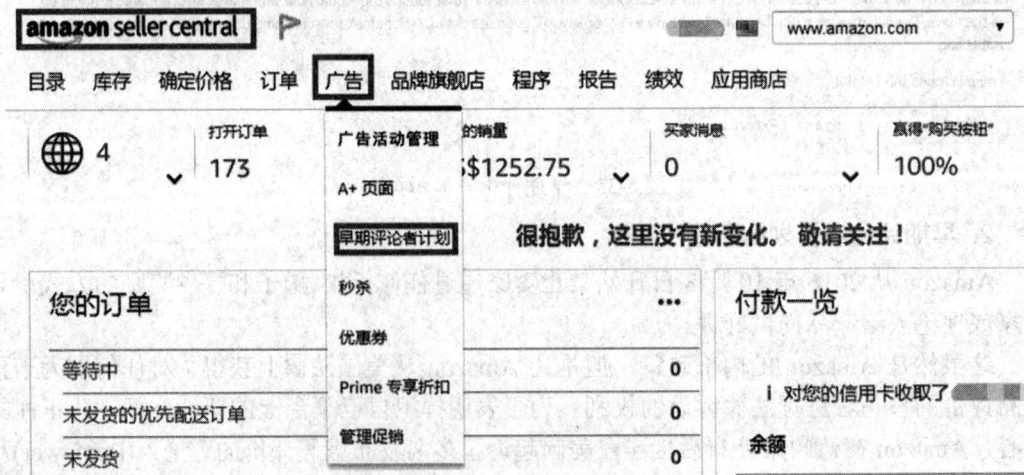

图 6-36　早期评论者页面

(2) 进入创建页面，点击【注册加入计划】选项或海报中的【开始使用】按钮，如图

6-37 所示。

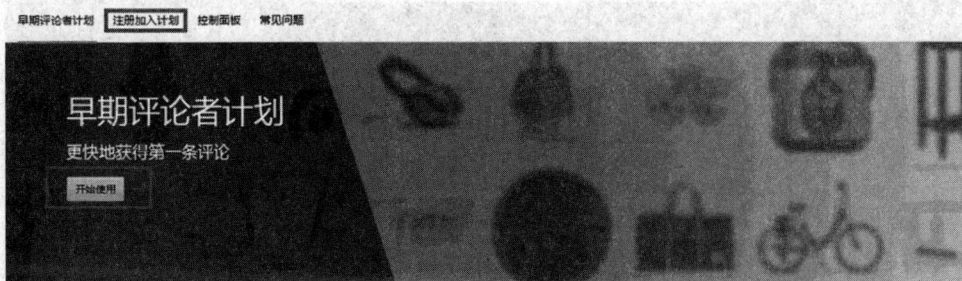

图 6-37　加入早期评论者

(3) 搜索要创建的产品 ASIN，并提交注册，如图 6-38 所示。注册 ASIN 需要符合的标准有：网站上的评论数必须少于 5 条；每种商品的报价必须高于 9 美元；提交的 ASIN 必须是父级或独立 ASIN。符合标准的变体子 ASIN 将自动随父 ASIN 一起注册。卖家可以在管理库存页面中找到父 ASIN 的信息。

图 6-38　添加需要创建的产品

6.5　Deals 活动

任务分析

Deals 活动是 Amazon 卖家快速获取和积累 Listing 评价与销量的主要方式之一，同时很多卖家的销售任务和利润也是依靠 Deals 活动完成的。Deals 活动在 Amazon 运营中是非常重要的一种推广方式。本节将介绍常见的几种 Deals 活动。

任务实施

1. Amazon 卖家能参加的秒杀类型

Amazon 主要包含了三种秒杀类型，分别是 Best Deal、Lightning Deal、DEAL OF THE DAY，打开 Amazon 前台页面，在首页位置可以点击【Today's Deals】选项查看秒杀活动，如图 6-39 所示。

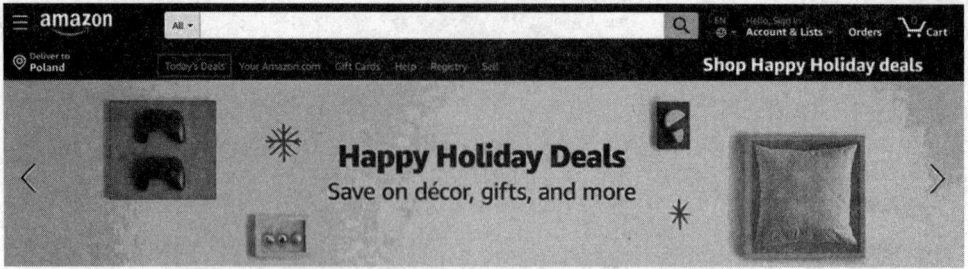

图 6-39　Today's Deals 页面

1) Best Deal

Best Deal 简称 BD，在界面通常显示的是"Savings&Sales"，秒杀时间维持两周，不收取费用，如图 6-40 所示。

图 6-40　Best Deal 页面

2) Lightning Deal

Lightning Deal 简称 LD，秒杀时效一般持续 4～6 小时，产品界面带进度条和计时器，给用户一种不秒杀马上就售完的感觉，每个 ASIN 收取 150 美元，如图 6-41 所示。

图 6-41　Lightning Deal 页面

3)　DEAL OF THE DAY

DEAL OF THE DAY 简称 DOTD，秒杀时间仅为一天，这个是最难申请的。打开 Today's Deals 页面，第一个显示的就是 DOTD，每天只有三个广告位，极为珍贵，如图 6-42 所示。

图 6-42　DEAL OF THE DAY 页面

2. Amazon 站内 Deal 申请条件

1)　Best Deal 申请

只能通过招商经理渠道去申请 Best Deal，Amazon 会对卖家的产品以及整个店铺的表现进行审核，并由招商经理提报最终版本申请至美国秒杀团队，进行最终审核，由客户经理最终提报，确定秒杀上限时间。Best Deal 申请条件如下：

(1)　至少 3 颗星以上顾客评价。

(2)　活动价格应为该 Listing 30 天内最低售价的 8.5 折或更低。

(3)　秒杀产品必须是 3P 独有产品，若该产品有多个卖家共享页面，则秒杀客户必须赢得黄金购物车，并且为当时的最低价格。

(4)　使用 FBA。

(5)　报名频率：每月最多两次。

2)　Lightning Deal 申请

当后台出现 Lightning Deal 的推荐时，卖家可以直接在后台申请，通过 Seller Central 的 Advertising 中 Lightning Deal 申请，也可以根据招商经理提供的表格申请。申请成功后，在后台是可以看到的。Lightning Deal 申请条件如下：

(1)　秒杀价格应为该 Listing 30 天内最低售价的 20%或更低，并且秒杀后的两周内产品价格须高于参与秒杀时的价格。

(2)　产品详情页面及图片必须符合 Amazon 规则，而且必须至少有一个买家反馈且评级不低于 3 颗星，30 天内不可重复秒杀。

(3)　秒杀产品必须是 3P 独有产品，若该产品有多个卖家共享页面，则秒杀客户必须赢得黄金购物车，并且为当时的最低价格。

(4)　参与秒杀的产品须经 Amazon FBA 配送，并且有足够库存。父 SKU 下的所有子 SKU

必须同时参与秒杀，以确保产品样式的丰富和完整。

注意：电子香烟、酒精、成人用品、医疗设备和药品、婴儿配方奶粉等产品类型不能参加秒杀 Lightning Deal 活动。

3）DEAL OF THE DAY 申请

DOTD 的销售效果一般要比其他 Deals 活动好很多，但审核比较严格，所以报名的难度也比较大。如果产品有参加 BD，则 BD 价格也会作为历史最低价，在此基础上再打 8 折。所以，一般情况下 LD、BD、DOTD 的产品要分开进行申请。DEAL OF THE DAY 申请条件如下：

(1) 具有 10~20 万的库存。

(2) 必须有 20%以上的折扣。

(3) 20 条以上的 Review。

(4) 四星级以上的 Review 分数。

(5) 带视频以及 A+ 页面的 Listing。

(6) 30 天最低价的 20%。

(7) 52 周的最低价。

(8) 现在价格的 20%。

【案例】

通过对 Deals 活动的学习，Nadia 发现 Deals 活动要求的折扣都比较低，产品的利润也会很低。那么卖家为什么还要做 Deals 活动呢？

【解析】

1. Deals 活动单笔订单的折扣会低一些，但是交易量会很大，所以综合利润还是比较可观的；

2. Deals 活动短期积累的销量可以为 Listing 带来大量的自然流量，活动之后的销量也会得到提升；

3. Deals 活动积累的销量和评价也会大幅度地提升产品的转化率。

6.6　创建其他促销活动

任务分析

产品打折、包邮、买赠等活动都是日常购物中经常看到的促销方式，在 Amazon 平台也是一样的，这些类型的促销活动往往也能激发买家的购买欲。本节将介绍打折、包邮和买赠的促销设置。

任务实施

1. 创建商品列表

(1) 进入 Amazon 后台，在【广告】菜单下点击【管理促销】选项进入促销管理后台，如图 6-43 所示。

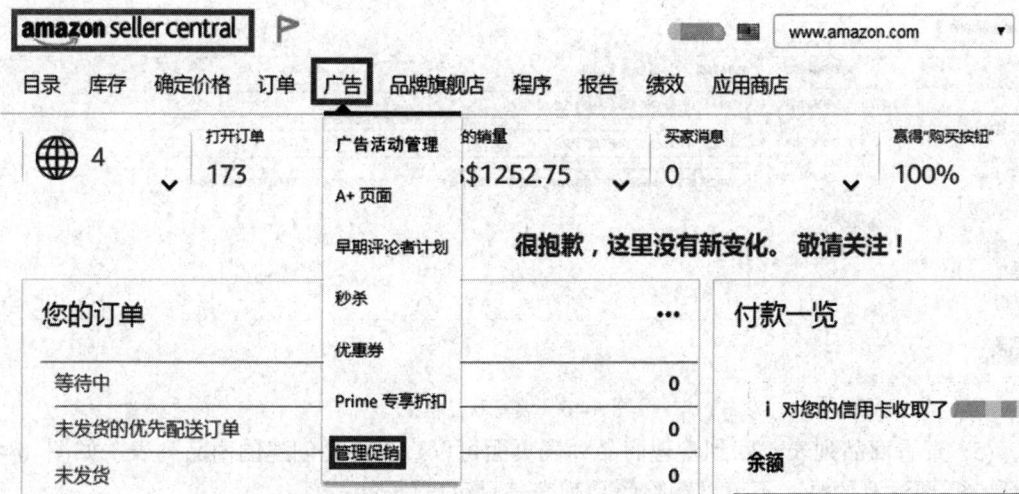

图 6-43　管理促销

(2) 管理商品列表。促销管理后台有【创建促销】、【管理您的促销】和【管理商品列表】三个选项，点击最右边的【管理商品列表】选项，进行添加商品列表设置，如图 6-44 所示。

图 6-44　管理商品列表

(3) 选择商品类型。首先需要选择商品的类型，包含 SKU 列表、ASIN 列表、浏览分类节点编号列表、品牌名称列表和高级商品列表。如果不进行手动点选则是无法点击【创建商品列表】进入下一项的，如图 6-45 所示。

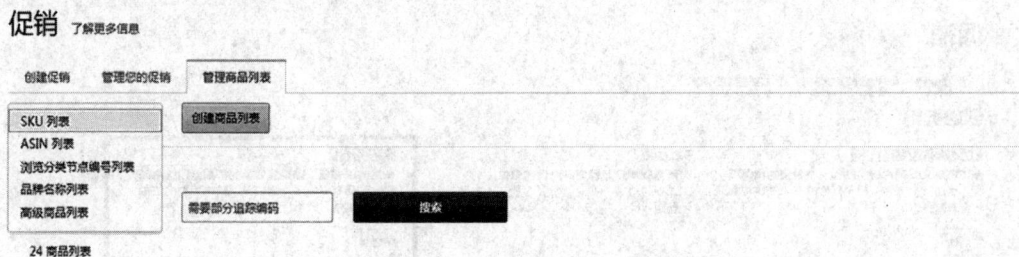

图 6-45　选择商品类型

(4) 填写商品信息。商品列表类型和促销识别名称都是供之后查询使用的，如果上一步的商品类型选择的是 ASIN 列表或其他，则这里将显示对应的名称，将需要添加的商品 ASIN 一行一个填入列表框，点击【提交】按钮，如图 6-46 所示。

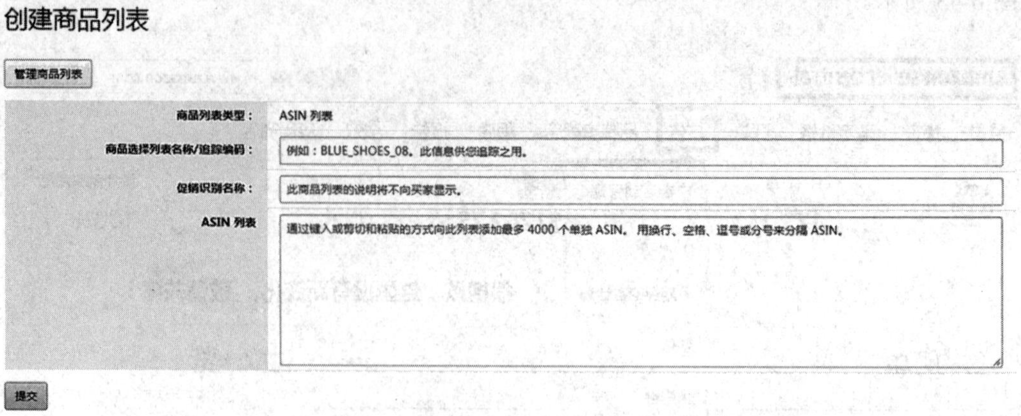

创建商品列表

图 6-46　填写商品信息

(5) 查看商品列表。回到管理商品列表页面可以查看已经创建的商品列表，如图 6-47 所示。需要注意的是，不可以删除商品列表，只可以修改它。

图 6-47　查看商品列表

2. 设置 Percentage Off 促销

1) 选择促销类型

如图 6-48 所示，点击【购买折扣】类型下的【创建】按钮，进入下一步，Percentage Off(购买折扣)促销是最为常见的一种促销方式。

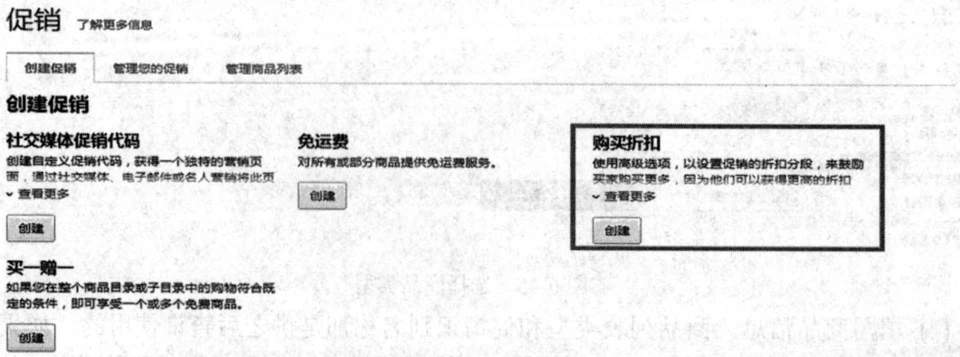

图 6-48　选择促销类型

2) 选择促销条件

(1) 可以选择"满件"或 "满金额"参加活动；

(2) 可以设置阶梯折扣，最多可设置 9 个层级；

(3) 可设置不参加活动的商品；

(4) 如果上一步没有创建商品组，可以在这里创建，如图 6-49 所示。

创建促销: 购买折扣

图 6-49　选择促销条件

3) 设置促销时间

(1) 开始时间需要设置在当前时间 4 小时之后；

(2) 活动在结束 4 小时之后才真正结束，如图 6-50 所示。

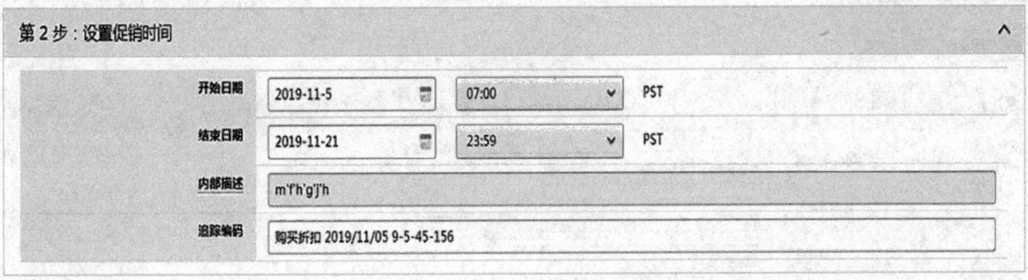

图 6-50　设置促销时间

4) 更多选项

(1) 优惠码用来设置用户可以参加多少次促销活动；

(2) 折扣码类型代表的是能否和其他活动共同参加；

(3) 需购买商品显示文本，将会在页面呈蓝色字体显示，是可以点击的；

(4) 点击【查看】进行促销预览，如图 6-51 所示。

(5) 预览如果没有问题就可以点击【提交活动】按钮，这时活动就创建成功了。

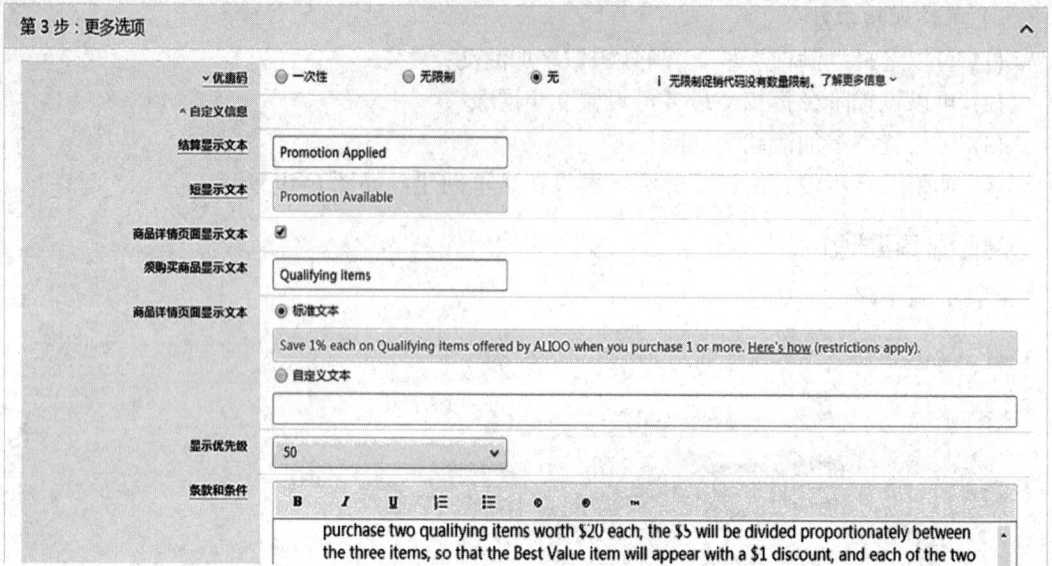

图 6-51　填写其他促销信息

设置促销活动需注意以下事项：

(1) 在活动管理页面可以查看活动，刚设置的促销活动需要点击【活动状态】选择【待生效】查看。

(2) 活动可以进行二次编辑，活动中可以修改结束时间，同样是当前时间之后 4 小时。

(3) 如果有同样的活动需求则可以复制促销活动。

3. 创建其他形式的促销

(1) 免运费，可以对符合条件的产品进行免运费设置，如图 6-52 所示。

图 6-52　设置免运费活动

（2）买一赠一，对指定的商品添加赠品，如图 6-53 所示。

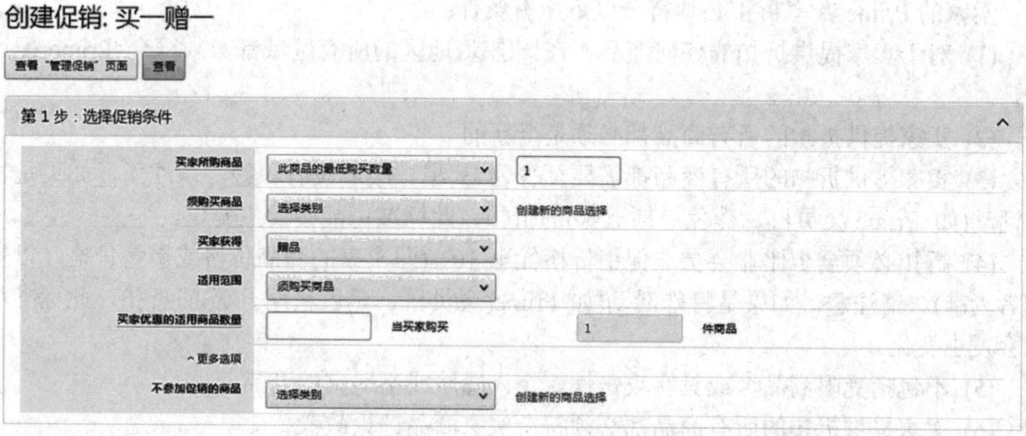

创建促销: 买一赠一

查看 "管理促销" 页面　查看

图 6-53　设置买一赠一活动

【案例】

学习了优惠券以及折扣工具之后，Nadia 和她的团队为一款包做了以下促销活动，该产品售价 60 美元，做了一个 20%的独用型 Off，同时还做了一个 10 美元的优惠券。在不考虑其他费用的情况下，请问用户最终支付的金额为多少？

【解析】

1. 独用型 Off 的折扣码不会和其他的折扣活动形成折上折，是单独使用的；
2. 优惠券是指在最终支付的金额中直接抵扣的面额；
3. 在不考虑其他费用的情况下，用户最终支付的金额为：$60 \times (1 - 20\%) - 10 = 38$ 美元。

6.7　Prime 专享折扣

任务分析

Prime 专享折扣是针对 Amazon Prime 会员的专属折扣，而这部分买家也是 Amazon 上最优质的买家群体。通过设置 Prime 专享折扣活动可以很大程度上提升买家的购买欲，提升产品转化率。本节将详细介绍 Prime 专享折扣活动的有关知识。

任务实施

1. Prime 专享折扣介绍

Prime 专享折扣是面向 Prime 会员的价格折扣，在搜索结果和商品详情页面中，提供 Prime 专享折扣的商品将向 Prime 会员显示带删除线的定价和节省信息。

针对折扣调整的价格将显示在面向 Prime 会员的详情页面"购买"按钮上。在黑色星期五和网购星期一，Prime 专享折扣商品将为 Prime 会员显示黑色星期五或网购星期一促销标记。

卖家的 Prime 专享折扣必须符合以下所有条件：

(1) 对于卖家提供折扣的任何商品，在该国家/地区的所有区域都必须符合 Prime 配送条件。

(2) 卖家提供折扣的所有商品都必须是全新的。

(3) 卖家提供折扣的所有商品都需要至少为 3 星评级或没有评级。请注意，如果是特殊活动(如 Prime 会员日、黑色星期五等)的折扣，此标准可能会发生变化。

(4) 折扣必须至少比非会员非促销价格优惠 10%(即卖家的商品价格或销售价格，以较低者为准)。请注意，如果是特殊活动(如 Prime 会员日、黑色星期五等)的折扣，此标准可能会发生变化。

(5) 不包括受限商品，或具有攻击性、令人尴尬或不适宜的商品。

(6) 卖家提供折扣的所有商品都必须符合买家商品评论政策。

(7) 卖家提供折扣的所有商品都必须符合定价政策。

2. 创建 Prime 专享折扣活动

(1) 在卖家平台的【广告】菜单下选择【Prime 专享折扣】选项，如图 6-54 所示。

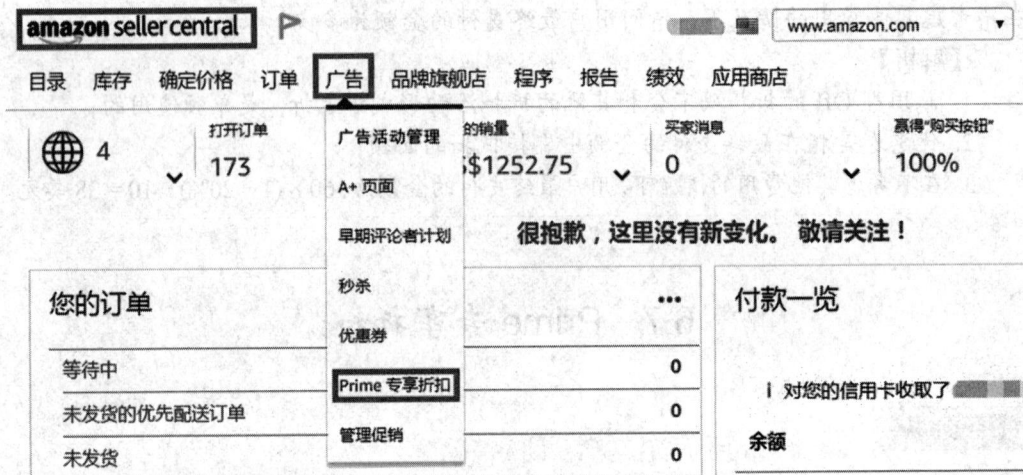

图 6-54　Prime 专享折扣

(2) 点击【查看折扣上传模板】按钮下载电子表格，并填写卖家的商品和定价信息，如图 6-55 所示。

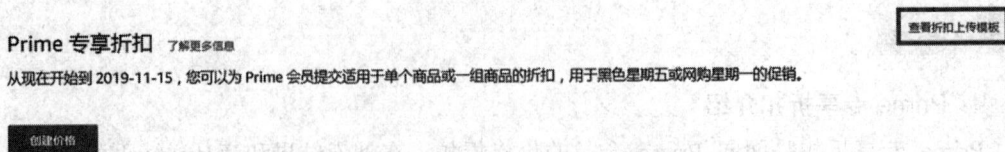

图 6-55　下载折扣上传模板

(3) 点击 Prime 专享折扣页面中的【创建价格】按钮，输入折扣名称和日期，然后上传填写好的促销上传电子表格，如图 6-56 所示。

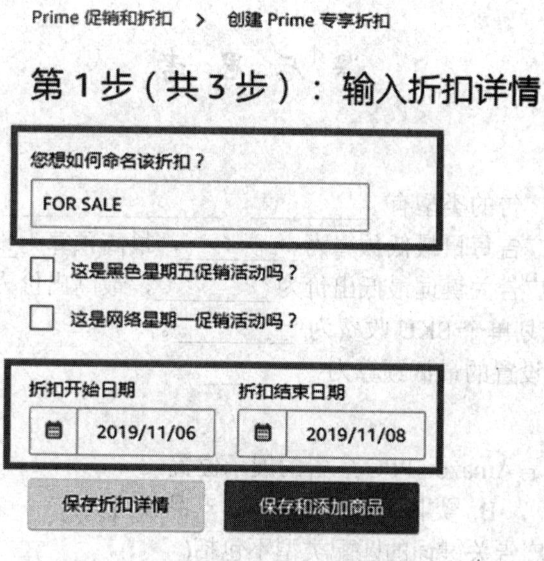

Prime 促销和折扣 ＞ 创建 Prime 专享折扣

第 1 步（共 3 步）：输入折扣详情

您想如何命名该折扣？

FOR SALE

☐ 这是黑色星期五促销活动吗？

☐ 这是网络星期一促销活动吗？

折扣开始日期	折扣结束日期
📅 2019/11/06	📅 2019/11/08

保存折扣详情　　保存和添加商品

图 6-56　输入折扣详情

（4）检查并编辑在审核阶段未满足上述条件的商品的相关信息，然后点击【提交折扣】按钮，如图 6-57 所示。

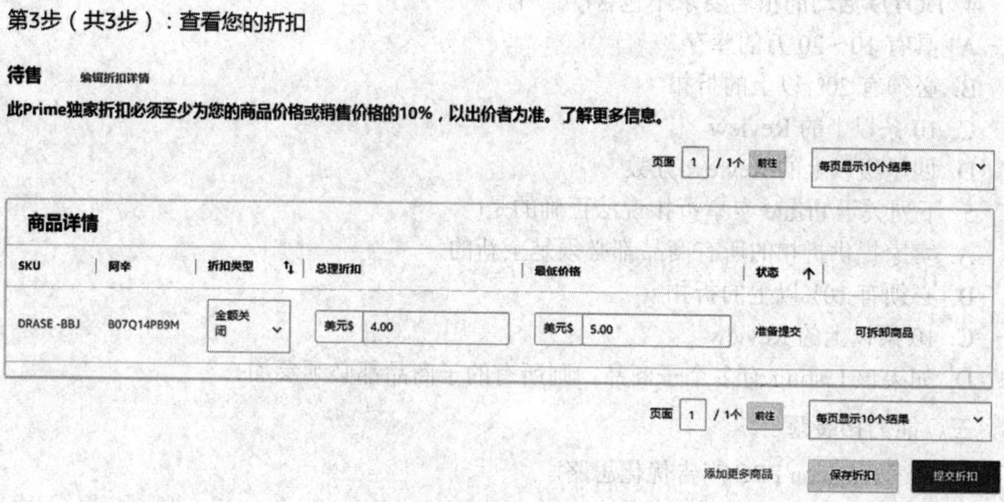

第3步（共3步）：查看您的折扣

待售　编辑折扣详情

此Prime独家折扣必须至少为您的商品价格或销售价格的10%，以出价者为准。了解更多信息。

页面 1 / 1个 前往　　每页显示10个结果

商品详情					
SKU	阿辛	折扣类型 ↑↓	总理折扣	最低价格	状态 ↑
DRASE -BBJ	B07Q14PB9M	金额关闭	美元$ 4.00	美元$ 5.00	准备提交　可拆卸商品

页面 1 / 1个 前往　　每页显示10个结果

添加更多商品　保存折扣　提交折扣

图 6-57　提交折扣

本 章 小 结

本章介绍了在 Amazon 平台运营中常用的营销推广方式，通过营销推广活动可以有效地促进产品的成长，但是产品若要长期地保持盈利还得依靠产品本身。所以，在店铺准备开始通过营销活动来促进产品成长时，一定要确保产品是被市场所认可的，产品的品质是被市场所接受的，同时需要为营销活动制订详细的计划。

课 后 思 考

一、填空题

1. Amazon PPC 广告的类型有 _____、_____、_____。
2. Amazon PPC 广告每日最低预算为_____，最高预算为_____。
3. Amazon PPC 广告关键词最低出价为_____，最高出价为_____。
4. 早期评论者计划单个 SKU 收费为 _____。
5. Coupons 活动设置的最低预算为_____。

二、单选题

1. 下列(　　)不是 Amazon PPC 广告的展示位置。

A. 搜索结果页　　　　B. 类目页　　　　　　C. 产品详情页　　　　D. 首页

2. Amazon PPC 广告关键词的匹配类型不包括(　　)。

A. 词组匹配　　　　B. 广泛匹配　　　　C. 自动匹配　　　　D. 精准匹配

3. 下列(　　)属于 Amazon 店铺的促销类型。

A. 购买折扣　　　　B. 包邮　　　　　　C. 买一送一　　　　D. 免费试用

4. DOTD 活动的报名要求不包含(　　)。

A. 具有 10~20 万的库存

B. 必须有 20%以上的折扣

C. 10 条以上的 Review

D. 四星级以上的 Review 分数

5. 下列关于 Prime 专享折扣说法正确的是(　　)。

A. 卖家提供折扣的所有商品都必须是全新的

B. 必须有 10%以上的折扣

C. 10 条以上的 Review

D. 如果该 Listing 有多个子商品，则所有的子商品都必须参加

三、能力拓展题

1. 简述 Amazon PPC 广告优化思路。
2. 为店铺设计一份推广方案。

第 7 章　Amazon 数据报告解读

项目介绍

　　Nadia 带领团队经过认真的学习，为店铺的主推款产品创建了 PPC 广告，并为店铺设计了营销方案。但是在对后续的广告效果进行追踪和优化时却显得很无力，并且对产品的优化也没有思路。针对这些问题，Nadia 需要通过店铺的运营数据找到解决办法。

　　数据是运营决策形成的基础，同时也是运营效果的反馈。Amazon 的运营也需要依托于数据反馈，不通过数据盲目做出的运营决策往往是无效的甚至还会造成负面反应。

　　Nadia 和她的团队需要在学习了 Amazon 店铺的数据报表后，根据数据分析的结果对 PPC 广告和店铺产品进行优化。

本章所涉及任务：

※　工作任务一：解读 Amazon PPC 广告报告。

※　工作任务二：解读库存数据报告。

※　工作任务三：解读业务报告。

※　工作任务四：解读付款数据报告。

【知识点】

1. 广告数据报告数据指标；

2. 库存数据报告数据指标；

3. 业务报告数据指标；

4. 付款数据报告数据指标。

【技能点】

1. 解读和运用广告数据报告；

2. 解读和运用库存数据报告数据指标；

3. 解读和运用业务报告数据指标；

4. 解读和运用付款数据报告。

7.1　广告数据报告解读

任务分析

　　Amazon 广告是带动流量的一大来源，那么怎么看 Amazon 广告报表，如何分析呢？学会分析 Amazon 广告报告对卖家来说很重要，虽然卖家都知道投放广告是成效快、效益高的方式，但是如果只是砸钱投广告而没有分析，则可能会出现投入成本高，即使卖出了不少产品也并没有赚多少的情况。为了避免卖家出现这样的情况，本节将解读 Amazon 广告报告有关事宜。

任务实施

卖家可以参照以下步骤下载广告报告。

(1) 打开 Amazon 卖家后台 seller central，点击【广告】菜单，出现下拉列表，在列表中找到并点击【广告活动管理】选项，如图 7-1 所示。

图 7-1　广告活动管理

(2) 进入广告活动管理页面，点击【广告报告】菜单，如图 7-2 所示。

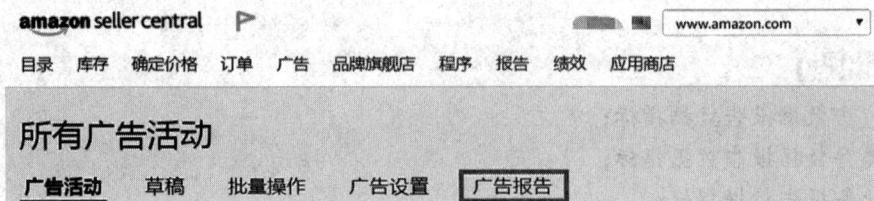

图 7-2　广告报告

(3) 进入广告报告页面，点击选择【报告类型】，选择【报告阶段】，选择【数据范围】，然后点击【创建报告】按钮即可创建报告申请，如图 7-3 所示。

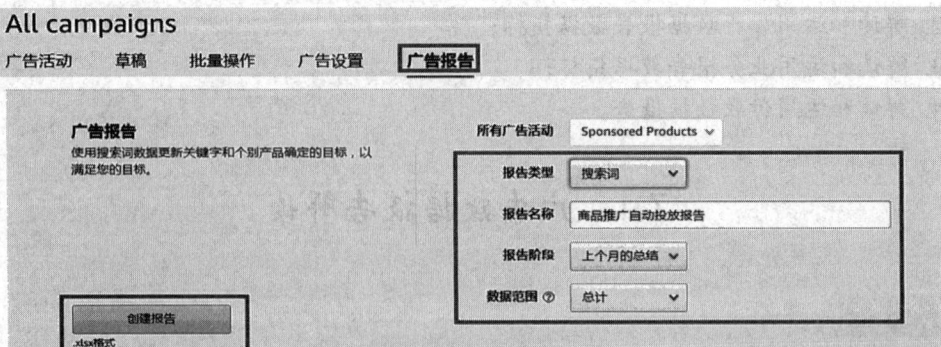

图 7-3　创建报告

　　下载的报告类型包含搜索词、投放、已推广的商品、活动、位置、已购买商品和按时间查看业绩，如图 7-4 所示。

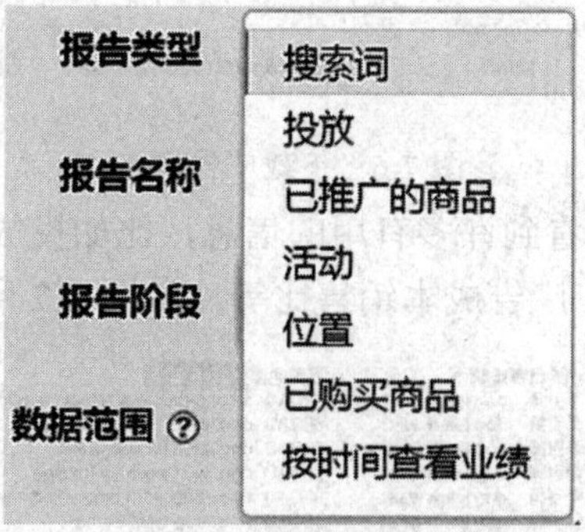

图 7-4　报告类型

　　· 搜索词报告。通过搜索词报告，卖家可以了解买家是通过什么关键词进入产品页面的，卖家还可以通过此报告筛选出优质的关键词，并为不理想的关键词进行否定。

　　· 投放。投放指在 PPC 广告中卖家所买的关键词，如果所买的关键词没有被买家点击，则在报表中不会呈现。

　　· 已推广的商品报告。通过已推广的商品报告，卖家可以了解最近一次的所有广告活动中推广的 ASIN 的销售额和业绩指标，还可以使用此报告查看广告在某一段时间内的业绩，进而确定是否需要调整广告策略。Amazon 可提供最近 90 天自定义日期范围内的已推广的商品报告。

　　· 活动。使用广告活动报告可以更好地了解广告活动的整体业绩。Amazon 可提供最近 60 天内的广告活动报告。

　　· 已购买商品报告。已购买商品报告提供有关买家在点击广告后购买的未推广 ASIN 的详细信息。此报告可以帮助卖家找到新的推广机会，并了解买家购买了哪些商品。Amazon 可提供最近 60 天自定义日期范围内的已购买商品报告。

　　· 按时间查看业绩报告。按时间查看业绩报告会显示点击量、每次点击费用(CPC) 和所有商品推广活动的支出。卖家可以使用此报告了解总支出和业绩。Amazon 可提供最近 90 天自定义日期范围内的按时间查看业绩报告。

　　报告的时间阶段(范围)可选：今天、昨天、到目前的周总结、上周、到目前的月总结、上个月的总结、自定义，如图 7-5 所示。

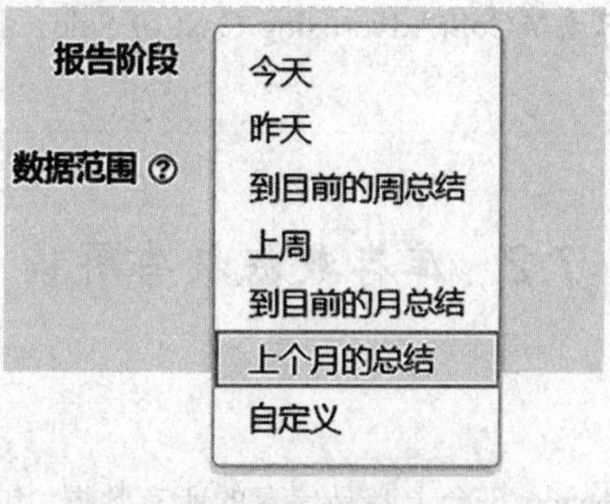

图 7-5　报告时间阶段

(4) 经过几秒后就可以点击右侧的【下载】按钮下载广告报告，如图 7-6 所示。

报告摘要 参考编号		报告类型	报告阶段	数据范围	创建日期	文件
商品推广自动投放报告 c8b70055-6631-1378-d1b2-307ebb70d257		搜索词	2019/09/01 - 2019/09/30	总计	2019/10/25	下载

图 7-6　下载广告报告

(5) 打开广告报告，可以看到许多有用的信息，比如投放、客户搜索词、广告点击量、广告点击率、广告点击成本、广告成本销售比等，如图 7-7 所示。

开始日期	结束日期	广告组合名称	货币	广告活动名称	广告组名	投放	匹配类型	客户搜索词	曝光量	点击量	点击率(CTR)	每次点击成本(CPC 花费)
Sep 17, 2019	Sep 17, 2019	Not grouped	USD	教学用	牵引绳	dog leash waist	BROAD	around the waist tether leash for dogs	1	1	100.0000%	$ 2.03	$ 2.03
Sep 12, 2019	Sep 12, 2019	Not grouped	USD	教学用	牵引绳	dog leash waist	BROAD	dog leash 7 feet waist	1	1	100.0000%	$ 0.23	$ 0.23
Sep 12, 2019	Sep 12, 2019	Not grouped	USD	教学用	牵引绳	dog leash waist	BROAD	dog leash for your waist	1	1	100.0000%	$ 1.68	$ 1.68
Sep 16, 2019	Sep 16, 2019	Not grouped	USD	教学用	牵引绳	dog leash waist	BROAD	dog waist leash for running	6	2	33.3333%	$ 2.09	$ 4.18
Sep 12, 2019	Sep 12, 2019	Not grouped	USD	教学用	牵引绳	dog leash waist	BROAD	three dog leash tangle free waist	1	1	100.0000%	$ 1.79	$ 1.79
Sep 15, 2019	Sep 15, 2019	Not grouped	USD	教学用	牵引绳	dog leash waist	BROAD	three dog walk leashes	3	1	33.3333%	$ 2.15	$ 2.15
Sep 13, 2019	Sep 13, 2019	Not grouped	USD	教学用	牵引绳	dog leash waist	BROAD	waist strap for dog leash	1	1	100.0000%	$ 1.75	$ 1.75
Sep 05, 2019	Sep 06, 2019	Not grouped	USD	手动广告	牵引绳	waist leash	BROAD	dog leash around waist	7	2	28.5714%	$ 1.76	$ 3.51
Sep 05, 2019	Sep 05, 2019	Not grouped	USD	手动广告	牵引绳	waist leash	BROAD	dog waist leash	12	1	8.3333%	$ 2.19	$ 2.19
Sep 08, 2019	Sep 08, 2019	Not grouped	USD	手动广告	牵引绳	waist leash	BROAD	dog waist leash	8	1	12.5000%	$ 1.51	$ 1.51
Sep 09, 2019	Sep 09, 2019	Not grouped	USD	手动广告	牵引绳	waist leash	BROAD	waist leads leash	1	1	100.0000%	$ 2.59	$ 2.59
Sep 04, 2019	Sep 05, 2019	Not grouped	USD	手动广告	牵引绳	waist leash	BROAD	waist leash for dogs black	11	2	18.1818%	$ 3.44	$ 6.88
Sep 06, 2019	Sep 06, 2019	Not grouped	USD	手动广告	牵引绳	waist leash	BROAD	waist tie dog leash	2	1	50.0000%	$ 0.75	$ 0.75

图 7-7　查看广告报告

- 客户搜索词：基于卖家所买关键词和匹配类型所匹配出来的用户搜索并有点击的关键词。
- CTR(点击率)：买家看到卖家的商品并进行点击的百分比，计算方法是点击量除以曝光量。
- CPC(每次点击费用)：为关键词点击量支付的平均金额，计算方法是总支出除以点击量。
- 曝光量：关键词获得的曝光次数。
- 点击量：广告获得的点击次数。

> 【案例】
> 　　Nadia 在学习了广告以及广告数据报告之后依然有些迷茫，不知道广告优化应该从哪里下手。请试着给出一些建议。
> 【解析】
> 　　1. 广告的优化并没有固定的公式，但是广告优化需要结合自己的广告目的进行；
> 　　2. 建议诊断顺序：账户概况→广告系列→广告组→产品(关键词)；
> 　　3. 广告的优化不能只看 ACoS(Advertising Cost of Sale，投入产出比)这一指标，需要综合多种因素进行优化。

7.2　库存数据报告解读

任务分析

　　库存报告是卖家在 Amazon 平台上商品信息的所有数据，包含了此前所有发布的商品。

因为随时会有买家购买商品，所以库存报告中的数量只能算作卖家可售库存的抽查结果，也许就在报告生成的过程中，其中的数据就已经过时了。所以，拥有专业销售账户的卖家可以下载库存报告进行实时分析，了解自己的库存情况。

任务实施

卖家可以参照以下步骤请求和下载库存报告。

(1) 打开 Amazon 卖家后台 seller central，在【库存】菜单下选择【库存报告】选项，如图 7-8 所示。

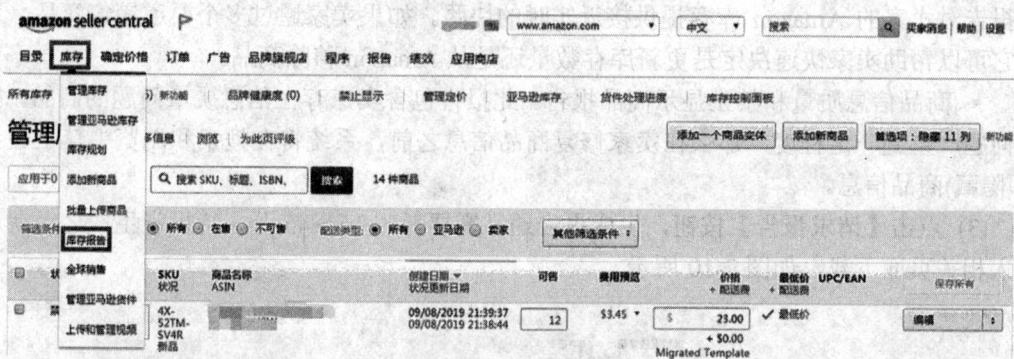

图 7-8　查看库存报告

(2) 从下拉菜单中选择报告类型，报告类型如图 7-9 所示。

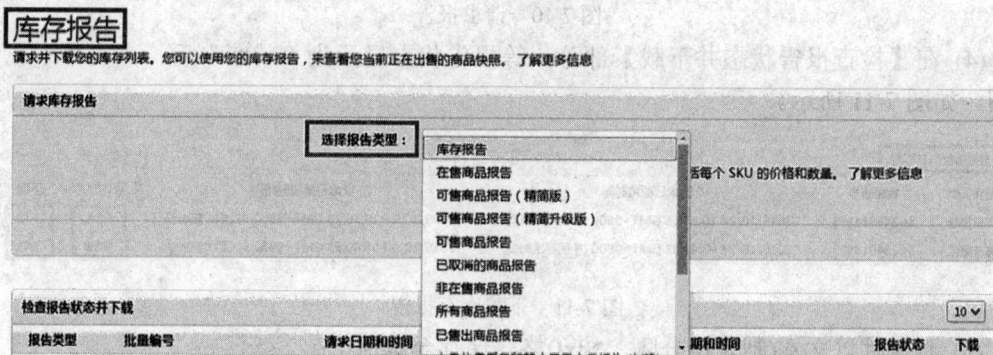

图 7-9　选择库存报告类型

报告类型解读如下：

• 在售商品报告。在售商品报告生成时包含卖家已在 Amazon 上发布的所有商品的概况。在售商品报告包含每个商品的详情，如状况、商品说明和媒介类商品(图书、音乐、影视) 配送设置。如果卖家注册了 Amazon 物流(FBA)，则报告中将额外包含一列，用于表明配送渠道是卖家配送还是 Amazon 配送。如果卖家的商品不超过 50 000 种，可使用在售商品报告；如果商品超过 50 000 种，则必须使用库存报告。

• 非在售商品报告。非在售商品报告与在售商品报告类似，但它提供的所有商品均处于非在售状态，包含数量为零的商品、被屏蔽的商品、被禁止显示的商品、尚未开售的商品以及超过促销结束日期的商品。

• 所有商品报告。所有商品报告提供的是特定卖家所有商品的快照。此报告包含处于在售、非在售和未完成状态的商品。

• 佣金预览报告。佣金预览报告包含卖家请求报告时可供购买的商品的相关信息。对于每件商品，此报告将提供根据卖家当前所列商品价格估算的销售佣金，价格中不包含购买时支付的运费或礼品包装费。

• 已取消的商品报告。此报告包含 Amazon 取消的所有商品，其中不包含已售完、通过库存加载工具清除或卖家取消的商品。

• 已售商品报告。此报告包括通过 Amazon 售出的所有商品。

• Amazon 配送的库存报告。只有使用 Amazon 物流(FBA)的卖家才会看到此报告选项。此报告对卖家的 Amazon 库存提供接近实时的快照。如果卖家通过多个渠道销售商品，那么它可以帮助卖家快速决定是更新库存数量还是从 Amazon 移除商品。

• 商品信息质量和禁止显示商品报告。此报告包含卖家存在信息质量问题的商品。如果问题严重到一定程度，那么在卖家修复商品信息之前，系统将在搜索和浏览中禁止显示(即隐藏)商品信息。

(3) 点击【请求报告】按钮，生成报告通常需要耗时 15～45 分，待报告生成之后就可进入相关页面下载，如图 7-10 所示。

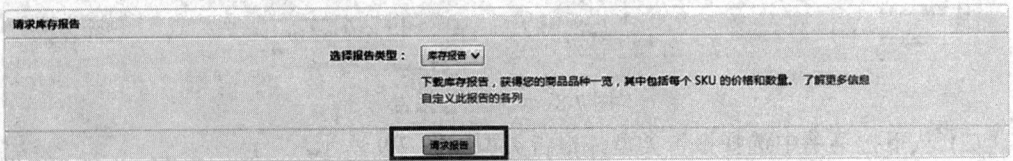

图 7-10　请求报告

(4) 在【检查报告状态并下载】部分，等报告状态显示为"就绪"后，点击【下载】按钮，如图 7-11 所示。

图 7-11　下载库存报告

(5) 将文件以文本(制表符分隔，*.txt)格式保存至本地电脑。

(6) 在电子表格或数据库程序(如 Microsoft Excel 或 Microsoft Access)中打开报告。报告中显示的字段列表，以及这些字段的定义和示例如表 7-1 所示。

表 7-1　库存报告

字段	定　义	示　例
SKU	库存单位(SKU)由字母和数字组成，是用于识别商品的唯一序列。SKU 由卖家分配	154844
ASIN	Amazon 商品编码(ASIN)是由 10 个字母或数字组成、用于识别商品的唯一序列。Amazon 商品编码由 Amazon 分配。卖家可以在商品详情页面找到商品的 ASIN	0312306180
价格	商品的售价	12.99
数量	可销售的商品数量，也称为库存状况	15

7.3　业务报告解读

任务分析

作为一个在 Amazon 开店的卖家，如果想了解店铺一天赚了多少钱，出了多少单，则可以直接在后台查看业务报告(Business Report)的各项数据。但是，如何看懂业务报告呢？本节将从以下几个方面入手来讲解。

任务实施

卖家可以参照以下步骤请求和下载业务报告。

(1) 首先打开 Amazon 卖家后台 seller central，点击【报告】菜单下的【业务报告】选项，如图 7-12 所示。

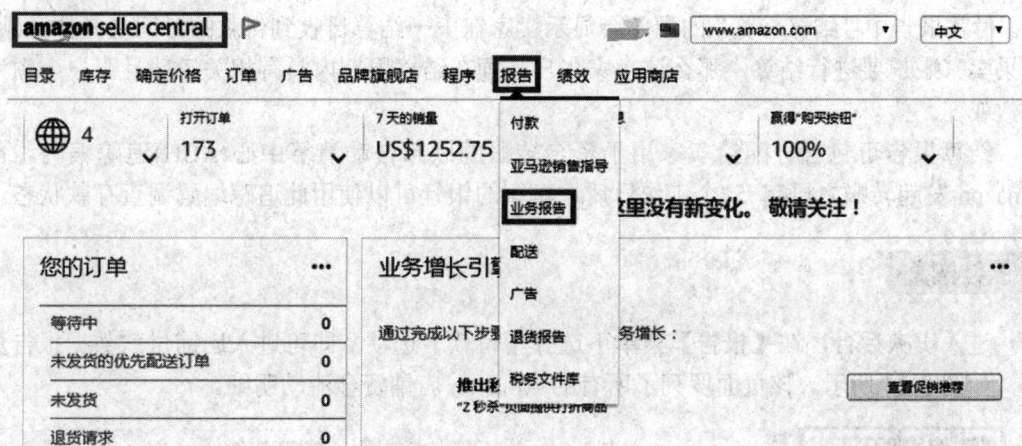

图 7-12　打开业务报告页面

(2) 在左侧的导航栏中，对业务报告进行了分类，有【根据日期】查看报告、【根据 ASIN】查看报告、【其他】查看报告几种类型，根据需求点击对应的分类，之后点击【下载】按钮即可，如图 7-13 所示。

图 7-13　业务报告

【根据日期】查看的分类下面包含了销售量与访问量数据报告、详情页面中的销售量与访问量数据报告、卖家业绩数据报告。

【根据 ASIN】查看的分类下面包含详情页面中的销售量与访问量数据报告、父商品详情页面中的销售量与访问量数据报告、子商品详情页面中的销售量与访问量数据报告、品牌绩效数据报告。

【其他】查看的分类下面包含每月销售量和订单量数据报告。

以上三种业务报告的分类中，【根据 ASIN】分类是非常重要的。

7.4　付款数据报告解读

任务分析

付款报告详细列出了卖家在指定结算周期内的交易细目，从而可帮助卖家了解账户活动。付款报告中"结算一览"的顶部会显示卖家在下一结算日收到付款的时间及具体金额。如果卖家账户要进行结算，那么该卖家账户必须在结算周期内具有相关活动且账户余额为正数或零。

结算报告可包含分配给卖家用于资金转账的联邦自动清算中心(ACH)追踪编码。自 Amazon 发起转账之日起 5 个工作日后，卖家的银行可以使用此追踪编码调查存款状态。

任务实施

进入卖家后台，在【报告】菜单下选择【付款】选项，即可进入店铺付款数据报告页面，如图 7-14 所示。该页面罗列了所有的 Amazon 店铺资金流动明细。

图 7-14　卖家后台

在付款页面可以通过结算一览、交易一览、所有结算、日期范围报告以及广告账单历史五个分类查看相关信息，如图 7-15 所示。卖家也可以输入具体的订单号进行查看。

付款 了解更多信息 | 为此页评级

结算一览　　交易一览　　所有结算　　日期范围报告　　广告账单历史

转账金额：US$5.31，转账日期：2019年4月29日*
*转账最多需要 3-5 个工作日即可完成。请以实际转账金额为准。有关向您转账的日期的更多信息，请参阅 帮助页面。

查找某项交易

🔍 输入订单编号　　　　　搜索

申请转账

图 7-15　付款页面

1. 结算一览

结算一览中默认显示的是当前账单周期内的资金概况，卖家可以在结算周期一栏中选择往期的账单查看，如图 7-16 所示。

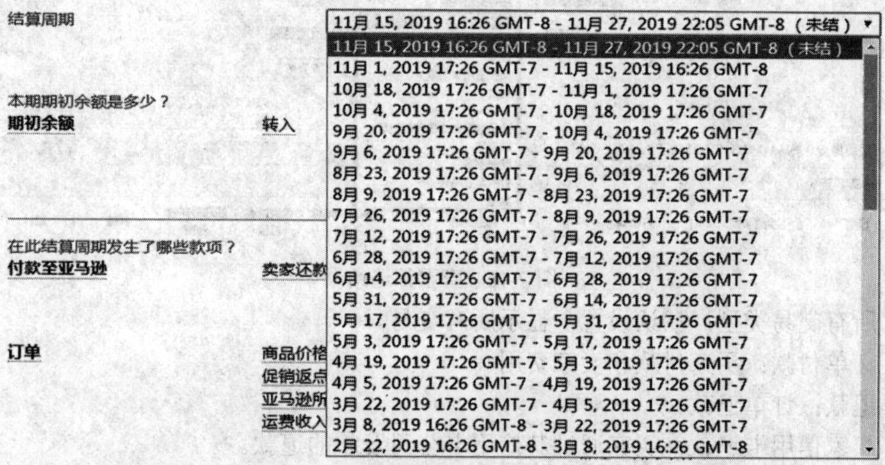

图 7-16　选择账期

Amazon 默认在账单日来临时才会为卖家付款，在这期间卖家也可以申请 Amazon 进行付款。点击页面上的【申请转账】按钮，在弹出的页面中选择【请求支付】按钮即可，如图 7-17 所示。需要注意的是，转账金额可能与所显示的余额不同。

请求支付

使用此页面可请求支付到您的支票账户。了解更多信息

日期和时间：	Thu Nov 28 06:16:41 UTC 2019
当前结算金额	US$5.31 请注意：转账金额可能与所显示的余额不同。了解更多信息
转账账户尾号：	995

返回至"账户一览"　　请求支付

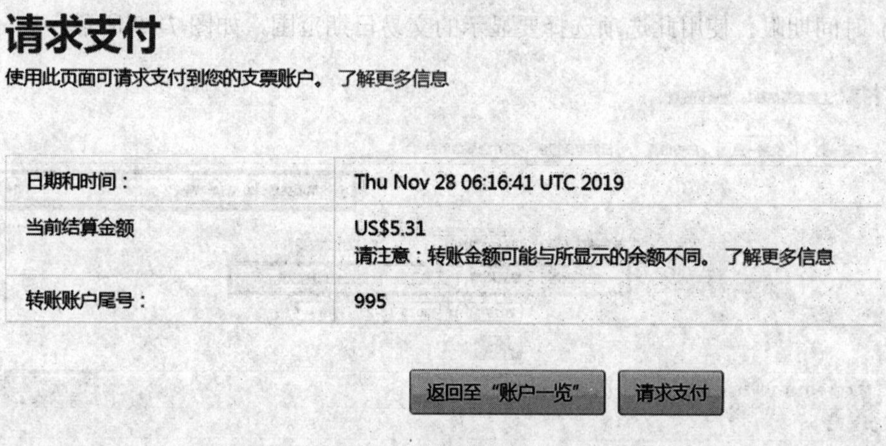

图 7-17　请求支付

2. 交易一览

交易一览页面显示了自上一结算周期开始至前一天为止所发生的账户交易的一览。交易可以是订单、退款或 Amazon 收取的费用或款项，是查看频率比较高的一个模块。卖家可以搜索特定订单或使用日期和筛选条件选项自定义所需的报告。设置筛选条件后点击【更新】，但只能查看过去 24 个月的交易。

(1) 查看筛选结果。可以使用此选项选择想要显示的交易类型，如图 7-18 所示。

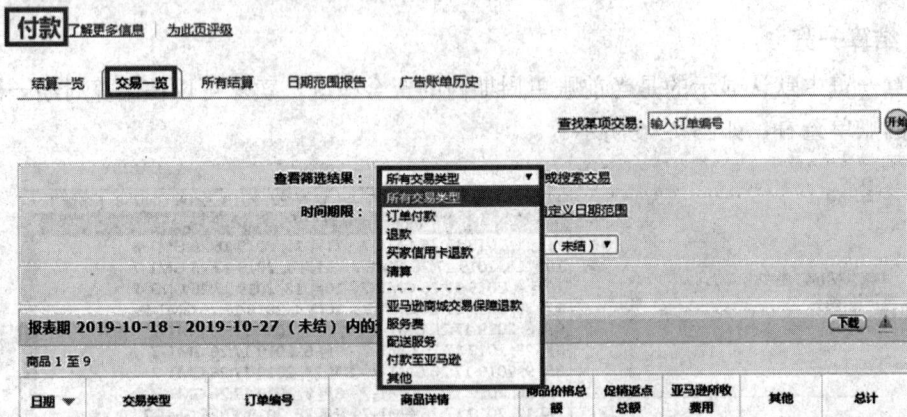

图 7-18　查看筛选结果

- 所有交易类型：默认设置，显示所有交易。
- 订单付款：买家付款和卖家费用。
- 退款：订单退款。
- 买家信用卡退款：买家通过其信用卡公司发起的退款。
- 服务费：各种服务(如 Amazon 物流仓储服务)的费用。
- 配送服务：配送服务购买金额、退款和承运人调整。
- 付款至亚马逊：卖家因某结算周期的销售额低于卖家的费用和收费而向 Amazon 支付的款项。
- 其他：服务相关费用及 Amazon 收取的其他款项和费用。

(2) 时间期限。使用此选项选择要显示的交易日期范围，如图 7-19 所示。

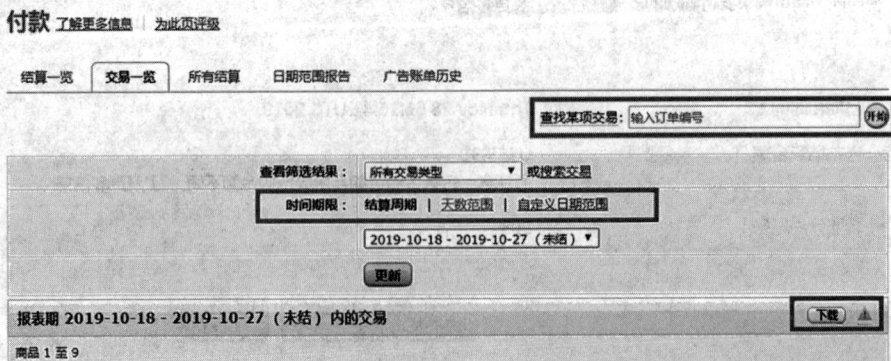

图 7-19　按照时间期限筛选

- 结算周期：默认设置，其中包括结算周期内的所有交易。
- 天数范围：从预设天数中选择。
- 自定义日期范围：自行选择日期范围。

(3) 查找某项交易。在交易一览页面右上角的搜索框中输入订单编号，查找特定交易。

(4) 下载。卖家可以使用【下载】按钮，获取指定日期的所有订单和付款详情。下载的报告所包含的信息要比交易一览中的信息详细，并可以从订单级别更清楚地显示结算一览中列出的费用和退款。图 7-20 是根据订单付款，并按照 2019-7-26～2019-8-9 日期进行筛选的例子。

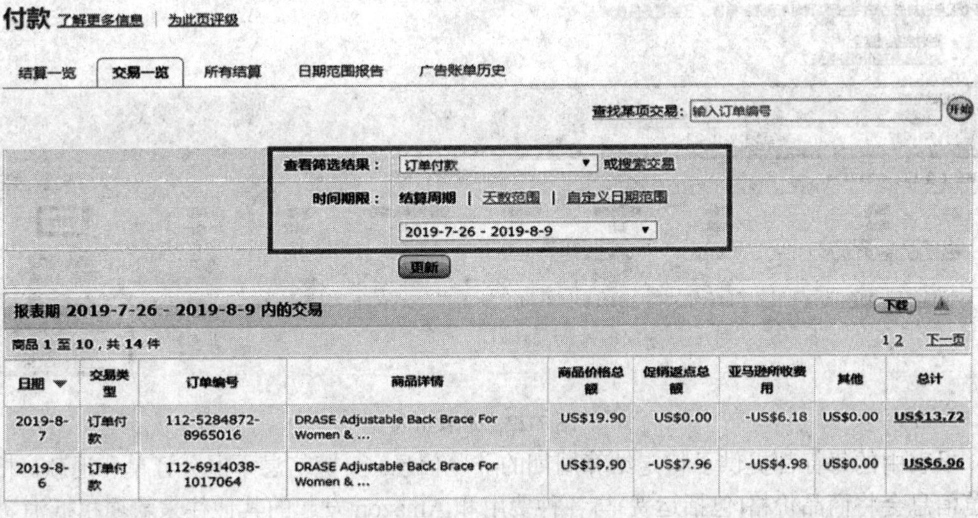

图 7-20　筛选结果

卖家如果对费用有所疑虑，可以点击总计下面的费用，打开交易详情了解费用明细，如图 7-21 所示。

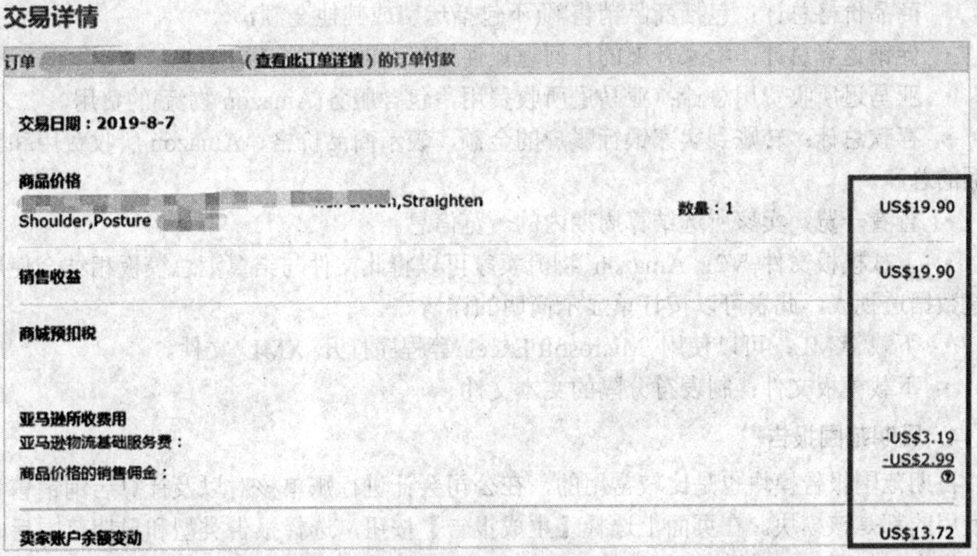

图 7-21　查看交易详情

3. 所有结算

所有结算可以通过选择日期范围筛选条件将结果限定到卖家选择的时间段内，点击操作列中与所需结算周期相对应的【下载】按钮，如图 7-22 所示。将文件保存到卖家的本地电脑中，然后可以使用电子表格或数据库程序将其打开。

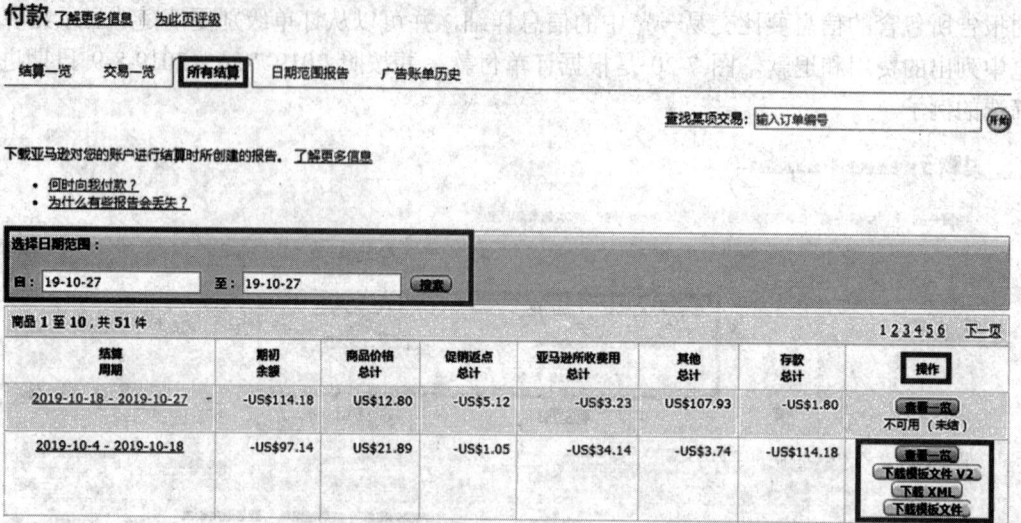

图 7-22 下载报表

报表中的每行都提供了特定结算周期的一览信息。一览信息不区分订单和退款。相反，一览信息会将商品价格(包括运费)与各种费用和 Amazon 发起的其他往来款项相抵消。使用选择日期范围筛选条件来将结果限定到卖家选择的时间段内。此表格包含以下列：

- 结算周期：每次结算的开始和结束日期。
- 期初余额：卖家账户中账期开始的余额。
- 商品价格总计：包括商品销售额(不包括运费或其他金额)。
- 促销返点总计：卖家开展的任何返点促销活动的返点金额。
- 亚马逊所收费用总计：亚马逊所收费用，包含服务(Amazon 物流)的费用。
- 存款总计：转账到卖家银行账户的金额，表示商品价格、Amazon 所收费用和其他金额的总和。
- 查看一览：卖家所选结算周期内的一览信息。
- 下载模板文件 V2：Amazon 物流卖家可以将此文件与结算汇总模板相结合使用来创建数据透视表，此表可以按订单显示简明的详情。
- 下载 XML：可以使用 Microsoft Excel 等程序打开 XML 文件。
- 下载模板文件：制表符分隔的文本文件。

4. 日期范围报告

日期范围报告模块也是比较常用的，在公司会计进行账单核对以及计算店铺销售利润时使用的都是该模块。在页面上选择【生成报告】按钮，选择报告类型和日期范围后即可生成报告，如图 7-23 所示。

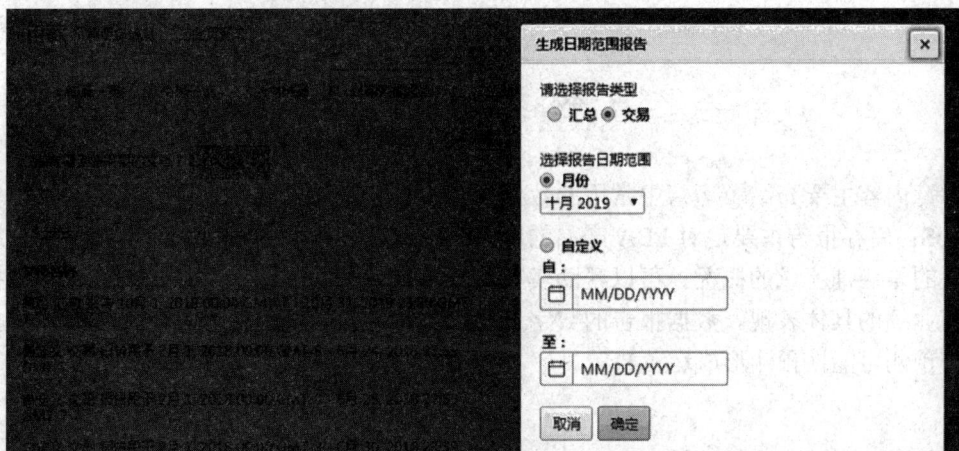

图 7-23　生成报告

　　生成的报告将显示在页面中，点击报告后方的【下载】按钮即可下载，如图 7-24 所示。下载的文件为 PDF 格式，包含了收入、花费、转账和销售税四个模块的汇总。

图 7-24　下载报告

5. 广告账单历史

　　该页面显示的是当前广告账单概况，如图 7-25 所示。在页面的下方可以下载往期的账单报告。

图 7-25　广告账单

本 章 小 结

本章内容主要介绍了运营中常用的数据报告，如广告数据用来优化广告账户，降低广告 ACoS；库存报告主要是对 FBA 产品的库存进行管理，可以帮助卖家优化 FBA；业务报告反映的是店铺流量的概况，可以帮助卖家优化产品和调整店铺产品结构；付款数据报告是店铺业绩的具体表现。数据报告的数字只是表象，最主要是对数据的研读，通过表象看本质，预测可能性预测形成运营决策。

课 后 思 考

一、填空题

1. 点击率的简写是＿＿＿＿＿。

2. 平均点击花费的简写是＿＿＿＿＿。

3. 用来反映店铺资金流动情况的数据报告是＿＿＿＿＿。

4. 用来反映店铺流量情况的数据报告是 ＿＿＿＿＿。

5. 库存报告的格式为＿＿＿＿＿。

二、单选题

1. 广告数据报告可下载的类型不包括下列(　　)。

A. 关键词　　　　　　　　　　　B. 位置

C. 已购买商品　　　　　　　　　D. 广告类型

2. 下列关于库存报告说法错误的是(　　)。

A. 库存报告只可以对 FBA 的产品进行库存查看

B. 库存报告可以查看所有的 Listing

C. 库存报告下载时自定义此报告的各列

D. 可以单独对进行广告推广的产品的　库存进行下载

3. 下列关于业务报告说法错误的是(　　)。

A. 业务报告可以查看每一个子商品

B. 查询时间段内没有被访问的商品不会显示

C. 业务报告中可以查看商品的曝光量

D. 业务报告可以按月进行筛选

4. 列关于付款数据报告表述不正确的是(　　)。

A. 卖家可以主动申请 Amazon 进行打款

B. 卖家单独对退款订单进行筛选

C. 卖家可以通过订单号对付款信息进行筛选

D. 卖家可以针对单一买家的付款信息进行筛选

5. 业务报告中可以查看到的数据指标不包含(　　)。

A. 访客数　　　　　B. 转化率　　　　　C. 流量来源　　　　　D. 订单数

三、能力拓展题

请通过数据报告为店铺制订一份 FBA 发货计划。

第8章　Amazon 账号表现和店铺诊断

项目介绍

在 Nadia 的带领下，Amazon 店铺业绩蒸蒸日上，但是店铺也收到了一些买家的负面反馈。在团队的努力下，反馈的问题得到了解决，但是这些负面反馈对店铺有什么影响 Nadia 并不知道，所以现在需要对这方面的知识进行学习。

对任何一个跨境电商平台而言，账号的安全都是首位的，绩效达标且运营良好的账号是一切运营工作的前提和核心，Amazon 平台也不例外。Amazon 平台上账号绩效主要包含店铺反馈和产品评价、账户健康状况及退货管理。

Nadia 和团队需要对店铺的绩效进行认真的学习，并对店铺现存的问题进行整改，确保账号安全，绩效达标。

本章所涉及任务：

※ 工作任务一：店铺以及产品中差评修改。

※ 工作任务二：店铺退货订单处理。

本章将从店铺反馈和产品评价，账户健康状况及退货管理这 3 大方面介绍如何维护 Amazon 账号的绩效。其中，账户健康状况因内容较多，会分成 3 个小节，分别是客户服务绩效、商品政策合规性和配送绩效，旨在希望通过本章的学习让读者朋友知道 Amazon 平台影响账户绩效有哪些因素及该如何应对使账号绩效达标。

【知识点】

1. Feedback 和 Review 的区别；
2. 订单缺陷率；
3. 商品政策合规性；
4. 配送绩效。

【技能点】

1. 修改店铺和产品中差评；
2. 店铺退货订单处理；
3. A-to-Z(Amazon 商城交易保障索赔)投诉订单处理。

8.1　Feedback & Review

任务分析

　　Amazon 平台有两大反馈体系，一是顾客在进行交易以后就自己的购物体验留言反馈给卖家并显示在其店铺首页，用来表示买家对卖家服务的满意度，我们称其为 Feedback；二是顾客就自己的购买产品(或感兴趣的产品)分享使用心得，显示在产品详情页 Customer Reviews 部分，我们称其为 Review。本节将详细介绍 Feedback 和 Review 的相关知识。

任务实施

1. Feedback 和 Review 对比

　　(1) Customer Feedback(用户反馈)针对某个订单，评价内容可以包括客服、物流、产品本身等，买家必须要下订单以后才有可能留下 Customer Feedback，如图 8-1 所示。

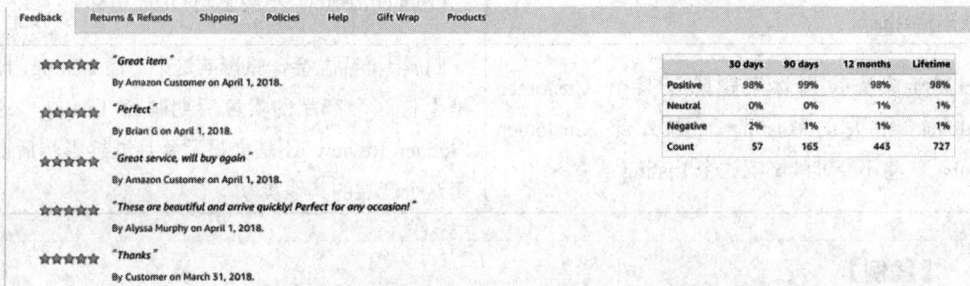

Feedback	Returns & Refunds	Shipping	Policies	Help	Gift Wrap	Products

★★★★★ *"Great item"*
By Amazon Customer on April 1, 2018.

★★★★★ *"Perfect"*
By Brian G on April 1, 2018.

★★★★★ *"Great service, will buy again"*
By Amazon Customer on April 1, 2018.

★★★★★ *"These are beautiful and arrive quickly! Perfect for any occasion!"*
By Alyssa Murphy on April 1, 2018.

★★★★★ *"Thanks"*
By Customer on March 31, 2018.

	30 days	90 days	12 months	Lifetime
Positive	98%	99%	98%	98%
Neutral	0%	0%	1%	1%
Negative	2%	1%	1%	1%
Count	57	165	443	727

图 8-1　店铺 Feedback

　　(2) Product Review(产品评价)针对产品本身，是 Amazon 买家针对产品的性能、特征、使用感受等提交的反馈。真实地购买过该产品的买家提交的产品 Review 会带有红色的"Verified Purchase"字样；未购买该产品的买家提交的 Review 内容则不会带有该字样。出于产品信息共享与用户体验提升的考虑，Amazon 规定符合一定要求的买家账号可以针对未购买的产品提交 Review，这些 Review 也会显示在产品页面中，只是不带"VP"标志，如图 8-2 所示。

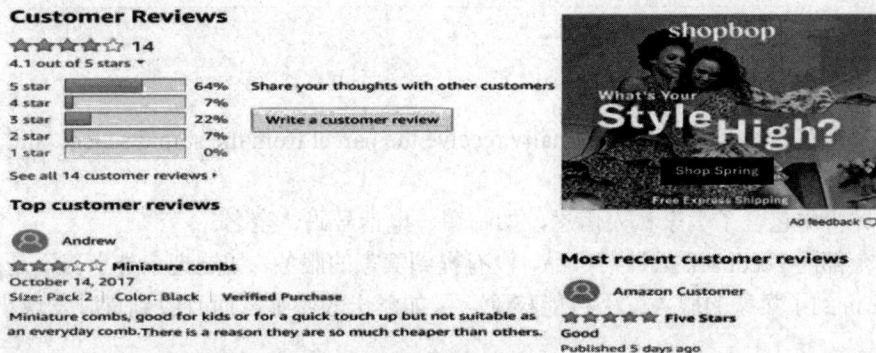

Customer Reviews
★★★★☆ 14
4.1 out of 5 stars ▾

5 star		64%
4 star		7%
3 star		22%
2 star		7%
1 star		0%

See all 14 customer reviews ▸

Top customer reviews

Andrew
★★☆☆☆ **Miniature combs**
October 14, 2017
Size: Pack 2 | Color: Black | Verified Purchase
Miniature combs, good for kids or for a quick touch up but not suitable as an everyday comb.There is a reason they are so much cheaper than others.

Share your thoughts with other customers
Write a customer review

shopbop
What's Your Style High?
Shop Spring
Free Express Shipping
Ad feedback ♡

Most recent customer reviews

Amazon Customer
★★★★★ Five Stars
Good
Published 5 days ago

图 8-2　产品页面的 Review

Feedback 与 Review 对比如表 8-1 所示。

表 8-1　Feedback 与 Review 对比

Customer Feedback	Product Review
针对某个订单，评价内容可以包括客服、物流、产品本身等	只能针对产品本身，与客服、物流等其他因素无关
不符合 Amazon 规定的 Customer Feedback，卖家可以向 Amazon 申请移除	如果 Product Review 不是针对产品本身做评价，而是涉及与产品本身无关的方面，则卖家可以向 Amazon 申请移除
买家必须要下订单以后才有可能留下 Customer Feedback	任意买家账户只要之前在 Amazon 平台有过一次购物记录，就可以针对平台的几乎任意产品编写 Product Review，无须一定购买此产品
如果买卖双方不干预，Amazon 不会主动移除 Customer Feedback	Amazon 系统本身也会对 Product Review 进行评估，如果系统发现有违规，则 Amazon 会自己删除该 Product Review
Customer Feedback 会影响卖家账户 ODR（订单缺陷率)指标	Product Review 不会影响 ODR 指标
归属于卖家，当卖家删除了某个 Customer Feedback 相关的 Listing，那么此 Customer Feedback 将不会继续影响这个 Listing	归属于产品，会一直影响这个产品 Listing，即便是上传这个产品的卖家后期删除 Listing，这些 Product Review 还是会显示并且继续影响后期跟卖这个产品的其他卖家

【案例】
　　在 Amazon 平台上不购买商品也可以对商品进行评价，Amazon 为什么会有这样的规则呢？
【解析】
　　Amazon 是一个重产品轻店铺的平台，对于某一款产品，Amazon 会认为用户可能通过其他渠道购买或使用过这款产品，那么用户就有资格对这款产品进行反馈。但是对于 Feedback，指的是店铺的服务，用户只有在这家店铺里进行消费，接受过店铺的服务(物流、客服等)之后才有资格对店铺的服务进行评价。

2. 巧用规则

1) 可以删除差评类型

(1) 反馈包含污言秽语，如 I finally receive the parcel from the stupid seller、shit quality、very disappointed。

(2) 评价中包含了卖家私人信息，如邮箱、电话号码、全名。

(3) 全部的 Feedback 只针对产品，没有提到卖家的服务，如这把户外小刀不是很锋利，但如果评价到了卖家的服务就不可能移除。又如派送太慢了，而且收到货时发现小刀不是很锋利。

(4) 因 FBA 引起的物流问题 Amazon 不会帮卖家将差评移除，但是会帮卖家将差评划掉，然后写一行字：This item was fulfilled by Amazon, and we take responsibility for this fulfillment experience。

(5) 在 arrive on time、item as described 和 customer service 这三项中都写的 YES，且评价又是正面的，但是最后买家却留了一个差评，像这种也可以通过开启 case 联系客服要求移除。

(6) 含有威胁类表述。

【案例】

Amazon 平台为什么会有两套评价体系呢？

【解析】

1. Amazon 的两套评价体系是分开的，一个是针对店铺服务的，另外一个是针对产品的；

2. Amazon 是一个重产品轻店铺的平台，Amazon 将店铺的评价和对产品的评价有意识地分开，可以为用户提供更有效的参考，提升用户的满意度；

3. Amazon 平台上是有跟卖机制的，Review 可以为买家是否选择这款产品提供参考，而 Feedback 可以为买家选择从哪个商家购买产品提供参考。

---

2) 移除差评的操作方法

(1) 进入卖家后台，点击【买家反馈】进入反馈管理器页面，如图 8-3 所示。

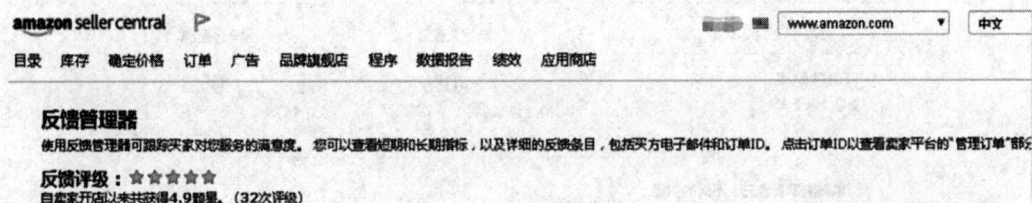

图 8-3　反馈管理器

(2) 找到需要移除的评价，点击【请求移除】按钮，如图 8-4 所示。

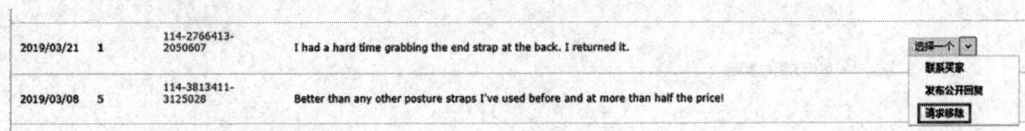

图 8-4　点击请求移除

(3) 确认问题，点击【是】按钮，完成移除申请提交，如图 8-5 所示。

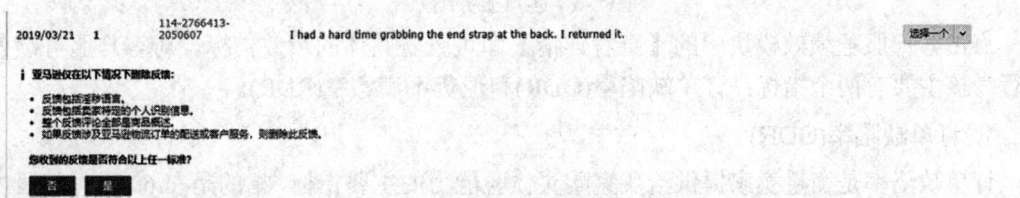

图 8-5　提交申请

特殊说明：

(1) 在买家留评后 60 天内可以移除该差评；

(2) 卖家向 Amazon 申请移除差评成功以后，Amazon 会邮件通知买卖双方，而买家有权利再一次留评。

8.2　客户服务绩效

任务分析

订单缺陷率(Order Defect Rate，ODR)是客户服务绩效中的一个重要指标，Amazon 要求卖家的 ODR 指标需保持在 1% 以下，如果该项指标不达标则会影响店铺产品的正常销售。本节将详细介绍客户服务绩效的相关知识。

任务实施

在卖家后台绩效模块下选择【账户状况】即可看到店铺的客户服务绩效的具体内容，如图 8-6 所示。

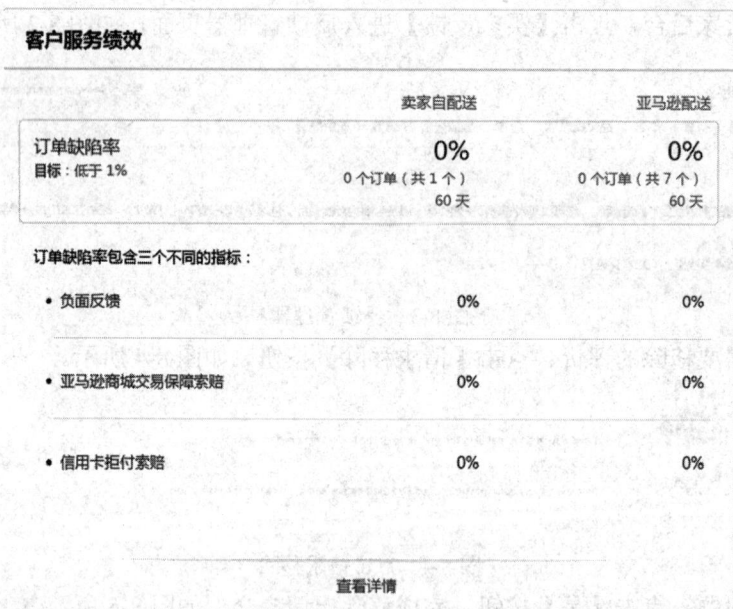

图 8-6　客户服务绩效

点击客户服务绩效模块中的【查看详情】即可查看具体的绩效指标。对客户服务绩效进行考核主要有两个指标：订单缺陷率(ODR)和退货不满意率(RDR)。

1. 订单缺陷率(ODR)

订单缺陷率是衡量卖家提供给买家购买体验能力的主要指标，指的是在 60 天时间段内存在缺陷的订单数占订单总数的百分比。如果某笔订单存在负面反馈，Amazon 商城交易保障索赔或信用卡拒付，则该笔订单就会被计为缺陷订单。Amazon 对于卖家的 ODR 指标要求是低于 1%，高于 1%的 ODR 会导致账号停用。

其中，负面反馈率指的是相关时间段内收到负面反馈的订单数量除以该时间段内的订单总数。注意：一星和二星的反馈会被定义为负面反馈。在计算负面反馈率时，统计的是下单日期，而不是收到反馈的时间。如果卖家撤销负面反馈，则该笔订单不会被计为缺陷订单，移除负面反馈以后，可能需要 48 小时才能体现出来。

亚马逊商城交易保障索赔率指的是在给定的 60 天时间段内收到相关索赔的订单数除以该时间段内的订单总数。以下类型的索赔会影响订单缺陷率：已获批准并从卖家账户中扣款的索赔；在索赔提交后卖家提供了退款的索赔；因卖家或 Amazon 取消订单而导致的索赔；等待处理决定的索赔。以下类型的索赔不会影响订单缺陷率：已获批准并由 Amazon 支付金额的索赔；被拒绝的买家索赔；买家撤回的索赔。注意：如果卖家赢了针对索赔决定的申诉，则将会从缺陷订单中移除该笔订单。

信用卡拒付索赔率指的是相关时间段内收到的信用卡拒付的订单数量除以该时间段内的订单总数。当买家就某笔信用卡扣款而购买的交易提出异议时，Amazon 将此情况称为信用卡拒付请求，它又可分为欺诈信用卡拒付和服务信用卡拒付两类。欺诈信用卡拒付是指买家声称他们未购买商品，通常与欺诈性买家使用盗窃的信用卡相关，在计算订单缺陷率时，Amazon 不会考虑欺诈性交易信用卡拒付。服务信用卡拒付是指买家确认购买了商品，但向信用卡发卡机构表明自己遇到了问题。

Amazon 针对配送方式对订单缺陷率进行分别统计，通过【订单配送方】下拉框可以切换查看，如图 8-7 所示。

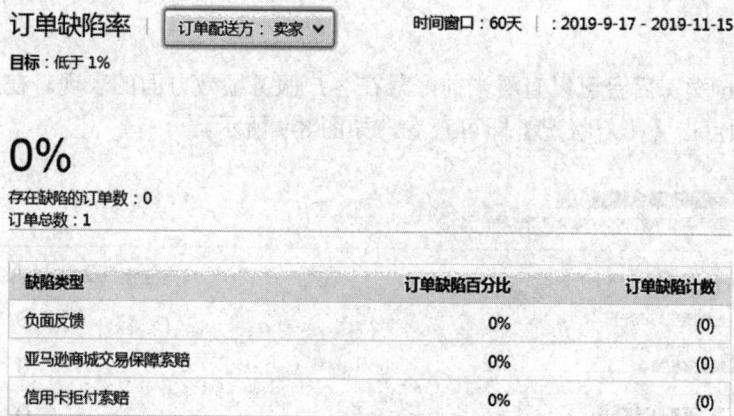

订单缺陷率　订单配送方：卖家 ∨　　时间窗口：60天　│：2019-9-17 - 2019-11-15
目标：低于 1%

0%

存在缺陷的订单数：0
订单总数：1

缺陷类型	订单缺陷百分比	订单缺陷计数
负面反馈	0%	(0)
亚马逊商城交易保障索赔	0%	(0)
信用卡拒付索赔	0%	(0)

图 8-7　客户服务绩效

2. 退货不满意率(RDR)

退货不满意率(RDR)用来衡量买家对退货体验的满意程度。当退货请求具有负面买家反馈(负面反馈率)、48 小时内未得到回复(延迟回复率)或被错误拒绝(无效拒绝率)时，即表示产生了负面的退货体验。退货不满意率是所有负面退货请求数占总退货请求数的百分比，如图 8-8 所示。

Amazon 规定，卖家需将退货不满意率(RDR)维持在 10% 以下。目前，Amazon 不会对未满足此绩效目标的卖家施加处罚，但问题未得到解决的买家更有可能提交负面反馈和提出 Amazon 商城交易保障索赔，从而影响店铺正常运营。

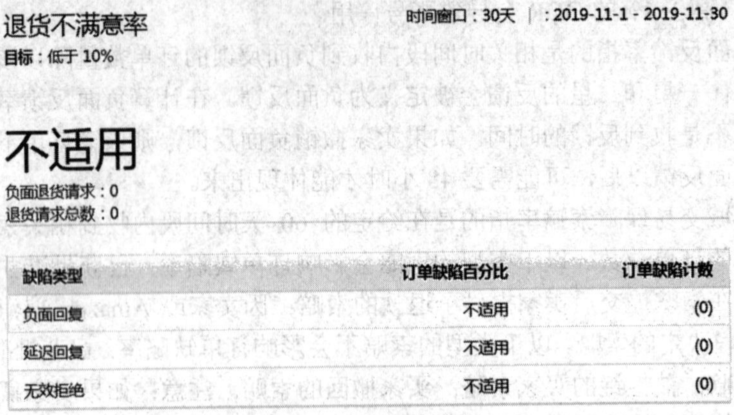

退货不满意率
目标：低于 10%

时间窗口：30天　｜ : 2019-11-1 - 2019-11-30

不适用

负面退货请求 : 0
退货请求总数 : 0

缺陷类型	订单缺陷百分比	订单缺陷计数
负面回复	不适用	(0)
延迟回复	不适用	(0)
无效拒绝	不适用	(0)

图 8-8　退货不满意率

8.3　商品政策合规性

任务分析

在 Amazon 平台上销售的产品需要符合 Amazon 以及当地的相关政策和商品政策。本节将详细介绍商品政策合规性的相关知识。

任务实施

在 Amazon 卖家后台可以查看当前账号在客户服务绩效方面的表现。在后台点击【绩效】，下拉选项点击【账户状况】即可查看，如图 8-9 所示。

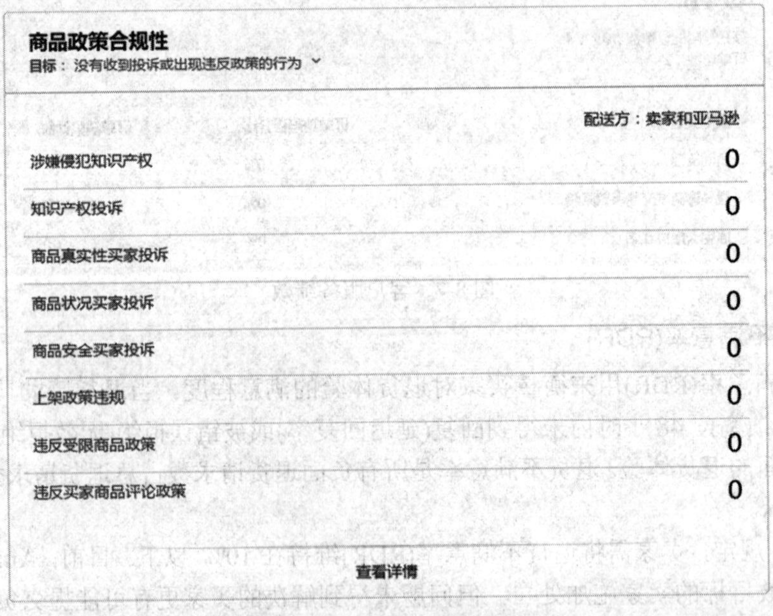

商品政策合规性
目标：没有收到投诉或出现违反政策的行为 ∨

配送方：卖家和亚马逊

涉嫌侵犯知识产权	0
知识产权投诉	0
商品真实性买家投诉	0
商品状况买家投诉	0
商品安全买家投诉	0
上架政策违规	0
违反受限商品政策	0
违反买家商品评论政策	0

查看详情

图 8-9　商品政策合规性

知识产权主要有 3 种类型，分别是版权、商标权、专利权。版权是对原创作品的法律保护；商标权是公司用于标识商品和服务的文字、符号、设计或相关组合的法律保护；专利权是针对发明的法律保护。在 Amazon 平台销售商品时，卖家必须遵守所有适用于卖家所售商品和商品信息的联邦、州和地方法律以及 Amazon 政策，且不得侵犯品牌或其他权利所有者的知识产权。

在买家商品评论方面，Amazon 对所有买家评论违规行为都实行零容忍政策。如果 Amazon 发现卖家有任何试图操控买家评论的行为，将会立即采取措施，其中包括但不限于：立即并永久撤销卖家在 Amazon 上的销售权限，同时扣留资金；移除商品的所有评论，并阻止商品日后收到评论或评级；从 Amazon 永久下架商品；对卖家采取法律行动，通过诉讼和移交民事和刑事执法机构公开披露卖家的名称和其他相关信息。

8.4 配 送 绩 效

任务分析

配送绩效主要反映的是卖家的物流服务状况，通过 FBA 配送的订单不在考核之内，如果配送绩效指标不达标，则 Amazon 有可能会显示要求卖家采用 FBM 的方式发货。本节将详细介绍配送绩效的相关知识。

任务实施

在 Amazon 卖家后台可以查看当前账号的账户状况和客户服务绩效方面的表现。在后台点击【绩效】，下拉选项点击【账户状况】即可查看，如图 8-10 所示。

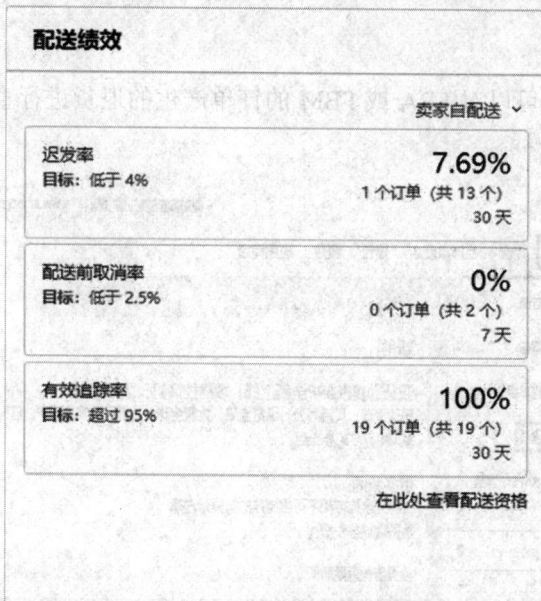

图 8-10 配送绩效

在配送绩效方面，主要有以下指标：迟发率(Late Shipment Rate，LSR)，其绩效目标低于 4%；配送前取消率(Pre-fulfillment Cancel Rate，CR)，其绩效目标低于 2.5%；有效追踪率(Valid Tracking Rate，VTR)，其绩效目标超过 95%。

迟发率是指在 10 天或 30 天的时间段内，在预计配送时间之后确认配送的所有订单数占订单总数的百分比，仅适用于卖家自配送订单。该项的绩效目标要求为低于 4%，高于 4% 的迟发率可能会导致账户停用。

配送前取消率是指在给定的 7 天时间段内，卖家取消的所有订单数占订单总数的百分比，仅适用于卖家自配送订单。此指标包括所有由卖家取消的订单，但不包括买家使用其 Amazon 账户中的订单取消选项请求取消的订单，也不包括买家在 Amazon 平台上直接取消的等待中的订单。该项的绩效目标要求为低于 2.5%，高于 2.5%的配送前取消率可能会导致账户停用。

有效追踪率是指在给定的 30 天时间段内具有有效追踪编码的所有货件数占总货件数的百分比，仅适用于卖家自配送订单。

8.5　管理退货

任务分析

在电商平台上进行销售，经常会遇到客户因为下错单、改变主意或收到的产品不符合期望而发起退货的现象。一个好的售后可以大幅降低客户的不满，有时也可以大大地降低退货率为店铺挽回损失。而不合理的售后可能会为店铺带来一些不必要的损失，这时卖家就有必要知道如何处理不同情况的退货。本节将详细介绍退货的相关知识。

任务实施

在 Amazon 后台，可以对 FBA 或 FBM 的订单产生的退货进行查看与管理，如图 8-11 所示。

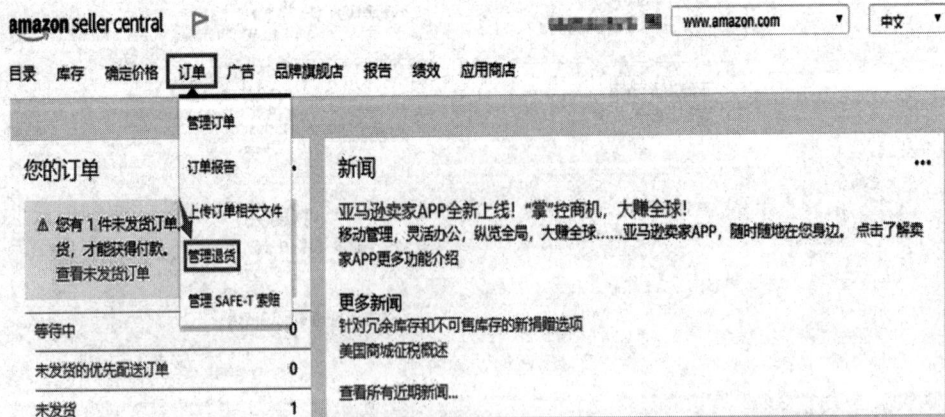

图 8-11　管理退货

点击【管理退货】选项，即可进入自发货退货管理页面，如图 8-12 所示。

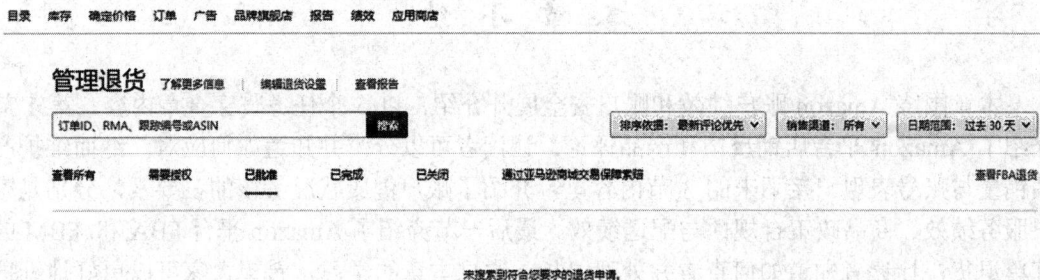

图 8-12　自发货退货管理

点击该页面右上角【查看 FBA 退货】按钮即可进入 FBA 退货管理页面，如图 8-13 所示。

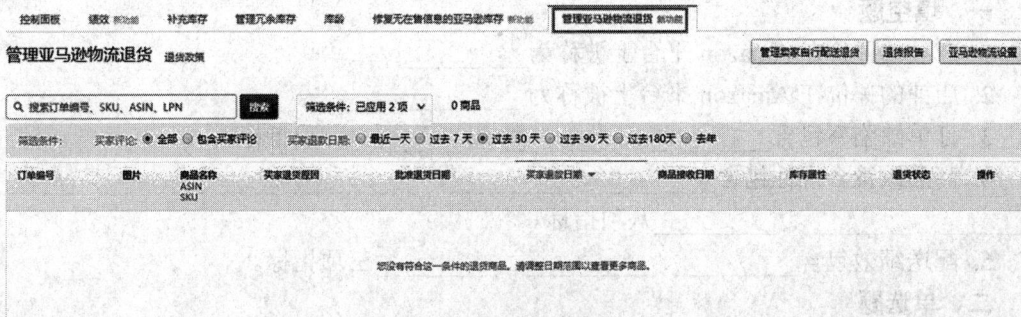

图 8-13　FBA 退货管理

在管理退货页面，可以查看订单编号、产品图片、商品名称，买家退货原因、批准退货日期、买家退款日期、商品接收日期及库存属性等。定期查看退货信息，可以让卖家通过了解退货情况进行产品管理和库存管理。

借助 Amazon 物流，Amazon 将为您的订单提供配送和客户服务，包括处理买家退货。在大多数情况下，买家可以在收到货后的 30 天内请求退回商品，但是 Amazon 也可根据实际情况，接受收货 30 天以后的退货请求。如果买家获得了退款，但是商品未在退货请求提出后的 45 天内抵达 Amazon 运营中心，那么 Amazon 将向买家收取商品的相关费用存入卖家账户。

在收到买家退回 Amazon 运营中心的商品后，Amazon 会对退货进行评估。如果确定该商品可售，则 Amazon 会将其退回卖家库存，卖家可以在 FBA 库存数量上看到有新库存数量增加。这种情况下，Amazon 可能会收取一定金额的重新入库费。如果确定该商品处于不可售状况，Amazon 会评估不可售原因是买家还是 Amazon 导致的，从而决定卖家是否可以获得赔偿。在特殊情况下，Amazon 也有可能会发起不退货只退款的操作，这时买家无需将产品退回 Amazon 运营中心。

对于所有退回 Amazon 运营中心的不可售商品，卖家必须在退货商品抵达 Amazon 运营中心后的 30 天内提交移除订单，要求退还不可售商品，或选择弃置交由 Amazon 处理。

本 章 小 结

　　本章围绕 Amazon 账户绩效和账户安全展开介绍，以 5 个任务贯穿全章内容。第 1 节介绍了 Amazon 平台店铺反馈和产品评论，让读者可以分辨并知道如何应对，继而维护产品销量与账号表现。接下来的 3 节内容里，介绍了账户健康状况考核的三要素，分别是客户服务绩效、商品政策合规性与配送绩效。最后一节介绍了 Amazon 平台 FBA 和 FBM 的订单退货，让读者知道如何查看并处理退货。通过本章的学习，希望大家可以更好地维护账号，保证绩效达标。

课 后 思 考

一、填空题

1. 产品的评价在 Amazon 平台上被称为＿＿＿＿＿。
2. 店铺的评价在 Amazon 平台上被称为＿＿＿＿＿。
3. 订单缺陷率包含＿＿＿＿＿、＿＿＿＿＿、＿＿＿＿＿三项指标。
4. 商品政策合规性包含＿＿＿＿＿、＿＿＿＿＿、＿＿＿＿＿、＿＿＿＿＿、＿＿＿＿＿、＿＿＿＿＿、＿＿＿＿＿、＿＿＿＿＿八项指标。
5. 配送绩效包含＿＿＿＿＿、＿＿＿＿＿、＿＿＿＿＿三项指标。

二、单选题

1. Amazon 平台上评价的等级不包含(　　)。
A. 一星　　　　　B. 三星　　　　　C. 五星　　　　　D. 八星
2. 客户服务绩效指标不包含(　　)。
A. 负面反馈率
B. Amazon 商城交易索赔率
C. 信用卡拒付率
D. 订单退货率
3. 知识产权包含的类型不包括(　　)。
A. 商标　　　　　B. 版权　　　　　C. 专利　　　　　D. 图片
4. 店铺迟发率要求低于(　　)。
A. 1%　　　　　B. 4%　　　　　C. 5%　　　　　D. 9%
5. 买家可以在收到货后的(　　)天内请求退回商品。
A. 30　　　　　B. 7　　　　　C. 14　　　　　D. 20

三、能力拓展题

简述店铺应该如何有效地避免中差评。

后　记

小马过河的故事相信所有的读者都听过。同一条河流，老牛觉得它是没不过膝盖的小溪，松鼠觉得它是深不可测的天险，而小马却觉得它不深不浅刚刚好。如果把每一本书比作一条河流，由于年龄、经历的不同，或许有的读者像松鼠，有的读者像老牛，他们都会有各自不同的读后感受。而你就是那匹小马——要听取别人的意见，但更要亲自去体验。

在嘈杂的市场环境中，每个人因为经验和认知的不同，面对跨境电商这个行业的认识和看法也都不一样。那么跨境电商究竟是一个什么样的行业呢？我想只有自己去做，才能真正地感悟到。

本系列教材共 9 本，每一本都是一个独立的内容。但是并不是每一位读者都能完全掌握所有的内容，找到自己喜欢的、擅长的内容去认真地钻研，相信你可以通过自己的努力和实践对行业产生自己的认知和见解。

再来回顾一下本书。本书共分 8 章：第 1 章对 Amazon 平台进行了非常详尽的介绍，这是进入 Amazon 平台的开始；第 2 章介绍了 Amazon 平台的注册流程，由于站点不同注册时存在一定的差异，完成店铺的注册代表着正式进入 Amazon 运营的世界；第 3 章和第 4 章分别介绍了选品与产品上架，这是开始销售的第一步，同时也是店铺运营的核心内容；第 5 章全面介绍了 Amazon 平台的两种物流方式，解决物流问题；店铺要想获得更快的发展需要营销活动进行助力，第 6 章介绍了平台的营销推广工具；第 7 章的数据报告解读则为运营提供了依据；第 8 章的绩效指标是店铺运营的晴雨表。各个章节循序渐进，按照业务流程进行设计，比较全面地介绍了 Amazon 平台运营过程中需要的知识和技能。

跨境电子商务行业发展至今，从业者如云，有欣喜的，同样也有质疑的。与其犹豫观望，不如自己跳进去试试，水到底有多深试过才知道，万一成功了呢？

参 考 文 献

[1]　杨雪雁. 跨境电子商务实务[M]. 北京：中国工信出版集团，2018.

[2]　崔亚娜. 国际贸易实务[M]. 上海：上海社会科学院出版社，2014.

[3]　海猫跨境编委会. 大卖家[M]. 2 版. 武汉：华中科技大学出版社，2017.

[4]　潘兴华. Amazon＋eBay：揭开跨境电商开店盈利的秘密[M]. 北京：中国铁道出版社有限公司，2019.

[5]　https://www.cifnews.com/.

[6]　https://www.amazon.com/.

[7]　https://sellercentral.amazon.com /cu/contact-us?ref_=ag_contactus_shel_xx.

[8]　https://www.wikipedia.org/.